Gerhard Kowol

Primzahlen

Mathematisch-Astronomische Blätter
Neue Folge
Band 18

Herausgegeben von der Mathematisch-Astronomischen Sektion
der Freien Hochschule für Geisteswissenschaft
am Goetheanum, Dornach (Schweiz)

Begründet von Louis Locher und Georg Unger

Redaktion: Renatus Ziegler

GERHARD KOWOL

Primzahlen

Ein mathematischer Zugang zu ihren Qualitäten

Philosophisch-Anthroposophischer
VERLAG AM GOETHEANUM

Einbandgestaltung: Martin Diethelm, Gerhard Kowol

© Copyright 1995 Philosophisch-Anthroposophischer Verlag am Goetheanum

CH-4143 Dornach

Alle Rechte vorbehalten

Satz und Layout: Ulrike Fischer, Gerhard Kowol, Andreas Sevcik

Herstellung: Kooperative Dürnau, D-88422 Dürnau

ISBN 3-7235-0908-8

Inhaltsverzeichnis

Vorwort	1
Einleitung	4
1. Der Begriff der Primzahl	9
2. Erste Sätze über Primzahlen	15
3. Die eindeutige Primfaktorzerlegung natürlicher Zahlen	25
4. Die Primfaktorzerlegung im Bereich der ganzen Gaußschen Zahlen	31
5. Die Unendlichkeit der Primzahlmenge	39
6. Das Auffinden von Primzahlen	42
7. Primzahlformeln	48
8. Quantitative Resultate	57
9. Spezielle Primzahlen	63
10. Anwendungen von Primzahlen in der Kryptographie	69
11. Primzahlen in $\mathbb{Z}_n$	72
12. Abriß einer qualitativen Betrachtung der Primzahlen	82
13. Epilog	109
Anhang	111
1. Die Bestimmung des größten gemeinsamen Teilers mittels des euklidischen Algorithmus	111
2. Zermelos Beweis für die eindeutige Primfaktorzerlegung natürlicher Zahlen	113
3. Der euklidische Algorithmus und die Eindeutigkeit der Primfaktorzerlegung in $\mathbb{Z}[i]$	114
4. Die Zerlegung in unzerlegbare Elemente in allgemeinen Zahlbereichen	117
5. Über die Verteilung der Primzahlen	128
6. Die Formel von Meissel	130
7. Kongruenzen	132
Anmerkungen	142
Literaturverzeichnis	159
Symbole	164
Personen- und Sachverzeichnis	164

Vorwort

Das vorliegende Buch beinhaltet die Ausarbeitung von Vorträgen zum Thema „Primzahlen", die anläßlich der Mathematischen Studientage im Oktober 1992 am Goetheanum in Dornach gehalten wurden. In ihnen war versucht worden darzustellen, daß man von rein mathematischer Seite den Zugang zu Qualitäten der einzelnen Primzahlen finden kann. Der tiefere Grund dafür, derartiges aufzusuchen, ja überhaupt in Erwägung zu ziehen, liegt in einer unvoreingenommenen Betrachtung der heutigen Mathematik. Diese zeigt, daß zwar eine ungeheure Fülle von Begriffen und Resultaten vorhanden ist, ihnen aber ein tieferer Sinn mangelt. Daß es diesen gibt, unterlag etwa noch für Georg Cantor, den Schöpfer der Mengenlehre, nicht dem geringsten Zweifel, doch zählte er das Auffinden des — wie er es nannte — transienten Realitätsgehaltes mathematischer Inhalte zu den mühsamsten und schwierigsten Aufgaben, die er den Metaphysikern überließ (s. sein Artikel „Über unendliche, lineare Punktmannichfaltigkeiten", [12], S. 562f.). Nur allzu gerne schoben die Mathematiker diese Aufgabe den Philosophen zu, doch wurden dadurch die Inhalte, ja sogar deren Existenz immer zweifelhafter. Diese Entwicklung gipfelte im Formalismus, wo es sie schließlich überhaupt nicht mehr gab. Somit geht heute der größte Teil der Mathematiker mit Objekten um, deren Wesen sie nicht kennen, was auf die gesamte Tätigkeit des Mathematisierens abfärbt. Die Folgen schildert eindrücklich Igor R. Schafarevitsch, einer der bedeutendsten lebenden Mathematiker, in einer 1973 gehaltenen Rede „Über einige Tendenzen in der Entwicklung der Mathematik" ([63]): „Wenn eine Tätigkeit kein Ziel hat, so verliert sie dadurch ihren Sinn. Vergleicht man die Mathematik mit einem Lebewesen, so erscheint sie nicht in irgendeiner sinnvollen und beabsichtigten Tätigkeit, sondern es sind eher instinktive Handlungen mit stereotyper Wiederholung, bis dann ein äußerer oder innerer Antrieb erfolgt. — Ohne ein bestimmtes Ziel kann die Mathematik keine Idee von ihrer eigenen Gestalt entwickeln. Was einzig und allein als Ideal übrigbliebe, wäre ein ungeregeltes Wachstum oder, besser gesagt, eine Ausdehnung nach allen Richtungen."

Schafarevitsch zeigt sodann auf, daß der Mathematik nur von außen, und zwar seiner Meinung nach nur durch die Religion, der eigentliche Sinn für ihr Fortschreiten gegeben werden kann. Am Beispiel der Pythagoräer erläutert er, daß eine derartige Sinngebung möglich ist und zugleich zu weitreichenden Konsequenzen führt, waren es doch die Pythagoräer, die die Mathematik als Wissenschaft überhaupt erst schufen.

Selbst wenn man die letzten Schlußfolgerungen von Schafarevitsch' Beurteilung der heutigen Mathematik nicht teilt, ist klar, daß das Auffinden der Inhalte bzw. von Qualitäten mathematischer Begriffe und Sätze ein erster notwendiger Schritt sein muß, kann man doch nicht dem Mathematisieren bzw. der Mathematik einen Sinn geben, ohne auf die innere Bedeutung ihrer Sachverhalte einzugehen.

Durch ein Forschen in dieser Richtung läßt sich zugleich auch eine profunde Antwort auf die Frage erhoffen, was es mit dem Symbolgehalt auf sich hat, der von der Antike bis in die heutige Zeit mit grundlegenden elementaren Begriffen verbunden wird. Im speziellen erfreut sich die Zahlensymbolik steigender Beliebtheit (s. dazu etwa die Bücher „Das Mysterium der Zahl" von F. C. Endres und A. Schimmel [18] und „Das Geheimnis der Zahlen" von O. Betz [5]). Die stereotype Aussage des modernen Wissenschaftlers dazu lautet, daß dies mit Mathematik nichts zu tun habe. Aber gerade der Hinweis von Schafarevitsch auf die Pythagoräer, bei denen ja einzelnen Zahlen ganz besondere Bedeutung zukam, zeigt, daß ein Miteinbeziehen solcher Sachverhalte in der Mathematik durchaus möglich ist und für deren Entwicklung sogar fruchtbar sein kann. Das Sich-Bescheiden des Mathematikers mit den formalen Aspekten und Beziehungen ist eben in keiner Weise durch die Natur der mathematischen Objekte erzwungen.

In der anthroposophischen Literatur zur Mathematik wurde schon immer danach gestrebt, zu den Inhalten der Begriffe vorzudringen. Sie stellte auch eine wesentliche Orientierungshilfe für die Vortragsreihe dar. Im speziellen sei das Buch „Die geistigen Grundlagen der Zahlen" von E. Bindel genannt, wobei im Gegensatz zu diesem in den Vorträgen ganz aus der Mathematik heraus argumentiert wurde, sowie die Artikel von L. Locher-Ernst „Die Reihe der natürlichen Zahlen als Geist-Kunstwerk", R. Jarman „Der Primzahlbereich — Echo dessen, was individuell ist in der Welt", W. Rückamp „Die befreundeten Zahlen in geistiger Sicht" und G. Unger „Zahlen" (für genauere Angaben sei auf das Literaturverzeichnis verwiesen).

Außer über Primzahlen wurden auch Vorträge über Elemente der Zahlentheorie von Pieter Houtermans gehalten, die sich unter anderem mit Kettenbrüchen, Fareyreihen und Approximationssätzen beschäftigten. Des weiteren gab es einen Kurs in Eurythmie von Ursula Bloss und ein Seminar von Renatus Ziegler über Hegel und die Mathematik. Mehr oder weniger deutlich sind Anregungen aus allen diesen Kursen, sowohl seitens der Kursleiter als auch seitens der Teilnehmer, in dieses Buch eingeflossen. Da diesbezüglich im Text keine Urheber genannt werden, sei allen Beitragenden an dieser Stelle ganz herzlich gedankt. Mein besonderer Dank gilt Esther

Müllegger in Wien und Renatus Ziegler in Dornach, die das Buch genauestens durcharbeiteten und wertvolle Anregungen gaben. Herzlich bedanke ich mich schließlich bei Frau Ulrike Fischer und Herrn Andreas Sevcik, die die mühevolle Arbeit der Reinschrift des Manuskriptes besorgten.

Was die Textgestaltung betrifft, so wurde der Vortragsstil insofern beibehalten, als der Aufbau nicht streng deduktiv erfolgt. Es wurde und wird zunächst von manchmal bloß oberflächlich gekannten Begriffen und Ergebnissen über Primzahlen ausgegangen, und diese werden sodann durch vielseitige Betrachtungen vertieft. Dabei wird eine anfängliche Vertrautheit mit mathematischen Grundbegriffen wie Menge, Funktion, reellen und komplexen Zahlen, wie sie etwa Maturanten besitzen sollten, vorausgesetzt. Einfache Beweise, die fast durchwegs auch in den Vorträgen gebracht wurden, sind in den Text aufgenommen bzw. im Anhang zusammengestellt. Für schwierigere bzw. für das Verständnis nicht unmittelbar notwendige Beweise sei auf die jeweils genannte Literatur verwiesen. Wiewohl durchaus verschiedentlich Resultate der höheren Zahlentheorie zur Sprache kommen, so wurde doch insgesamt versucht, den Inhalt des Buches so elementar wie möglich zu präsentieren, um einem möglichst breiten Leserkreis, insbesondere (Waldorf-)Lehrern, einen Zugang zu den Zahlenqualitäten zu eröffnen.

Einleitung

Den Gegenstand der folgenden Betrachtungen bilden die Primzahlen, die ja bekannterweise unter den natürlichen Zahlen dadurch ausgezeichnet sind, daß sie nur durch die Zahl 1 und sich selbst teilbar sind. $2, 3, 5, 7, 11, 13, 17$ sind die ersten Primzahlen, und die Menge aller dieser wird mit $\mathbb{P}$ bezeichnet. Für die Menge der natürlichen Zahlen $1, 2, 3, 4, 5, \ldots$ verwenden wir wie üblich das Symbol $\mathbb{N}$. Jeder wurde einmal mit diesen Zahlarten konfrontiert, und die Kenntnis mancher Sätze darüber gehört zum Grundwissen von jedem, der sich mit Mathematik beschäftigt. Aus diesem Grunde eignen sich gerade die Zahlen, speziell die Primzahlen, dazu, um mathematische Begriffe und Ergebnisse auszuloten bzw. von verschiedenen Seiten zu beleuchten.

An den Beginn sei eine überdenkenswerte Begebenheit gestellt, die wohl jeden, selbst den im Umgang mit Zahlen bestens Vertrauten, in Erstaunen versetzen kann. Der amerikanische Neuropsychologe Oliver Sacks berichtet in seinem Buch „Der Mann, der seine Frau mit einem Hut verwechselte" unter anderem von autistischen Zwillingen im Alter von 26 Jahren, die er eines Tages bei einer Art Spiel beobachtete.

„Diesmal saßen sie zusammen in einer Ecke, mit einem rätselhaften, heimlichen Lächeln auf ihren Gesichtern, einem Lächeln, das ich noch nie zuvor gesehen hatte. Sie schienen ein seltsames Vergnügen, einen seltsamen Seelenfrieden gefunden zu haben und zu genießen. Ich näherte mich ihnen vorsichtig, um sie nicht zu stören. Es hatte den Anschein, als seien sie in eine einzigartige, rein numerische Unterhaltung vertieft. John nannte eine Zahl, eine sechsstellige Zahl. Michael griff die Zahl auf, nickte, lächelte und schien sie sich gewissermaßen auf der Zunge zergehen zu lassen. Dann nannte er seinerseits eine andere sechsstellige Zahl, und nun war es John, der sie entgegennahm und auskostete. Von weitem sahen sie aus wie zwei Connaisseurs bei einer Weinprobe, die sich an einem seltenen Geschmack, an erlesenen Genüssen ergötzen. Verwirrt und wie gebannt saß ich, ohne von ihnen bemerkt zu werden, ganz still da. Was machten sie da? Was in aller Welt ging da vor? Ich konnte mir keinen Reim darauf machen. Vielleicht war es eine Art Spiel, aber es hatte etwas Bedeutungsvolles, eine Art von heiterer, meditativer und fast heiliger Intensität, wie ich sie bislang bei keinem gewöhnlichen Spiel beobachtet und bei den normalerweise aufgeregten und zerstreuten Zwillingen ganz sicher nie zuvor gesehen hatte." ([62], S. 263)

Sacks schrieb sich die zugerufenen Zahlen auf und konnte, da er selbst einmal eine besondere Leidenschaft für Zahlen empfunden hatte, bald herausfinden, daß es sich dabei stets um Primzahlen handelte. Am nächsten Tag nahm er eine Primzahltabelle mit zu den Zwillingen und schloß sich dem „Spiel" an, indem er eine achtstellige Primzahl nannte. Nach etwa einer halben Minute intensiver Konzentration begannen sie gleichzeitig zu lächeln — offenbar hatten beide die Zahl als Primzahl erkannt. Sie nahmen den Arzt in ihren Kreis auf und begannen nun, neunstellige Zahlen zu nennen, worauf Sacks eine zehnstellige folgen ließ, die er gerade noch in seiner Tabelle fand. Doch für die Zwillinge gab es kein Halten: Sie riefen sich immer höherstellige Zahlen zu, die weit über jede selbst heute existierende Tabelle hinausreichten. Dies ist umso verblüffender, als bis dato keinerlei Methode bekannt ist, um solche großen Primzahlen zu konstruieren. (Sehr wohl kann man jedoch von einer *vorgegebenen* Zahl zumindest mittels Computer schnell feststellen, ob sie Primzahl ist — vgl. Kapitel 10.) Und selbst wenn es eine gäbe, wären die Zwillinge nicht imstande gewesen, sie anzuwenden, da sie erwiesenermaßen weder multiplizieren noch dividieren konnten.

Schon allein die Tatsache, daß es Menschen gibt, die Primzahlen „sehen" können bzw. einen Umgang mit Zahlen pflegen, von dem der Mathematiker keine Ahnung hat, muß Verwunderung hervorrufen. Diese kann sich zur Unglaublichkeit steigern, wenn man von folgendem Ereignis liest ([35]): Zu Beginn des vorigen Jahrhunderts lebte in einem württembergischen Dorfe eine Somnambule, die Seherin von Prevorst genannt. Außer verschiedenartigsten Erscheinungen sah sie auch Zahlen als Begleiter des Lebens der Menschen. Von Geburt an ist jedem eine Zahl beigegeben, die das Gesetz seiner Entwicklung und die Lebensdauer ausdrückt. Sie kann durch innere oder äußere Hemmnisse verkleinert werden, wobei diesen selbst Zahlen entsprechen. Ja, „alles auf jeden Tag, Stunde und Sekunde hinaus bekommt seine Zahl, und diese Zahl ist zugleich Wort" ([35], S. 258).

Vor diesem Hintergrund offenbart plötzlich der Standpunkt der Pythagoräer, daß die „Elemente der Zahlen" die „Elemente aller Dinge" seien (Aristoteles, „Metaphysik", 986a), einen ungeahnten Realitätsbezug.[1] Auf dieses reale Sein der Zahlen berufen sich manche okkulte Lehren und die Gematrie, die Buchstabendeutung durch Zahlwerte. Und der heutige Mathematiker, der tagein, tagaus mit diesen Objekten umgeht, kann sich fragen, ob es eine Möglichkeit gibt, seine formalen Ansichten auf irgendeine Weise in Richtung des Wesens der Zahlen zu erweitern. Dabei scheint die Einstellung ein wichtiger Sachverhalt zu sein. Es ist doch erstaunlich, welche innere Haltung die Zwillinge zu „ihren" Zahlen einnehmen. Schon in dem oben angeführten Zitat kam zum Ausdruck, daß jenes Zahlenzurufen in einer Art von heiterer, meditativer und fast heiliger Intensität vor sich ging. An späterer Stelle schreibt O. Sacks noch eindrücklicher: „Sie gehen nicht, wie die meisten Rechner, leichten Herzens an Zahlen heran. Sie interessieren sich nicht für das Rechnen, sie haben kein Verständnis, keine Begabung dafür. Statt dessen sind für sie Zahlen Gegenstand heiterer Betrachtungen — sie treten ihnen mit Respekt und Ehrerbietung entgegen. Für sie sind Zahlen heilig, bedeutungsträchtig. Sie sind *ihr* Mittel (...), das Wirken des Höchsten Komponisten zu begreifen.

Doch Zahlen sind für die Zwillinge nicht nur ehrfurchtgebietend, sie sind auch Freunde — vielleicht die einzigen Freunde, die ihnen in ihrem isolierten, autistischen Leben begegnet sind" ([62], S. 270).

Man wird da an die Frühzeit der Mathematik, an die Pythagoräer, erinnert, für die auch der Umgang mit den Zahlen etwas Heiliges war. Ihr Ziel war — wie es I. Schafarevitsch in der eingangs erwähnten Rede formuliert — „die Vereinigung mit dem Göttlichen durch das Verständnis der kosmischen Harmonie, die sich in der Harmonie von Zahlen ausdrückte. Gerade dieses Ziel war die Quelle der Kraft zu einer wissenschaftlichen Glanzleistung, die ganz allein steht: nicht die Entdeckung eines schönen Theorems, nicht die Schöpfung eines neuen Teils der Mathematik, sondern die Schöpfung der Mathematik als solcher."

Daß es ganz allgemein die positive innere Haltung gegenüber den Erkenntnisobjekten ist, die derart tiefgründige Einsichten ermöglicht und dadurch zu solch revolutionären Ergebnissen führen kann, darauf weist auch Rudolf Steiner immer wieder. So beschreibt er z. B. im Vortrag vom 15. 1. 1912 ([70]) die vier Eigenschaften, die der Mensch notwendigerweise entwickeln muß, um zu höherer Erkenntnis zu gelangen: das Staunen, die Verehrung, das Sich-im-Einklang-Wissen mit dem Weltgeschehen und schließlich die Hingabe an den Weltprozeß. Und an anderer Stelle sagte er einmal, speziell auf die Zahlen eingehend: „Der Mensch muß lernen, die inneren Verhältnisse der Zahlen wie eine geistige Musik zu empfinden" ([68], Vortrag vom 29. 12. 1907).

Nun ist es gerade in der heutigen Zeit, in der wir ununterbrochen und zumeist achtlos mit Zahlen umgehen, schwierig, ihnen gegenüber eine Haltung zu entwickeln, die auch nur annähernd etwas mit der beschriebenen zu tun hat. Trotzdem sollte man es versuchen! Dabei kann vielleicht folgendes Gedankenexperiment als Hilfestellung dienen: Man stelle sich so lebhaft wie möglich die Auswirkungen vor, die eintreten würden, wenn die Menschen plötzlich mit den natürlichen Zahlen nicht mehr umzugehen wüßten. Das ganze menschliche Leben und Handeln wäre zutiefst davon berührt. Wirtschaftsleben, Gesundheitswesen, Wissenschaftsbetrieb, Verkehr, Militär, ..., alles wäre in schwerste Mitleidenschaft gezogen bzw. käme überhaupt zum Stillstand.— Man kann sich dieses Bild gar nicht lebhaft genug ausmalen, um in vollem Umfang auszuloten, *wie* innig das gesamte heutige Leben von den Zahlen durchwoben ist und in welchem Ausmaß die Verwendung der Zahlen es überhaupt erst ermöglichen. Doch gilt ein ähnliches auch für frühere Zeiten, etwa die Zeit der alten Ägypter. Ohne den Umgang mit Zahlen hätte es keinen Kalender gegeben, die Pyramiden hätten nicht erbaut werden können, sämtliche Maße wären plötzlich verschwunden und damit der Warenaustausch fast völlig zum Erliegen gekommen, usw. Der Gedanke drängt sich auf, daß die Entstehung der ersten größeren Dorfgemeinschaften im Laufe der Menschheitsgeschichte ohne die Handhabung der natürlichen Zahlen unmöglich gewesen wäre, daß sich somit die Menschheit in diesem Falle völlig anders entwickelt hätte.

Vielleicht bekommt man durch diese Vorstellung eine gewisse Achtung, ja Ehrfurcht vor den Zahlen. Und vielleicht sieht man dadurch auch die alltäglichen Tätigkeiten des Zählens und Rechnens in einem neuen Lichte, geht man doch dabei mit etwas um, das tiefsten Einfluß auf die Entwicklung der Menschheit genommen hat. Oder wie L. Locher-Ernst es einmal ausdrückt: „Man darf auch einmal den Gedanken fassen, wie vollkommen die Zahlen sich zur Verfügung stellen und unter Verzicht auf jedes Eigenleben nur stets dienende Wesen sind" ([48], S. 93).

Es gibt wenig, was sich damit vergleichen läßt — nur Sprache und Schrift scheinen in Bezug auf die jeweils durch sie ausgedrückten Inhalte einen ebenso großen Stellenwert für die Menschheit zu besitzen wie das Umgehen mit den Zahlen. Und es ist auffallend, daß alle diese urmenschlichen Ausdrucksweisen in frühesten Zeiten eine heilige Verehrung genossen. Arithmetik und Schrift schon allein dadurch, daß sie dem ägyptischen Mythos zufolge göttlichen Ursprungs waren, der Menschheit geschenkt vom Gotte Thot (griechisch Hermes Trismegistos; s. Platon, „Phaidros", 274c ff.). Bekannt ist, daß bei den Schreibern im alten Ägypten schwerwiegende Schreibfehler mit der Todesstrafe geahndet wurden, waren doch die hieratischen (= heiligen) Schriftzeichen noch Bilder, die das Wesen desjenigen symbolisierten, was dargestellt wurde. Und noch im Mittelalter malten die Mönche mit völliger Hingabe jahrelang an Abschriften der Bibel. Was die Sprache betrifft, so galt besonders das Hebräische als heilig, da es der Ursprache am nächsten kommt, bei der „die Formel des Äußern, also das gehörte oder das erblickte Wort, zugleich die Formel des Innern, des Wesentlichen" enthält ([84], S. 21). Dies ist der tiefere Grund dafür, daß die Schriften des Alten Testaments und des Talmuds in Hebräisch abgefaßt sind und weshalb diese in früheren Zeiten — ja teilweise sogar heute noch — nur von Priestern und Schriftgelehrten gelesen und interpretiert werden durften. Die heiligen Worte haben somit eine weit über das unmittelbar Ausgedrückte hinausreichende Bedeutung, die sich nur jahrelang intensiv damit Umgehenden erschließt. Das Auffinden dieses tieferen, verborgenen und zum Teil magischen Wortinhaltes wird teilweise durch die sogenannte Gematrie erleichtert, wobei den einzelnen Buchstaben gewisse Zahlenwerte entsprechen, die wiederum Ausdruck von Wesenhaftem sind. Bemerkenswert in diesem Zusammenhang ist, daß F. Weinreb, einer der hervorragendsten Kenner dieser Wortauslegung, in seinem Buch „Zahl, Zeichen, Wort" schreibt, daß „die Buchstaben zuerst Zahlen" sind, somit jener Zahlenwert das Grundlegende an ihnen ist ([84], S. 56f.).

Im Laufe der Geschichte haben Rechnen, Schrift und Sprache ihren hohen Stellenwert eingebüßt und sind zu einem bloßen Vehikel geworden, um „Information" weiterzugeben bzw. mit ihr umzugehen. Im selben Maße hat sich auch der Mensch von den Objekten entfernt, die er ja durch sie beschreiben und erfassen will. Und es ist nur allzu deutlich, daß beispielsweise der heutige Umgang mit den Zahlen bzw. umfassender die heutige Art des Mathematisierens, die durch ihr vermehrtes Eindringen die einzelnen Wissenschaften immer stärker verändert, den Grund dafür abgibt, daß wir nur noch Erkenntnisse erlangen, mit denen man sich seelisch nicht mehr verbinden kann (s. z. B. [38]). Es lohnt sich, darüber nachzudenken, ob es gerade angesichts der jetzigen Menschheitsprobleme von Bedeutung sein könnte, diese innigst mit dem Menschsein verbundenen Fähigkeiten des Rechnens, Schreibens und Sprechens neu zu ergreifen, indem man wieder die ihnen zugrundeliegenden bzw. durch sie ausgedrückten Objekte mit lebendigem Inhalt erfüllt. Was die Objekte des Rechnens, die Zahlen, betrifft, so stellt letzteres beispielsweise für Rudolf Steiner eine eminent wichtige Aufgabe dar. Indem man überall in der Welt die Zahlen aufsucht und ihrem Stellenwert im Werdegang der Weltenentwicklung nachspürt, lebt man sich in Gesetzmäßigkeiten der geistigen Welt ein. Und dies ermöglicht es sogar, die Schwelle zu dieser Welt zu überschreiten ([71]).[2] Auch I. Schafarevitsch sieht es in der schon öfter zitierten Rede als unbedingt notwendig an, die ganze Mathematik, speziell also die Zahlen, wieder von ihrem Inhalt her zu begreifen; denn die „geistige Beschaffenheit der Menschheit gestattet bei längerer Zeitdauer keine Verknüpfung mit einer Tätigkeit, deren Ziel und Bedeutung nicht angegeben wird. Dann tritt, wie bei vielen anderen Vorgängen, ein Mechanismus in Kraft, indem nämlich die Leute zu einem [oberflächlichen] Ersatz greifen, wenn sie in dem ihnen Angebotenen nicht das Benötigte gefunden haben." In der Mathematik führt das zur „seelischen Erniedrigung [des] Gelehrten, [und] es geraten dadurch (...) Gebiete ohne jene göttliche Schönheit [in sie], welche die Kenner [dieser] Wissenschaft begeistert" ([63], S. 34ff.). Er schließt mit den Worten: „Zum Schluß möchte ich der Hoffnung Ausdruck geben, daß [wie zur Zeit der Pythagoräer] die Mathematik jetzt als Modell dienen möchte zur Lösung des Hauptproblems unserer Epoche: Ein oberstes religiöses Ziel und den Sinn geistigen Schaffens der Menschheit zu erkennen."

Daß damit nicht das Auffinden neuer Resultate gemeint sein kann, so notwendig das zum Leben des Mathematikers gehört, ist klar. Nur ein neuer Umgang mit den vorhandenen mathematischen Begriffen und Sätzen sowie ein subtiles Beobachten und Hinterfragen des Mathematisierens überhaupt kann zur Lösung jener höchsten Aufgabenstellung für die Mathematik führen. Was letzteres betrifft, so wird dazu durch das jüngst erschienene Buch „Mathematik und Geisteswissenschaft" von Renatus Ziegler ([89]) ein wertvoller Beitrag geleistet. Hier soll dagegen vorwiegend auf den ersten Aspekt eingegangen werden, wobei versucht wird, nicht bloß mathematisches Wissen zu vermitteln, sondern es als Grundlage dafür zu verwenden, daß sich die Zahlen, insbesondere die Primzahlen, zumindest anfänglich offenbaren können.

Dabei tritt jedoch sofort eine große Schwierigkeit auf, die darin besteht, daß wir uns hauptsächlich vom Gesichtspunkt der Zahlentheorie aus den Zahlen annähern. Um wirklich sprechende Qualitäten für sie zu finden, müßte man aber die gesamte Mathematik, ja die gesamte Natur miteinbeziehen. So wirken etwa eine Rose und eine Lilie ganz unterschiedlich auf uns, nicht nur aufgrund von Farbe, Gestalt, etc., sondern auch aufgrund der Blatt*anzahl*. Es sprechen sich nämlich die Zahlen 5 bzw. 6 verschieden aus: beispielsweise wirkt die 5 viel lebendiger, die 6 dagegen mehr in sich ruhend. Mathematisch kann man das durch Betrachtungen am 5- bzw. 6-Eck nachvollziehen, wie dies L. Locher-Ernst in seinem Büchlein „Mathematische Meditationen" ([49]) vorgeführt hat. Er spricht dort von der wunderbar gestalteten, ausgeglichenen Strahlkraft des Fünfsterns und von der im Gleichgewicht gehaltenen Ineinanderfügung zweier Dreiecke — in dieser Art tritt ja die 6 bei der Lilie in Erscheinung. Man muß sich also bewußt sein, daß der hier unternommene Versuch, die Zahlen gewissermaßen sich selbst aussprechen zu lassen, nur ein Ausgangspunkt dafür sein kann, tiefer in ihre Qualitäten einzudringen. (In diesem Zusammenhang sei außer auf die bereits erwähnte Literatur noch auf H. Kükelhaus [42] verwiesen.)

1. Der Begriff der Primzahl

Bereits Euklid gibt in seinen „Elementen" [19] eine Definition der Primzahl. Das erste der drei arithmetischen Bücher (Buch VII–IX) beginnt mit 22 Definitionen, wobei die für uns interessanten lauten:

Def. 1: *Einheit* ist das, wonach jedes Ding eines genannt wird.
Def. 2: *Zahl* ist die aus Einheiten zusammengesetzte Menge.
Def. 3: *Primzahl* ist eine Zahl, die sich nur durch die Einheit messen läßt.

Unter Einheit ist hier nicht ein bloßer Begriff gemeint, der ja keine Vervielfältigung zuließe, sondern es ist die Eigenschaft „konkreter Dinge", Maßstab für andere, gleichartige „konkrete Dinge" zu sein; man sagt dann eben *ein* Apfel, *ein* Stock, *ein* Gedanke. Zahlen erhält man, wenn man mit diesem Maßstab mißt, wobei der historischen Treue wegen zu beachten ist, daß dabei stets mehrere Einheiten vorkommen müssen — 1 ist somit für Euklid keine Zahl, sondern eben die Einheit.[3] Primzahl schießlich ist eine Zahl, also > 1, die sich durch keine andere *Zahl* messen läßt — wieder ist hier ein Unterschied zur heutigen Auffassung zu beachten, indem die Zahl selbst nicht als Teil ihrer selbst angesehen wird.

Sieht man von diesen kleinen Unterschieden ab, so definiert man heute Primzahlen im Prinzip völlig analog: Jede natürliche Zahl n besitzt jedenfalls die Teiler 1 und n — sie werden auch *triviale Teiler* genannt —, und man bezeichnet dann als *Primzahl* eine natürliche Zahl $n > 1$, die nur diese trivialen Teiler besitzt. $2, 3, 5, 7, 11, 13, 17$ sind offenbar die ersten Primzahlen.

Euklid leitet in den Büchern VII und IX im wesentlichen auch bereits die sogenannte eindeutige Primfaktorzerlegung der natürlichen Zahlen (> 1) ab. Damit ist gemeint, daß sich jede Zahl $n \in \mathbb{N}$, $n > 1$, als Produkt von Primzahlen schreiben läßt und dies nur auf eine Weise geschehen kann, sieht man von der stets möglichen Vertauschung der Faktoren ab. So gilt etwa $36 = 2 \cdot 2 \cdot 3 \cdot 3$, $350 = 2 \cdot 5 \cdot 5 \cdot 7$ usw. Wir werden an späterer Stelle auf diesen zentralen Satz der elementaren Zahlentheorie noch genau eingehen; hier genügt uns die Aussage, daß sich also jede natürliche Zahl (> 1) durch Bausteine, die Primzahlen, aufbauen läßt, die selbst unzerlegbar sind, d.h. nicht mehr auf diese Art aufgebaut werden können. Dieses fundamentale Theorem ist der Grund dafür, daß die Bausteine bei den Griechen $\pi\rho\hat{\omega}\tau o\varsigma$ $\dot{\alpha}\rho\iota\theta\mu\acute{o}\varsigma$, lateinisch numerus primus, bei uns „Primzahl" genannt wurden bzw. werden — sie sind eben die *ersten*, frühesten Zahlen.

Bei dieser Aussage über den Bausteincharakter der Primzahlen muß man sich aber bewußt sein, daß sie zustande gekommen ist, weil wir die natürlichen Zahlen von einem ganz speziellen Gesichtspunkt aus betrachtet haben, nämlich bezüglich der Rechenoperation der Multiplikation. Und es ist eine mathematisch ganz naheliegende Frage, ob es Bausteine für $\mathbb{N}$ auch dann gibt, wenn wir diese Menge vom Standpunkt der Addition oder der Potenzenbildung aus ansehen — die anderen Operationen wie Subtraktion oder Division lassen wir beiseite, da sie nicht unbeschränkt ausführbar sind. Weiters läßt sich dann fragen, ob es außer $\mathbb{N}$ noch andere bezüglich der Multiplikation abgeschlossene Zahlenbereiche gibt, für die ebensolche Bausteine vorhanden sind.

1) Wir beginnen mit den natürlichen Zahlen, betrachtet bezüglich der Addition, wofür wir kurz $(\mathbb{N}, +)$ schreiben. Die Frage lautet dann, ob sich jede natürliche Zahl als Summe von nicht mehr weiter in eine Summe zerlegbaren Bausteinen schreiben läßt. Man sieht sofort, daß es nur einen Baustein gibt, nämlich die 1. Diese Zahl übernimmt also bezüglich der Addition die Rolle sämtlicher Primzahlen.

2) Zum Einüben sei auch der Bereich $(\mathbb{N} - \{1\}, +)$ betrachtet, der ja das euklidische Zahlverständnis wiedergibt. Die Frage ist genau dieselbe wie zuvor, nur sind jetzt alle Zahlen, auch die Bausteine als größer 1 vorausgesetzt. Hier ergeben sich 2 und 3 als die einzigen Bausteine, denn einerseits müssen sie welche sein, da sie sich nicht als Summe kleinerer Bausteine > 1 schreiben lassen; ist andererseits $n \in \mathbb{N}$ gerade, $n = 2k$, so gilt $n = 2 + 2 + \ldots + 2$ (k-mal), ist es ungerade > 3, also $n = 2k + 1$ mit $k > 1$, so läßt sich n darstellen als $n = 3 + 2 + \ldots + 2$, wobei $(k - 1)$-mal die 2 auftritt.

3) Wie steht es mit den geraden Zahlen bezüglich der Multiplikation, symbolisch $(2\mathbb{N}, \cdot)$? Läßt sich jede gerade Zahl als Produkt von geradzahligen Bausteinen schreiben? Ja, denn zunächst sind alle Zahlen der Form $2k$, k ungerade, nicht weiter geradzahlig (!) zerlegbar, müssen mithin jedenfalls Bausteine sein, und weiters haben alle Zahlen aus $2\mathbb{N}$ die Gestalt $2^i m$, m ungerade, $i \geq 1$, können also geschrieben werden als $\underbrace{2 \cdot 2 \cdot \ldots \cdot 2}_{(i-1)\text{-mal}} \cdot 2m$, wo jeder einzelne Faktor ein Baustein ist. Die Rolle der Primzahlen übernehmen in diesem Fall somit die Zahlen $2k$ mit ungeradem k.

4) Ungewohnter wird es, wenn man die natürlichen Zahlen (> 1) bezüglich der letzten noch möglichen Rechenoperation, der Potenzbildung betrachtet. Gibt es auch hier Bausteine, und wie sehen sie aus? Jedenfalls sind Zahlen, die wirklich Potenzen sind, wie 2^4, 5^3 usw. keine Bausteine — alle anderen Zahlen müssen dies aber schon sein, da sie sich eben nicht als Potenzen schreiben lassen. $2, 3, 5, 6, 7, 10, 11, 12, 13 \ldots$, allgemein $n \in \mathbb{N}$ mit $n > 1$ und $n \neq a^r$, $a, r \in \mathbb{N}$, $r > 1$, sind hier also die Zahlen, welche die Rolle der Primzahlen übernehmen.

5) Der Bereich der ganzen Zahlen $\mathbb{Z}$ bezüglich der Multiplikation birgt gegenüber $(\mathbb{N}, \cdot)$ nichts wesentliches Neues — zu den Primzahlen muß man nur -1 und 0 hinzufügen. Und es ist einleuchtend, daß die eindeutige Primfaktorzerlegung dann auch hier gilt: Jede ganze Zahl $z \neq 0, \pm 1$ läßt sich bis auf die Reihenfolge eindeutig als Produkt von Primzahlen schreiben, wobei dieses nötigenfalls noch mit -1 multipliziert werden muß. Übrigens überträgt sich dieses Argument auf alle bezüglich der Multiplikation betrachteten Zahlbereiche, die aus positiven und sämtlichen dazu negativen Zahlen bestehen. Deshalb genügt es im weiteren, sich auf solche zu beschränken, die nur positive Zahlen enthalten.

6) Ein gänzlich neuer Sachverhalt tritt bei den positiven rationalen Zahlen, deren Gesamtheit man mit $\mathbb{Q}^+$ bezeichnet, ein, wenn man sie vom Blickpunkt der Multiplikation aus ansieht. Hier zeigt sich nämlich als Phänomen, daß es gar keine unzerlegbaren Bausteine geben kann: Wären $\frac{a}{b}$, $\frac{c}{d}$ zwei solche, so gilt ja $\frac{a}{b} = \frac{c}{d} \cdot \frac{da}{cb}$, d.h. $\frac{a}{b}$ kann in $\frac{c}{d}$ und einen zweiten rationalen Faktor zerlegt werden. Dies rührt daher, daß in $\mathbb{Q}^+$ die Division unbeschränkt ausführbar ist, $\frac{a}{b} : \frac{c}{d}$ also wieder in $\mathbb{Q}^+$ liegt. Trotzdem kann man in naheliegender Weise auch in diesem Fall eine Art Bausteine angeben. Man muß nur beachten, daß aufgrund der eindeutigen Primfaktorzerlegung in $\mathbb{N}$ Zähler und Nenner jedes Bruches, wenn man sie als positiv annimmt, Produkte von Primzahlen oder gleich 1 sind. Mithin läßt sich jeder Bruch als Produkt von Elementen $p, \frac{1}{p}$, p prim, schreiben und keine dieser Zahlen kann dabei weggelassen werden. Mathematisch drückt man dies so aus, daß die Zahlen $p, \frac{1}{p}$ (p prim) ein *System von Erzeugenden* von $\mathbb{Q}^+$ bilden, symbolisch $\mathbb{Q}^+ = \langle p, \frac{1}{p}; p \text{ prim}\rangle$, das zusätzlich *minimal* ist.

Aber es tritt hier im Vergleich zu den bisher behandelten Fällen noch ein weiteres neuartiges Phänomen auf. Man kann nämlich auch gänzlich andere minimale Erzeugendensysteme für $\mathbb{Q}^+$ angeben. So gilt ersichtlich auch $\mathbb{Q}^+ = \langle p^3, \frac{1}{p^2}; p \text{ prim}\rangle$, $\mathbb{Q}^+ = \langle 5, p, \frac{1}{5p}; p \neq 5 \text{ prim}\rangle$ usw. Ja, man kann sogar jeden vorgegebenen Bruch in solch ein System einbauen: Soll etwa $\frac{3}{10}$ darin auftreten, so genügt es, in $\langle p, \frac{1}{p}; p \text{ prim}\rangle$ $\frac{1}{2}$ und $\frac{1}{5}$ durch $\frac{3}{10}$ zu ersetzen, denn die nun fehlenden Zahlen $\frac{1}{2}$ bzw. $\frac{1}{5}$ lassen sich im neuen System als Produkte schreiben: $\frac{1}{2} = \frac{3}{10} \cdot \frac{1}{3} \cdot 5$, $\frac{1}{5} = \frac{3}{10} \cdot \frac{1}{3} \cdot 2$.

7) Noch komplizierter und eigenartiger wird die Lösung, wenn man unsere Frage für die Gesamtheit $\mathbb{R}^+$ der positiven reellen Zahlen stellt, wieder bezüglich der Multiplikation betrachtet. Wir wollen sie nur der Vollständigkeit halber angeben. (Einen Beweis findet man in [44], Kap. II, §6, Beispiel 3, wobei man die dortige Argumentation an den hiesigen Fall etwas anpassen muß.) Es läßt sich zeigen, daß es in diesem Fall zwar Erzeugendensysteme gibt, jedoch im Unterschied zu $\mathbb{Q}^+$ keine minimalen. Genauer gilt, daß man aus einem gegebenen Erzeugendensystem, etwa der Menge *sämtlicher* positiven reellen Zahlen, immer wieder ein beliebiges Element entfernen kann, und es bleibt stets Erzeugendensystem!

Fassen wir unseren Gang durch die verschiedenen Zahlbereiche zusammen, so hat sich ergeben, daß von den üblicherweise betrachteten nur $\mathbb{N}$ wirklich aussagekräftige Antworten auf die Frage nach Bausteinen zuläßt. Für $\mathbb{Z}$ lassen sich diese daraus einfach folgern — was wir bloß bezüglich der Multiplikation vorgeführt haben —, für $\mathbb{Q}$ und $\mathbb{R}$ werden sie bereits diffus. Aber auch für $\mathbb{N}$ selbst fallen die Ergebnisse durchaus unterschiedlich aus, je nachdem, welche Rechenoperation man in den Vordergrund rückt: Bei der Addition gibt es bloß einen einzigen Baustein, bei der Potenzenbildung dagegen sind fast alle Zahlen Bausteine (unter den ersten 1000 Zahlen gehören nur 40 nicht dazu); allein bei der Multiplikation erhält man ein interessantes Resultat (zum Vergleich sei erwähnt, daß es unter den ersten 1000 Zahlen 168 Primzahlen gibt). Obwohl man gewöhnlich die Reihe der natürlichen Zahlen durch das unentwegte Hinzufügen des einzigen Bausteines 1 „aufbaut", sie also ganz auf die Addition gegründet ansieht, wird sie doch nur sprechend bezüglich der Multiplikation. Erst von dieser Rechenoperation aus betrachtet wird $\mathbb{N}$ lebendig, ja die einzelnen Zahlen erhalten durch die Bausteine, eben die Primzahlen, sogar einen gewissen individuellen Charakter. So sind 999, 1000, 1001 vom Standpunkt der Addition aus gewissermaßen ununterscheidbar — ob ich 999mal die 1 addiere oder 1000- oder 1001mal macht keinerlei Unterschied. Von der Multiplikation aus gesehen, setzt sich aber jede dieser Zahlen ganz anders zusammen: $999 = 3 \cdot 3 \cdot 3 \cdot 37$, $1000 = 2 \cdot 2 \cdot 2 \cdot 5 \cdot 5 \cdot 5$, $1001 = 7 \cdot 11 \cdot 13$, und sie erhalten dadurch ein erstes individuelles Gepräge.

Die Primzahlen machen somit $\mathbb{N}$ erst lebendig, und das haben auch die griechischen Mathematiker tief empfunden. So schreibt der Neupythagoräer Nikomachos von Gerasa, der um 100 n. Chr. gelebt hat, in seiner Einführung in die Arithmetik ([53], S. 202): „Wenn man Primzahlen miteinander kombiniert, können andere Zahlen erzeugt werden, entstehend aus diesen wie aus einer Quelle oder einer Wurzel, weswegen sie „erste" genannt werden, da sie vorher existieren als Ursprung der anderen. Denn der Ursprung, auf den jedes Ding zurückgeführt werden kann und aus dem es resultiert, ist elementar und nicht zusammengesetzt."

Bei ihm findet sich auch eine Einteilung der natürlichen Zahlen, die fast ausschließlich auf diese sprechende Operation der Multiplikation gegründet ist ([53], S. 201–212). Zunächst teilt er $\mathbb{N}$ in die beiden Klassen der geraden, also durch 2 teilbaren, und der ungeraden Zahlen. Diese Gliederung stammt bereits aus der ältesten Zeit der griechischen Mathematik und sie war für die Pythagoräer der Ausdruck für die Einteilung der Menschen dem Geschlechte nach. In diesem Zusammenhang sei dazu angeregt, einmal Schüler oder Studenten eine Zuordnung zwischen gerade, ungerade und weiblich, männlich treffen zu lassen. Bei mir sprach sich bis jetzt stets die Mehrheit im pythagoräischen Sinn, nämlich gerade–weiblich, ungerade–männlich, aus, was man vielleicht als Hinweis dafür werten kann, daß auch heute noch Qualitätsunterschiede für gewisse Zahlbereiche zumindest halbbewußt erlebt werden.[4]

Nikomachos teilt im weiteren die geraden Zahlen ein erstens in *vollkommene*, zweitens in *überschießende* oder *reiche* und drittens in *mangelhafte* oder *arme*. Jede dieser Zahlarten ist durch den sogenannten *Inhalt* definiert, der die Summe aller Teiler einer natürlichen Zahl $n > 1$ ist, ausgenommen die Zahl n selbst. Er wird mit $\iota(n)$ bezeichnet. Beispielsweise ist $\iota(10) =$

$1+2+5 = 8$, $\iota(20) = 1+2+4+5+10 = 22$. Gilt nun $\iota(n) > n$, so gehört n der zweiten Klasse an, gilt $\iota(n) < n$, so der dritten, und im Fall $\iota(n) = n$ wird n als vollkommen bezeichnet, zählt also dann zur ersten Klasse. 10 ist demnach eine arme Zahl, 20 eine reiche. $6, 28, 496$ sind die ersten drei vollkommenen Zahlen, da $\iota(6) = 1+2+3 = 6$, $\iota(28) = 1+2+4+7+14 = 28$ und $\iota(496) = 1+2+4+8+16+31+62+124+248 = 496$. Nur eine weitere vollkommene Zahl war im Altertum noch bekannt, nämlich 8192. Heute kennt man zwar einige mehr — derzeit sind es 31 —, man weiß jedoch nicht, ob es insgesamt nur endlich viele gibt, obwohl die Gesetzmäßigkeit, der gerade vollkommene Zahlen gehorchen, völlig durchschaut ist (s. S. 66 ff.). Daß die beiden anderen Klassen der reichen bzw. armen Zahlen jeweils unendlich viele Elemente enthalten, läßt sich dagegen leicht einsehen. Einerseits sind nämlich alle Vielfachen $nk, k \in \mathbb{N}$, einer reichen Zahl n wieder reich, besitzt sie doch sicherlich die Teiler dk, wo d sämtliche Teiler von n durchläuft. Deren Summe ist aber $> nk$, da n als reich vorausgesetzt war. Beispielsweise hat $20k$ jedenfalls die Teiler $k, 2k, 4k, 5k, 10k$, woraus $\iota(20k) \geq (1+2+4+5+10)k > 20k$ folgt. Andererseits sind etwa die unendlich vielen Zahlen $2^k, k \in \mathbb{N}$, arm. In diesem Falle gilt nämlich $\iota(2^k) = 1+2+4+\ldots+2^{k-1} = 2^k - 1 < 2^k$. Ebenso sind sämtliche Zahlen $2p$, $p > 3$ prim, arm, da $\iota(2p) = 1 + 2 + p < 2p$.

Auch die ungeraden Zahlen teilt Nikomachos in drei Klassen ein: in die der Primzahlen — 2 ist für ihn also keine solche —, in die der *zusammengesetzten* und in die der *relativ primen* Zahlen. Dabei versteht er unter den letzteren Zahlen diejenigen, „welche an sich zusammengesetzt, aber im Verhältnis prim und nicht zusammengesetzt" sind ([53], S. 202). Wie aus dem ganzen Zusammenhang hervorgeht, meint er damit die Potenzen von Primzahlen. Die übrigbleibende zweite Klasse besteht daher aus denjenigen ungeraden Zahlen, die mindestens zwei Primteiler besitzen. Nur diese zusammengesetzten Zahlen haben für ihn gegenüber den Primzahlen eine wirklich neue Qualität, weshalb er sie auch als *zweite Zahlen* ($\delta\varepsilon\upsilon\tau\varepsilon\rho\sigma\varsigma$ $\dot{\alpha}\rho\iota\theta\mu\acute{o}\varsigma$, numerus secundus) in Gegensatz zu den ersten Zahlen bezeichnet.

Diese Einteilung des Nikomachos entspricht in mancher Hinsicht nicht mehr dem Empfinden des heutigen Menschen, das ja durch jahrhundertelange andersartige Ansichten der Mathematiker mitgeprägt wurde. So gelten für uns alle Zahlen, die nicht Primzahlen sind, als zusammengesetzt, auch unabhängig davon, ob sie gerade oder ungerade sind. Ebenso hat die Einteilung der letzteren heute an Bedeutung für uns verloren. Trotzdem lohnt es sich, darüber nachzudenken, ob sich die natürlichen Zahlen gewissermaßen von selbst gruppieren, was durchaus auf mehrere Arten geschehen kann, je nachdem welche Eigenschaften man in den Vordergrund rückt. Eine gut nachvollziehbare, zugleich an Nikomachos anschließende Einteilung stammt von R. Jarman [33].

Sie besteht aus 4 Klassen, deren erste die vollkommenen, deren zweite die reichen, deren dritte die armen und deren vierte die Primzahlen enthält. Obwohl die Primzahlen wegen $\iota(p) = 1$ selbst arme Zahlen sind, kann man durchaus empfinden, daß ihnen eine eigene Qualität zukommt, sind sie doch die einzigen Zahlen, die diesen geringst möglichen Inhalt besitzen. Genauer muß man somit die Elemente der dritten Klasse als die zusammengesetzten (im heute üblichen Sinn) armen Zahlen beschreiben. Auch muß man die Zahl 1 gemäß dieser Gruppierung zu den Primzahlen rechnen.[5] Im Unterschied zu Nikomachos sind jetzt auch die ungeraden Zahlen in die ersten drei Klassen aufgenommen (und die Zahlen 1 und 2 in die vierte). Ob das für die erste Klasse der vollkommenen Zahlen wirklich eine Erweiterung bedeutet, ist bis heute ungeklärt; man weiß nicht, ob es eine ungerade vollkommene Zahl überhaupt gibt. Dagegen kommen in den beiden anderen Klassen jeweils unendlich viele Elemente neu hinzu. Da wie erwähnt jedes Vielfache einer reichen Zahl wieder reich ist, genügt es, bezüglich der zweiten Klasse eine ungerade reiche Zahl anzugeben. Die kleinste derartige ist 945 mit $\iota(945) = 975$ — sie sind übrigens nur zu Beginn der Zahlenreihe so spärlich gesät. Andererseits sind alle Zahlen p^k, p ungerade Primzahl, $k \in \mathbb{N}$ beliebig, ungerade arme Zahlen, ebenso wie die Zahlen pq mit p, q ungerade und prim, $p \neq q$. Im ersten Fall gilt ja $\iota(p^k) = 1 + p + p^2 + \ldots + p^{k-1} = \frac{p^k - 1}{p - 1}$, was sicher $< p^k$ ist, im letzteren $\iota(pq) = 1 + p + q < pq$, da $(p-1)(q-1) > 2$ ist unter den angegebenen Voraussetzungen.

2. Erste Sätze über Primzahlen

Im VII. Buch der „Elemente" leitet Euklid zwei Sätze über Primzahlen ab, die noch heute von grundlegender Bedeutung sind und aus denen man die eindeutige Primfaktorzerlegung der natürlichen Zahlen sofort folgern kann. Es sind dies die Sätze 30 und 32, die in der Übersetzung von Thaer folgendermaßen lauten:

Satz 1 *(Elemente VII, 30)*: *Wenn zwei Zahlen, indem sie einander vervielfältigen, irgendeine Zahl bilden und irgendeine Primzahl dabei das Produkt mißt, dann muß diese auch eine der ursprünglichen Zahlen messen.*

Satz 2 *(Elemente VII, 32):* *Jede Zahl ist entweder eine Primzahl oder wird von einer Primzahl gemessen.*

Der zweite der beiden Sätze bedarf keiner näheren Erläuterung, wenn man beachtet, daß unter Zahl bei Euklid eine natürliche Zahl > 1 zu verstehen ist; heute würde man bloß teilen statt messen sagen. Der erste Satz besagt, modern formuliert:

Teilt eine Primzahl ein Produkt zweier natürlicher Zahlen, so mindestens einen Faktor.

Unter Verwendung der üblichen Symbolik $a \mid b$ für „a teilt b" — für spätere Zwecke sei auch gleich $a \nmid b$ für „a teilt nicht b" eingeführt — kann man dafür auch kurz schreiben:

Aus $p \mid ab$ mit $p \in \mathbb{P}, a, b \in \mathbb{N}$ folgt $p \mid a$ oder $p \mid b$.

Machen wir uns dies an einem Beispiel klar: Es gilt $5 \mid 20$, und in welcher Weise man auch 20 als Produkt auffaßt: $20 = 1 \cdot 20 = 2 \cdot 10 = 4 \cdot 5$, immer gibt es einen Faktor, nämlich der Reihe nach $20, 10, 5$, der bereits durch 5 teilbar ist. Ist dagegen die Zahl p keine Primzahl, so gibt es stets ein Produkt, in dem sie aufgeht, *ohne* dabei einen Faktor zu teilen. Satz 1 charakterisiert daher sogar die Primzahlen unter den natürlichen Zahlen > 1. Ist im Beispiel etwa $p = 10$, so gilt $10 \mid 4 \cdot 5$, aber $10 \nmid 4\, und\, 10 \nmid 5$. Allgemein wählt man für die zusammengesetzte Zahl $p = rs$, $r, s > 1$, als Produkt eben diese Zahl. Dann gilt natürlich $p \mid rs$, aber $p = rs$ teilt weder r noch s, da diese Zahlen kleiner als p sind.

Was nun die Begründung der beiden Sätze betrifft, so ist letzterer unmittelbar einzusehen, denn der kleinste von 1 verschiedene Teiler p der gegebenen Zahl n muß notwendigerweise eine Primzahl sein. Wäre nämlich p zusammengesetzt, hätte also selbst einen Teiler d mit $1 < d < p$, dann wäre d natürlich auch Teiler von n. Dies steht im Widerspruch zur Forderung, daß p der kleinste Teiler von n, der > 1 ist, sein soll.

Man kann sich fragen, wie groß dieser kleinste Primteiler p von n werden kann. Ist n selbst prim, so gilt natürlich $n = p$. Ist n jedoch zusammengesetzt, so muß $n = pa$ sein mit $1 < p \leq a < n$; die mittlere Ungleichung gilt deshalb, da p der kleinste Teiler von n ist. Es folgt weiter $n = pa \geq pp$, also $p \leq \sqrt{n}$. Damit haben wir folgendes nützliche Resultat abgeleitet:

Satz 3: *Ist die natürliche Zahl $n > 1$ zusammengesetzt, so besitzt sie einen Primteiler p mit $p \leq \sqrt{n}$.*
Negativ formuliert lautet dieses Ergebnis: *Hat die natürliche Zahl $n > 1$ keinen Primteiler p mit $p \leq \sqrt{n}$, so ist sie Primzahl.*

In dieser Form wird der Satz meist angewandt. Betrachten wir dazu das Beispiel $n = 101$. Um festzustellen, ob n prim oder zusammengesetzt ist, müssen wir bloß überprüfen, ob es eine Primzahl $p \leqq \sqrt{101} = 10, \ldots < 11$ gibt mit $p \mid 101$. Nun sind $2, 3, 5, 7$ die einzigen Primzahlen < 11, und man erkennt sofort, daß keine in 101 aufgeht. Somit ist 101 Primzahl.

Als weiteres Beispiel betrachten wir $n = 143$. Wieder suchen wir alle Primzahlen $p \leqq \sqrt{143} = 11, \ldots < 12$. Das sind $2, 3, 5, 7, 11$, und eine kurze Rechnung zeigt, daß $143 = 11 \cdot 13$.

Wesentlich schwieriger ist es, Satz 1 abzuleiten. Wir werden dafür drei Beweise angeben, zum einem, um ihn von mehreren Seiten zu beleuchten, zum anderen, weil sich daran gut die Arbeits- und Denkweise des Mathematikers beobachten läßt.

Alle drei Beweise stützen sich auf den Begriff des *größten gemeinsamen Teilers* zweier natürlicher Zahlen a, b. Dieser ist genau das, was sein Name ausdrückt, nämlich die größte unter allen Zahlen, die sowohl a als auch b teilen. Er wird symbolisch mit (a, b) bezeichnet. Nimmt man etwa $a = 12$, $b = 18$, so sind die gemeinsamen Teiler $1, 2, 3, 6$, mithin gilt $6 = (12, 18)$.

Recht nützlich für den Beweis von Satz 1 ist ein Ergebnis, das Euklid diesem vorausschickt:

Satz 4 *(Elemente VII, 29)*: *Jede Primzahl ist gegen jede Zahl, die von ihr nicht gemessen wird, prim.*

Dabei soll das letzte Wort bedeuten, daß die Primzahl und die gegebene Zahl zueinander *relativ prim* sind, d.h. ihr größter gemeinsamer Teiler gleich 1 ist. Symbolisch läßt sich somit diese Aussage folgendermaßen schreiben:

Ist p prim und $a \in \mathbb{N}$ mit $p \nmid a$, so folgt $(a, p) = 1$.

Das ist wiederum unmittelbar einzusehen, denn da p als Primzahl nur die Teiler 1 und p selbst besitzt, kann für (a, p) nur gelten: $(a, p) = 1$ oder $(a, p) = p$. Würde der zweite Fall eintreten, so wäre p insbesondere Teiler von a, was der Voraussetzung widerspräche. Es bleibt also nur die behauptete Möglichkeit.

A. Wir wenden uns nun dem ersten Beweis von Satz 1 zu, nämlich dem von Euklid angegebenen. Da dieser ziemlich umfangreich ist, wollen wir ihn nur skizzenhaft wiedergeben und auch nicht ganz dem Original folgen, da man heute schneller vorgehen kann (Euklid handhabt nämlich nicht kalkülhaft die rationalen Zahlen, wie wir es tun, sondern argumentiert immer mit Verhältnissen natürlicher Zahlen).

Nach Voraussetzung soll die Primzahl p das Produkt der natürlichen Zahlen a und b teilen, d.h. es gibt ein $c \in \mathbb{N}$ mit $pc = ab$. Wird a von p

geteilt, so ist die Aussage bewiesen. Andernfalls muß nach Satz 4 $(a,p) = 1$ sein und wir müssen zeigen, daß in diesem Fall $p \mid b$. Aus $pc = ab$ folgt $\frac{c}{b} = \frac{a}{p}$, und da $(a,p) = 1$ ist, ist der rechte Bruch gekürzt. An sich wäre man nun schon fertig, denn aus der Bruchrechnung weiß man, daß daraus folgt: $c = at, b = pt$ mit einem geeigneten $t \in \mathbb{N}$; insbesondere gilt demnach wirklich $p \mid b$. Meist wird jedoch dieser Schluß aus der Bruchrechnung mittels des Satzes, den wir gerade beweisen wollen, abgeleitet (sogar noch mit einer kleinen Verschärfung dieses Satzes), sodaß wir ihn nicht anwenden können. Euklid geht nun so vor, daß er diesen benötigten Schluß wirklich anders ableitet. Zunächst zeigt er folgendes Zwischenergebnis (Elemente VII, 20):

Ist $q \in \mathbb{Q}^+$ (also eine positive rationale Zahl) und ist $q = \frac{k}{l}$ eine Darstellung von q mit kleinstmöglichem Zähler $k \in \mathbb{N}$ und kleinstmöglichem Nenner $l \in \mathbb{N}$ (das eine bedingt das andere) und ist weiter $q = \frac{m}{n}$ eine beliebige Darstellung von q ($m, n \in \mathbb{N}$), dann gibt es ein $t \in \mathbb{N}$ mit $m = kt$, $n = lt$.

Um dies zu zeigen, dividieren wir m durch k und schreiben den Rest an: $m = kt + r$ mit $0 \leq r < k$. Wäre $r \neq 0$, dann liefert die Beziehung $q = \frac{k}{l} = \frac{m}{n}$ zunächst $kn = lm$, woraus $q = \frac{m}{n} = \frac{m-kt}{n-lt} = \frac{r}{n-lt}$ folgt (die Richtigkeit der mittleren Beziehung erkennt man durch einfaches Ausmultiplizieren). Die letzte Darstellung von q besitzt r als Zähler, was wegen $r < k$ einen Widerspruch dazu ergibt, daß k kleinstmöglich war. Somit muß $r = 0$ sein, d.h. $m = kt$ gelten. Aus $q = \frac{k}{l} = \frac{m}{n} = \frac{kt}{n}$ folgt unmittelbar die weitere Behauptung $n = lt$.

Will man dieses Ergebnis auf die Ausgangsposition $\frac{c}{b} = \frac{a}{p}$ mit $(a,p) = 1$ anwenden, so muß man nur noch zeigen, daß a der kleinstmögliche Zähler (und damit p der kleinstmögliche Nenner) ist, mit welchem sich die rationale Zahl $\frac{c}{b}$ als Bruch schreiben läßt. Bezeichnet dazu wieder $\frac{k}{l}$ diese Darstellung, so folgt aus dem Zwischenergebnis, daß ein $t \in \mathbb{N}$ existiert mit $a = kt$, $p = lt$. Hier ist offenbar t ein gemeinsamer Teiler von a und p, der wegen $(a,p) = 1$ notwendigerweise gleich 1 sein muß, sodaß sich wirklich das Gewünschte ergibt.

Durchdenkt man den Beweis nochmals, so erkennt man, daß nirgends die Eigenschaft von p, Primzahl zu sein, eingeht. Es wird bloß verwendet, daß $(a,p) = 1$ ist. Somit läßt sich die Aussage VII, 30 etwas allgemeiner formulieren:

Satz 5: *Sind $a, b, c \in \mathbb{N}$ mit $c \mid ab$ und ist $(c,a) = 1$, so folgt notwendigerweise $c \mid b$.*

Machen wir auch hierzu ein Beispiel: Sei $c = 9$ und $ab = 90$. Die Teiler a von 90 sind dann: $a = 1, 2, 3, 5, 6, 9, 10, 15, 18, 30, 45, 90$. Davon sind $1, 2, 5, 10$ zu 9 relativ prim. Die zu diesen 4 Zahlen gehörigen Komplementärteiler b von 90 sind $b = 90, 45, 18, 9$, die wirklich sämtlich durch 9 geteilt werden können.

B. Der zweite Beweis von Satz 1 ist geometrischer Natur und stammt von L. Poinsot, einem französischen Mathematiker der ersten Hälfte des vorigen Jahrhunderts. Auch er ist zugleich für den allgemeineren Satz 5 gültig, und wir wollen ihn auch dafür führen.

Wir beginnen mit einer Vorüberlegung, die zunächst noch nichts mit jenem Satz zu tun hat, aber eine Verbindung der Zahlenlehre mit der Geometrie herstellt. Für eine beliebig vorgegebene natürliche Zahl n markieren wir die Eckpunkte eines regelmäßigen n-Ecks und numerieren sie, mit 0 beginnend. In Abbildung 1 ist $n = 10$ gewählt.

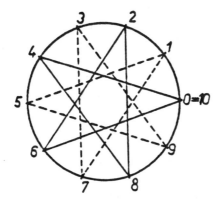

Abb. 1

Von 0 aus gehen wir nun stets um h Ecken weiter, wobei ebenfalls $h \in \mathbb{N}$ beliebig ist. Trägt man die entsprechenden Streckenzüge ein — wir wählen $h = 4$, doch ist das Bild dasselbe für $h = 14, 24, 34, \ldots$ —, dann muß sich die entstehende Figur irgendwann schließen, d.h. man muß einmal an einem der bereits erreichten Eckpunkte anlangen. Dies geschieht notwendigerweise zum ersten Mal beim Punkt 0. Würde sich nämlich die Figur erstmals bei einem Punkt $i \neq 0$ schließen, so bräuchte man nur die Ecken umzunumerieren, $i \to 0, i+1 \to 1$ usw., um zu sehen, wie der Streckenzug von 0 aus gesehen verlaufen ist. Dann hätte er sich aber jedenfalls schon zuvor bei 0 schließen müssen, im Widerspruch zur Minimalitätsforderung an i.

Bezeichnet man nun mit m die Zahl der durch den Streckenzug erreichten Ecken, so gibt mh die Anzahl sämtlicher — auch der übersprungenen — Ecken an, bis man zum ersten Mal wieder die 0 erreicht. Andererseits entspricht dies aber der Anzahl n aller Ecken auf dem Kreis, multipliziert mit der Zahl t der dafür notwendigen Umläufe. Es gilt also $mh = nt$ — speziell liest man $m = 5, t = 2$ aus der Abbildung ab. Nach Konstruktion ist dabei mh das kleinste Vielfache von h, sodaß sich der Streckenzug schließt, d.h. welches durch n teilbar ist.

Aus der Figur erkennt man auch unmittelbar, daß $m \mid n$. Ist nämlich j der nächste auf 0 folgende Eckpunkt des Streckenzuges (in der Abbildung ist $j = 2$), so braucht man letzteren bloß statt bei 0 bei den übersprungenen Punkten $1, \ldots, j-1$ beginnen zu lassen. Man erhält auf diese Weise j kongruente Streckenzüge, die also jeweils m neue Eckpunkte erreichen, sodaß insgesamt $mj = n$ gilt — in der Abbildung ist der zweite Streckenzug strichliert eingezeichnet.

Welche Konsequenzen haben unsere einleitenden Überlegungen, wenn wir $(n, h) = 1$ voraussetzen? Zunächst liefern die beiden Beziehungen $mh = nt$ und $mj = n$ die Gleichung $h = jt$, aus der sich $j \mid h$ ablesen läßt. Wegen $mj = n$ gilt auch $j \mid n$, sodaß j jedenfalls gemeinsamer Teiler von n und h ist. Aufgrund der Voraussetzung $(n, h) = 1$ folgt daraus $j = 1$ und weiter $m = n$. Wir haben somit folgendes gezeigt:

Ist $(n, h) = 1$, so ist nh das kleinste Vielfache von h, welches durch n teilbar ist.

Mittels dieses Ergebnisses können wir nun den Nachweis von Satz 5 führen. Dort war vorausgesetzt $c \mid ab$ und $(c, a) = 1$. Wir wollen $c \mid b$ beweisen und nehmen dazu indirekt $c \nmid b$ an, d.h. $b = cq + r$ mit einem Rest $r \neq 0$, also $0 < r < c$. Wegen $c \mid ab = cqa + ra$ und $c \mid cqa$ folgt $c \mid ra$. Es gäbe somit ein Vielfaches ra von a mit $0 < r < c$, welches durch c teilbar ist. Dies steht im Widerspruch zum eben abgeleiteten Ergebnis, das, wenn wir $n = c$ und $h = a$ setzen, lautet: ca ist das kleinste Vielfache von a, welches durch c teilbar ist.

C. Die dritte Variante für den Beweis von Satz 5 und damit für die Aussage VII, 30 beruht auf einer anderen Beschreibung des größten gemeinsamen Teilers zweier natürlicher Zahlen. Sie ist diejenige, die sich auch auf allgemeinere Fälle übertragen läßt und deshalb heute meist verwendet wird.

Wir gehen zunächst auf die andersartige Charakterisierung von (a, b) ein, wobei a, b natürliche Zahlen sind, die nichts mit denen des vorigen Beweises bzw. mit Satz 1 zu tun haben. Wir wollen sie anhand eines Beispiels motivieren. Dazu wählen wir etwa $a = 15$ und $b = 21$ und betrachten alle Ausdrücke der Gestalt $ax + by$, wobei x, y unabhängig voneinander $\mathbb{Z}$ durchlaufen sollen. Schreiben wir ein paar Möglichkeiten auf, und zwar für $x = -1, 0, 1, 2, 3$ und y jeweils gleich $-2, -1, 0, 1, 2$:

⋮	⋮	⋮	⋮	⋮
$-15 - 2 \cdot 21 = -57$	$-2 \cdot 21 = -42$	$15 - 2 \cdot 21 = -27$	$30 - 2 \cdot 21 = -12$	$45 - 2 \cdot 21 = 3$
$-15 - 1 \cdot 21 = -36$	$-1 \cdot 21 = -21$	$15 - 1 \cdot 21 = -6$	$30 - 1 \cdot 21 = 9$	$45 - 1 \cdot 21 = 24$
$-15 + 0 \cdot 21 = -15$	$0 \cdot 21 = 0$	$15 + 0 \cdot 21 = 15$	$30 + 0 \cdot 21 = 30$	$45 + 0 \cdot 21 = 45$
$-15 + 1 \cdot 21 = 6$	$1 \cdot 21 = 21$	$15 + 1 \cdot 21 = 36$	$30 + 1 \cdot 21 = 51$	$45 + 1 \cdot 21 = 66$
$-15 + 2 \cdot 21 = 27$	$2 \cdot 21 = 42$	$15 + 2 \cdot 21 = 57$	$30 + 2 \cdot 21 = 72$	$45 + 2 \cdot 21 = 87$
⋮	⋮	⋮	⋮	⋮

Sieht man sich die auftretenden Zahlen genauer an, so bemerkt man bald, daß sie sämtlich durch 3 teilbar sind, und weiter, daß alle Vielfachen von 3, zumindest anfänglich, vorkommen. Läßt man das Vorzeichen unbeachtet — das ja keine Rolle spielt, denn aus $ax_0 + by_0 = k$ ergibt sich $a(-x_0) + b(-y_0) = -k$ —, so treten jedenfalls die Zahlen $0, 3, 6, 9, 12, 15, 21, 24, 27, \ldots$ auf. Und es ist ganz klar, daß allgemein mit einer Zahl k sich auch sämtliche Vielfache darstellen lassen. Ist nämlich $ax_0 + by_0 = k$, so folgt $a(tx_0) + b(ty_0) = tk$, $t \in \mathbb{N}$ beliebig. Interessant ist somit die kleinste natürliche Zahl d, die unter allen diesen Zahlen vorkommt. Da $(a, b) \mid ax + by$ für jede Wahl von $x, y \in \mathbb{Z}$, muß jedenfalls $(a, b) \mid d$ gelten. Wir behaupten sogar mehr, nämlich

Satz 6: *Die kleinste natürliche Zahl d, die sich in der Gestalt $ax + by$ schreiben läßt, ist (a, b). Jede beliebige Zahl der Form $ax + by$ ist dann ein Vielfaches von d.*

Beweis: Wir zeigen zunächst die zweite Behauptung. Sei k irgendeine Zahl der Form $k = ax + by$. Nach Voraussetzung ist $d \in \mathbb{N}$ die kleinste derartige Zahl, $d = ax_0 + by_0$. Dividiert man k durch d, so ist $k = dq + r$ mit $0 \leq r < d$. Für r gilt dann $r = k - dq = ax + by - q(ax_0 + by_0) = a(x - qx_0) + b(y - qy_0)$, d.h. auch r ist von der betrachteten Gestalt. Da d die kleinste natürliche Zahl ist und $0 \leq r < d$, muß $r = 0$ sein, somit $k = dq$, was behauptet worden war.

Bezüglich der ersten Aussage wissen wir bereits, daß $(a, b) \mid d$, insbesondere also $(a, b) \leq d$ gilt. Andererseits teilt nach dem eben Bewiesenen d jede Zahl der Form $ax + by$, insbesondere die Zahlen $a \cdot 1 + b \cdot 0 = a$ und $a \cdot 0 + b \cdot 1 = b$. Somit ist d sicher gemeinsamer Teiler von a und b, also gilt $d \leq (a, b)$. Die beiden Ungleichungen ergeben zusammen das gewünschte Ergebnis $d = (a, b)$.

Eine einfache Methode, um x_0, y_0 wirklich zu bestimmen, sodaß $ax_0 + by_0 = (a,b)$ gilt, fließt unmittelbar aus der geometrischen Beweisvariante B. Man braucht dabei nur zu beachten, daß die den Ecken zugeordneten Zahlen in Abbildung 1 nur bis auf Vielfache von n eindeutig bestimmt sind. So hat der Punkt i gleichzeitig auch die Numerierung $i + ns$, wo s beliebig *ganze* Zahl ist — negative Zahlen werden dabei, wie üblich, im Uhrzeigersinn gezählt. Wählt man nun bei der Beschreibung der Figur $k = a$ und $n = b$, dann besagt die Beziehung $ax_0 + by_0 = (a,b)$, die ja auch in der Form $ax_0 = (a,b) + b(-y_0)$ angeschrieben werden kann, daß x_0 Lösung der folgenden Aufgabe ist: Man bestimme die Anzahl der Schritte, deren jeder a Ecken überspringt, bis man zum ersten Mal bei der Ecke mit der Numerierung (a,b) angelangt ist. Das kann man durch bloßes Weiterzählen um a erreichen. Setzt man die gefundene Anzahl gleich x_0, so errechnet man y_0 aus $by_0 = (a,b) - ax_0$. Natürlich existieren unendlich viele solcher x_0, da Addition von ganzzahligen Vielfachen von n an der Figur nichts ändert.

In Abbildung 1 war $a(= h) = 4$, $b(= n) = 10$, somit $(a,b) = 2$. Wie aus ihr ersichtlich ist, muß man 3 Schritte der „Länge" 4 weitergehen, um die Ecke 2 zu erreichen. Mithin kann man $x_0 = 3$ setzen. Die Gleichung $10y_0 = 2 - 4 \cdot 3$ hat die Lösung $y_0 = -1$, sodaß man insgesamt wirklich $ax_0 + by_0 = 4 \cdot 3 + 10(-1) = 2 = (a,b)$ erhält. Allgemein führt $x_0 = 3 + 10s, s \in \mathbb{Z}$ beliebig, zu $10y_0 = 2 - 4(3 + 10s)$ und damit auf $y_0 = -1 - 4s$.

Man muß bei dieser Methode, x_0, y_0 zu bestimmen, natürlich keine Figur zeichnen; man kann auch nur den dazugehörigen Rechenvorgang aufschreiben. Beim Beispiel lautet er: $4 \cdot 1 \to$ Ecke 4, $4 \cdot 2 \to$ Ecke 8, $4 \cdot 3 \to$ Ecke $12 =$ Ecke 2. Somit muß $x_0 = 3$ sein. Auch funktioniert das Verfahren genauso, wenn man eine Lösung der allgemeineren Aufgabe $ax + by = k$ sucht. Trotzdem ist sie für größere Werte von a, b meist sehr mühsam. Darum verwendet man meist eine andere Methode, den *euklidischen Algorithmus*, der im Anhang kurz beschrieben wird.

Nach diesem Ausflug zu der praktischen Lösung der Gleichung $ax+by = k$ wenden wir uns nun unserer Aufgabe zu, Satz 5 zu beweisen. Dabei ist ja $c|ab$ und $(c,a) = 1$ vorausgesetzt. Aufgrund von Satz 6 gibt es $x_0, y_0 \in \mathbb{Z}$ mit $cx_0 + ay_0 = 1$. Multipliziert man diese Gleichung mit b, so folgt $cbx_0 + aby_0 = b$. Hier ist die linke Seite durch c teilbar, da $c \mid cb$ und $c \mid ab$ nach Voraussetzung. Mithin gilt auch $c \mid b$, was behauptet war.

Versuchen wir im Rückblick, nochmals die in den drei Beweisen sich ausdrückenden verschiedenartigen Annäherungen an die Aussage VII, 30 Euklids bzw. allgemeiner an Satz 5 kurz herauszuarbeiten. Jeweils wird von der Voraussetzung $c \mid ab$ ausgegangen unter der zusätzlichen Annahme $(c,a) = 1$. In Euklids Beweis A wird erstere umgeformt in eine Gleichheit von Verhältnissen bzw., moderner betrachtet, von Brüchen. Unter Anwendung von Ergebnissen aus der Bruchrechnung kommt man dann zum Ziel.

Die Beweisvariante B richtet den Blick ebenfalls hauptsächlich auf die Voraussetzung $c \mid ab$, indem sie ganz allgemein untersucht, wann ein Vielfaches von a überhaupt durch c teilbar sein kann. Der entscheidende Punkt liegt im Nachweis, daß der Faktor m des kleinsten derartigen Vielfachen ma ein Teiler von c ist. Dies wird mittels einer geometrischen Überlegung gesichert (es sei daran erinnert, daß c und a den Werten n und h in Abbildung 1 entsprechen). Der dritte Beweis schließlich sucht vor allem die Annahme $(c, a) = 1$ auszuwerten, was mittels einer ganz allgemeinen, neuartigen Beschreibung des größten gemeinsamen Teilers gelingt.

Es wird also jeweils an einer der beiden Voraussetzungen $c \mid ab$ oder $(c, a) = 1$ angesetzt und im weiteren deren Bedeutung von einem bestimmten Blickpunkt aus untersucht. Es lohnt die Mühe nachzuforschen, inwieweit die einzelnen Beweise gewissermaßen notwendig fortschreiten, sich die einzelnen Schritte aufgrund des eingenommenen Blickpunktes sachgemäß aus den vorhergehenden ergeben bzw. wo Sprünge in der Gedankenführung vorliegen. Dies sei dem Leser überlassen. Beispielhaft sei erwähnt, daß der oben genannte entscheidende Punkt beim Beweis B eine solche Sprungstelle darstellt. Im Prinzip ist er es, der die geometrische Betrachtungsweise notwendig macht, „sieht" man doch unmittelbar, daß $m \mid c$ (bzw. n). Konsequent wäre es, diesen Punkt ohne Zuhilfenahme der Anschauung zu beweisen, was durchaus möglich ist (s. Anm. 6).

Diese kurze Untersuchung der drei Beweise von Satz 1 hilft vielleicht, die folgende Aussage Hegels in seiner „Phänomenologie des Geistes" ([31], Vorrede III. 2) zu verstehen: „Die Wesentlichkeit des Beweises hat jedoch auch beim mathematischen Erkennen noch nicht die Bedeutung und Natur, Moment des Resultats selbst zu sein, sondern in diesem ist er vielmehr vorbei und verschwunden. Als Resultat ist zwar das Theorem ein als wahr eingesehenes. Aber dieser hinzugekommene Umstand betrifft nicht seinen Inhalt, sondern nur das Verhältnis zum Subjekt; die Bewegung des mathematischen Beweises gehört nicht dem an, was Gegenstand ist, sondern ist ein der Sache äußerliches Tun." Zwei Absätze weiter wird Hegel noch deutlicher: Ebenso wie die Konstruktion geht der Beweis „einen Weg, der irgendwo anfängt, man weiß noch nicht in welcher Beziehung auf das Resultat, das herauskommen soll. Sein Fortgang nimmt diese Bestimmungen und Beziehungen auf und läßt andere liegen, ohne daß man unmittelbar einsähe, nach welcher Notwendigkeit; ein äußerer Zweck regiert diese Bewegung. Die Evidenz dieses mangelhaften Erkennens, auf welche die Mathematik stolz ist, und womit sie sich auch gegen die Philosophie brüstet, beruht allein auf der Armut ihres Zwecks und der Mangelhaftigkeit ihres Stoffs und ist darum von einer Art, die die Philosophie verschmähen muß."

Betrachtet man, aufgerüttelt durch diese Aussagen, die angeführten Beweise, so stützt wirklich die Tatsache, daß überhaupt verschiedene existieren, Hegels Ansicht, daß die Herleitung eines Ergebnisses ein diesem äußerliches Tun ist.[7] Es ist ja auch in gewissem Sinn ein ganz eigenartiges Verhalten der Mathematiker, für eine einmal als richtig erkannte Aussage einen neuen Beweis zu suchen. Und doch ist dieses Vorgehen — auch von Hegels Standpunkt aus — oft sinnvoll. Je mehr man die Begriffe einer Aussage sich unmittelbar aussprechen läßt, je mehr sie von sich aus zur Aussage hinleiten, je weniger neue Begriffe hinzugezogen werden müssen, umso vollkommener wird der Beweis im Sinne Hegels. Von diesem Blickwinkel aus erhalten viele Beweise etwa aus der analytischen Geometrie einen untergeordneten Stellenwert, wird doch hier den geometrischen Objekten mit Hilfe eines willkürlichen Koordinatensystems ein analytisches „Gesicht" gegeben, das aber mit deren Inhalt ursprünglich nichts zu tun hat. Interessanterweise waren dagegen die Beweise geometrischer Aussagen bei den griechischen Mathematikern wesentlich vollkommener im Sinne Hegels. Auch sie kannten ja eine analytische Beschreibung geometrischer Objekte, doch wurde diese stets direkt aus deren inhaltlicher Bedeutung entwickelt und war deshalb beispielsweise unabhängig von ihrer Lage.

Gerade bei diesem Beispiel wird aber der Mathematiker einhaken, denn das gewissermaßen individuelle Behandeln jedes einzelnen geometrischen Objektes durch die Griechen war den Historikern zufolge ein Hemmschuh für die Entwicklung der Mathematik, wogegen die durch Descartes (und Fermat) begründete und vehement befürwortete vereinheitlichende Methode der analytischen Geometrie zu stürmischer Entfaltung führte. Und auch andere Beispiele für den Methodenpurismus, also für Beweise, die mit möglichst wenig der Aussage fremden Begriffen argumentieren, stehen für den Mathematiker der Ansicht Hegels entgegen. So ist etwa für ihn der direkte, sogenannte elementare Beweis des Primzahlsatzes (s. S. 60) gekünstelt und nichtssagend im Vergleich zum klassischen, in welchem komplexe Funktionen und Integrale als Hilfsmittel für dieses rein zahlentheoretische Theorem dienen. Hegel hätte auf diese Argumente wohl erwidert, daß sie zum Großteil bloß utilitaristischer Natur seien und damit für die philosophische Beurteilung des Beweises keinerlei Bedeutung hätten.[8] Welchen Standpunkt auch immer man persönlich zur Güte von Beweisen einnehmen mag, Hegels Ansicht zeigt, daß man nur durch Einbeziehen philosophischer Kriterien zu fundierten Aussagen darüber gelangen kann. Zugleich kann sie Ansporn sein, bessere Beweise zu suchen.

Auch von anderer Seite her kann man einer solchen Suche Sinn abgewinnen, entspricht dies doch einem besonderen Schritt bei der Ausbildung höherer Erkenntnisfähigkeiten. So beschreibt R. Steiner wiederholt, z.B. in [72], daß der Aufstieg vom imaginativen zum inspirierten Erkennen durch bewußtes Vergessen bzw. Auslöschen der lebendigen Imaginationsinhalte erreicht wird. Im Rahmen des gewöhnlichen Bewußtseins macht der Mathematiker etwas Entsprechendes, wenn er den Beweis eines Satzes für einige Zeit aus seinem Bewußtsein streicht und bloß auf dem Inhalt dieses Satzes gedanklich ruht, wobei sich dann manchmal ein neuer Beweis, eine neue Einsicht einstellt. Hier hat man also innerhalb des Mathematisierens eine Tätigkeit vor sich, die einem die Gewähr dafür abgibt, daß ihr Ausdehnen auf andere Bereiche ebenso zu neuartigen, vertiefenden Erkenntnissen führen kann.

3. Die eindeutige Primfaktorzerlegung natürlicher Zahlen

Die Sätze 1 und 2, die wir im vorigen Kapitel behandelt haben, sind zentral für den Beweis der eindeutigen Primfaktorzerlegung im Bereich $\mathbb{N}$. Obwohl dieses grundlegende Ergebnis allein durch die Anwendung jener beiden Sätze abgeleitet werden kann, hat Euklid es nicht auch in das VII. Buch, sondern erst in das IX. Buch der „Elemente" aufgenommen. Zugleich ist seine Aussage eingeschränkter als heute üblich: „Die kleinste Zahl, die von gewissen Primzahlen gemessen wird, läßt sich durch keine andere Primzahl messen außer den ursprünglich messenden" (IX, 14). Euklid spricht also nur über die eindeutige Bestimmtheit der auftretenden Primzahlen für kleinste Zahlen, die durch gewisse Primzahlen teilbar sind; das sind also diejenigen, in denen jeder Primfaktor nur zur ersten Potenz auftritt — solche Zahlen nennt man kurz *quadratfrei*. Heute formuliert man den allgemeinen Satz etwa so:

Satz 7: *Ist $n > 1$ eine natürliche Zahl, so gibt es nicht notwendig verschiedene Primzahlen $p_1, \ldots, p_r$, sodaß $n = p_1 \cdot \ldots \cdot p_r$ gilt. Diese Darstellung ist bis auf die Reihenfolge der Faktoren eindeutig.*

Beweis: Wir zeigen in einem ersten Schritt, daß man n überhaupt als Produkt von Primfaktoren schreiben kann. Dazu genügt es, Satz 2 geeignet oft anzuwenden. Entweder ist n selbst prim, dann sind wir bereits fertig. Oder es wird durch einen Primfaktor, er sei p_1 genannt, echt geteilt. Dann gilt $n = p_1 a$, wobei a sicherlich $1 < a < n$ erfüllt. Nun fragen wir a ab: Ist es prim, dann haben wir für n bereits die gesuchte Zerlegung gefunden. Ist es nicht prim, so muß es nach Satz 2 einen echten Primfaktor p_2 besitzen, d.h. $a = p_2 b$. Setzt man dies in die Gleichung $n = p_1 a$ ein, erhält man $n = p_1 p_2 b$, wobei b der Bedingung $1 < b < a(< n)$ genügt. Die abzufragenden Faktoren werden somit stets kleiner, weshalb das Verfahren, wenn man es immer weiter anwendet, einmal abbrechen muß. Die Enddarstellung für n ist dann die gesamte Primfaktorzerlegung.

Der zweite Schritt besteht nun darin, die Eindeutigkeit der Faktoren nachzuweisen. Seien dazu zwei Darstellungen von n als Produkt von Primfaktoren gegeben:

$$n = p_1 \cdot \ldots \cdot p_r = q_1 \cdot \ldots \cdot q_s. \tag{1}$$

Da p_1 in der linken Zerlegung von n vorkommt, teilt es auch die rechte, also $q_1 \cdot \ldots \cdot q_s = q_1(q_2 \cdot \ldots \cdot q_2)$. Nach Satz 1 folgt daraus zunächst $p_1 \mid q_1$ oder $p_1 \mid q_2 \cdot \ldots \cdot q_s$. Wendet man auf die zweite Beziehung denselben Satz wieder an, so folgt analog $p_1 \mid q_2$ oder $p_1 \mid q_3 \cdot \ldots \cdot q_s$. Durch Fortsetzung dieses Verfahrens erkennt man, daß es jedenfalls mindestens einen Faktor q_j geben muß mit $p_1 \mid q_j$. Nun sind aber p_1 und q_j Primzahlen, weshalb $p_1 = q_j$ gilt. Kürzen wir diese Faktoren in (1), so erhält man für die Zahl $\frac{n}{p_1} < n$ zwei Darstellungen mit $r-1$ bzw. $s-1$ Faktoren. Auf sie läßt sich somit — falls nötig — wieder dieselbe Methode anwenden, wodurch man zu $p_2 = q_k$ für einen gewissen Index k sowie zu zwei Darstellungen für die Zahl $\frac{n}{p_1 p_2} < \frac{n}{p_1}$ gelangt mit $r-2$ bzw. $s-2$ Faktoren. Offensichtlich muß dieses Verfahren abbrechen, sodaß die behauptete Aussage folgt.

Mit Absicht ist der Beweis mathematisch nicht sehr ausgefeilt. Er beschreibt einfach den naheliegendsten Weg, den man einschlägt, um zur Einsicht des Satzes zu gelangen. Der Idee nach ist auch Euklid so vorgegangen. Der heutige Mathematiker versucht aber zusätzlich — und im Sinne Hegels völlig unnötig —, den Beweis formal „einwandfreier" zu gestalten, indem er entweder Induktion anwendet oder indirekt, unter Annahme eines kleinsten Gegenbeispiels, vorgeht. Er vergißt dabei meist, daß diese beiden Wege ja doch aus der unmittelbaren Einsicht, die auf dem angegebenen Beweis gründet, abgeleitet sind und bloßes Beiwerk darstellen.

Es gibt aber durchaus auch für diesen Satz andere Möglichkeiten, seine Gültigkeit einzusehen. Eine erst zu Beginn dieses Jahrhunderts von E. Zermelo entdeckte wird im Anhang 2 beschrieben. Wir verbleiben dagegen noch bei dem hier dargestellten Beweis, da gerade dieser euklidische Zugang die Basis zu wesentlich umfassenderen, ja weit über die Mathematik hinausreichenden Aussagen abgibt.

Bevor wir jedoch darauf genauer eingehen, klären wir noch, ob sich der Satz von der eindeutigen Primfaktorzerlegung in $\mathbb{N}$ auch auf die anderen Bereiche übertragen läßt, die wir im 1. Kapitel betrachtet hatten. Dort waren ja jeweils Bausteine für sie angegeben worden, d.h. solche Elemente, die alle Elemente aufbauen. Wir müssen also noch die Frage untersuchen, ob das auch stets nur auf eine Weise geschehen kann — wenn man Vertauschungen außer acht läßt. Wir klammern dabei die bereits damals problematischen Bereiche ($\mathbb{Q}^+,\cdot$) und ($\mathbb{R}^+,\cdot$) aus, sowie ($\mathbb{Z},\cdot$), wofür ja diese Frage schon dort positiv beantwortet worden war (s. S. 11).

Beginnen wir mit ($\mathbb{N},+$). Hier gibt es keinerlei Schwierigkeiten, denn ganz offensichtlich läßt sich jede natürliche Zahl eindeutig als Summe des einzigen Bausteins, der 1, schreiben. ($\mathbb{N},\cdot$) haben wir in diesem Kapitel ausführlich betrachtet. Somit bleibt die letzte Operation bezüglich $\mathbb{N}$, das Potenzieren, zu untersuchen. Ein einfaches Beispiel, wie $64 = 2^6 = (2^2)^3$, in welchem die auftretenden Zahlen 2, 3, 6 Bausteine sind, zeigt, daß hier die Eindeutigkeit nicht mehr gegeben ist. Wie schon früher wird man also auch in diesem Zusammenhang auf die spezielle Bedeutung der Multiplikation für $\mathbb{N}$ hingewiesen. Wie steht es nun mit den verbleibenden beiden Bereichen ($\mathbb{N} - \{1\}, +$) und ($2\mathbb{N},\cdot$)? Für den ersteren waren 2 und 3 die einzigen Bausteine. Wieder sieht man sofort, daß nun die eindeutige Zerlegung nicht gelten kann, denn es kommt ja auf dasselbe hinaus, ob ich bei einer Zahl dreimal den Summand 2 anschreibe oder zweimal den Summand 3. Bereits die Zahl 6 hat also die beiden verschiedenen Zerlegungen $6 = 2+2+2 = 3+3$, umso mehr gilt dies für alle größeren Zahlen (≥ 8). Der letzte Bereich ($2\mathbb{N},\cdot$) schließlich hatte die Bausteine $2k$, k ungerade. Dies sind ebenfalls „zuviele", denn man kann leicht Zahlen finden, die mehrere Zerlegungen gestatten. So gilt etwa $60 = 2 \cdot 30 = 6 \cdot 10$, wobei alle Faktoren wirklich Bausteine sind.

Man erkennt aus diesen Beispielen, daß die zwei Aussagen: „es existiert eine Zerlegung in Bausteine" und „diese Zerlegung ist (bis auf die Reihenfolge) eindeutig" wohl unterschieden werden müssen und es nicht selbstverständlich ist, daß mit der ersten auch die zweite gültig ist.

Betrachten wir nun noch einmal genauer die ersten beiden Sätze des vorigen Kapitels. Satz 2 sagt, daß jede natürliche Zahl > 1 jedenfalls einen Primteiler besitzt, woraus wir im Beweis von Satz 7 die Existenz der Primfaktorzerlegung gefolgert hatten. Von dieser Aussage gilt aber trivialerweise auch die Umkehrung: Die mögliche Primfaktorzerlegung zieht automatisch nach sich, daß jede Zahl (> 1) durch eine Primzahl teilbar ist. Satz 2 ist somit äquivalent zur Existenz der Primfaktorzerlegung, d.h. beide Aussagen bedingen einander gegenseitig. Ähnliches gilt für Satz 1 und die Eindeutigkeit der Zerlegung. Die Abhängigkeit in einer Richtung wurde eben im zweiten Teil des Beweises von Satz 7 gezeigt. Die in der anderen ergibt sich daraus, daß die Eindeutigkeit der Primfaktorzerlegung notwendigerweise die Aussage nach sich zieht: Aus $p \mid ab$ (p prim) folgt $p \mid a$ oder $p \mid b$. Wegen $p \mid ab$ gilt nämlich $pc = ab$, wobei a, b, c nach Voraussetzung Produkte von Primzahlen sind. Die Eindeutigkeit der Darstellung liefert dann, daß p unter den Primzahlen entweder von a oder b vorkommen muß.

Diese Schlüsse beschränken sich nicht bloß auf die eindeutige Primfaktorzerlegung in $\mathbb{N}$. Um das einzusehen, formulieren wir die Sätze 2 und 1 mit nichtmathematischen Begriffen, etwa in der folgenden Art:

Aussage A: Jedes Objekt enthält einen Baustein — dabei sind Bausteine solche Objekte, die selbst keinen Baustein mehr (außer sich selbst) enthalten;

Aussage B: Ist ein Baustein in einer Komposition zweier Objekte enthalten, dann bereits in einem.

Mit Absicht sind die Formulierungen vage, aber einem Leser, der den vorausgegangenen Ableitungen gefolgt ist, müßte verständlich sein, was gemeint ist. Man kann nun ganz genau wie eben schließen, daß die erste Aussage äquivalent ist zu

Aussage C: Jedes Objekt läßt sich in Bausteine zerlegen;

bzw. die zweite zu

Aussage D: Diese Zerlegung ist im wesentlichen eindeutig.

Dazu braucht man bloß in der verwendeten Schlußkette die mathematischen Begriffe durch die hier gewählten zu ersetzen.

Versuchen wir gleich, einige der zuvor betrachteten Bereiche von diesem Gesichtspunkt aus zu studieren. Die Zerlegung in Bausteine war ja stets gesichert, sodaß wir nur noch Aussage B hinterfragen müssen. Für $(\mathbb{N}, +)$ etwa lautet sie: Kommt die 1 in einer Summe zweier Zahlen als Baustein vor, so bereits bei einer dieser Zahlen. Das ist aber selbstverständlich; somit gilt auch Aussage D für diesen Bereich. Wie steht es mit $(\mathbb{N} - \{1\}, +)$? Kommt ein Baustein, also die 2 bzw. die 3, in der Summe zweier Zahlen > 1 vor, gilt dann auch, daß sie bereits in einer dieser Zahlen als Summand auftritt? Dies ist falsch, denn die 2 ist Baustein der Zahl $3 + 3$, aber keiner von 3. Somit gilt in $(\mathbb{N} - \{1\}, +)$ nicht die eindeutige Zerlegung in Bausteine. Ganz analog kann man die anderen Bereiche durchgehen und kommt zu den früheren Ergebnissen.

Die Aussagen A und B sind nun aber so formuliert, daß ihre Anwendbarkeit nicht auf die Mathematik beschränkt ist. Nehmen wir etwa als Objekt die chemischen Stoffe und als Bausteine die chemischen Elemente. Offenbar sind letztere wirklich Bausteine, da sie sich — chemisch — nicht weiter zerlegen lassen, was ja die Bedingung in Aussage A war. Gelten nun beide Aussagen? A ist, zumindest theoretisch, erfüllt. (Die daraus folgende Aussage C, also die Zerlegung eines chemischen Stoffes in chemische Elemente, wird in der Praxis übrigens nicht so verifiziert wie es dem ersten Teil des Beweises von Satz 7 entsprechen würde. Man isoliert also nicht aus dem Stoff ein chemisches Element, macht dasselbe für den Reststoff usw.) Aussage B lautet jetzt: Kommt ein Baustein in einer Verbindung zweier chemischen Stoffe vor, dann bereits in einem. Soweit bekannt ist, gilt dies, sodaß die eindeutige Darstellung der chemischen Stoffe als Verbindung chemischer Elemente, also die chemische Formel, folgt. Sollte es Ausnahmen für die Gültigkeit von B geben, so fällt automatisch auch die Eindeutigkeit der Darstellung.

Auf dieselbe Art kann man zeigen, daß Töne ein Musikstück eindeutig aufbauen, Intervalle dagegen dies nicht tun — man kann ja zwei Musikstücke durch ein solches Intervall aneinanderfügen, das in keinem der beiden Stücke vorkommt. Auch Zellen bauen ein Lebewesen nicht eindeutig auf, gibt es doch einerseits die Zellteilung, wo sich aus einer Zelle neue bilden, andererseits die Zygote, eine einzelne Zelle, die durch die Verschmelzung von Ei- und Samenzelle entsteht.[9]

Man sieht aus all diesen Beipielen, wie umfassend Satz 7 tatsächlich ist. Gleichzeitig zieht seine Gültigkeit für einen Wirklichkeitsbereich eine mehr oder minder ausgeprägte Individualisierung seiner Elemente nach sich. Für $(\mathbb{N}, +)$ ist diese zwar, wie schon früher ausgeführt, fast nicht vorhanden, was daran liegt, daß es nur einen einzigen Baustein gibt. Aber für $(\mathbb{N}, \cdot)$, für die chemischen Stoffe, für Musikstücke in Hinblick auf die Töne erhalten die jeweiligen Objekte eine gewisse Qualität eben dadurch, welche Bausteine sie aufbauen. Doch darf man dies nicht überbewerten. Zwar klingt z.B. ein pentatonisches Lied wirklich anders als eines, wo sämtliche Töne der Tonskala verwendet werden, aber man kann aus fix vorgegebenen Tönen die unterschiedlichsten Stücke zaubern (vgl. Mozarts „Musikalisches Würfelspiel"). Ebenso hat beispielsweise der aus Zuckerrohr gewonnene Zucker dieselbe chemische Zusammensetzung wie der aus der Zuckerrübe extrahierte. Und doch besitzen sie eine durchaus unterschiedliche Wirkung auf den menschlichen Organismus.

Es müssen somit zusätzliche Gesichtspunkte herangezogen werden, um tiefer in das Wesen der einzelnen Objekte einzudringen. Dies gilt bereits für die natürlichen Zahlen. So hat die Zahl 10 die Primfaktorzerlegung $10 = 2 \cdot 5$, und deren Wichtigkeit kann man ja am Menschen ablesen. Für die Pythagoräer dagegen kam dieser Zahl deshalb besondere Bedeutung zu, weil sie die Summe der ersten 4 Zahlen ist, $10 = 1 + 2 + 3 + 4$. 10 war für sie daher ein Ausdruck für die *Tetraktys*, das ist die 4 zusammen mit allem, was ihr vorangeht. Letztere galt bei den Pythagoräern als heilig, unter anderem deshalb, weil die Verhältnisse $4 : 3, 3 : 2, 2 : 1$ in der Musik, deren Harmonien die ganze Weltensphäre durchklingen, den wichtigsten Intervallen Quart, Quint und Oktave entsprechen (genaueres s. S. 94). Und diese Wertschätzung übertrug sich auf die Zahl 10, kommt doch in ihr die 4 gewissermaßen erst voll zur Erscheinung.

Auf eben diese Weise sind auch manche Zahlen der Bibel zu verstehen, etwa die Anzahl 153 der Fische, die auf Jesus' Geheiß, die Netze an der rechten (= richtigen) Seite auszuwerfen, von den Jüngern gefangen wurden (Joh. 21, 10); oder die Anzahl 276 der Menschen, die durch Paulus bei einem Schiffbruch gerettet werden konnten (Apg. 27, 37). Beides sind sogenannte *Dreieckszahlen*, also Zahlen, die man durch Abzählen von Punkten, die gemäß einem (gleichseitigen) Dreieck angeordnet sind, erhält und die somit von der Form $1 + 2 + \ldots + n$ sind (s. Abb. 9, S. 94). 153 ist die Summe der Zahlen bis 17, 276 die derjenigen bis 23, und wie im Beispiel der 10 drücken jene Zahlen diese beiden vollkommener aus. Die Bibelstellen fordern also, die Zahlen 17 und 23 in ihrer Bedeutung zu erkennen. Hierzu sei auf die Ausführungen von R. Jarman [33], denen auch diese Beispiele entstammen, verwiesen sowie auf das letzte Kapitel, wo auf die Qualitäten dieser Zahlen eingegangen wird. (Fälschlicherweise nennt Jarman Thomas von Aquin als Entdecker der Tatsache, daß 153 Dreieckszahl ist; sie war jedoch bereits Augustinus bekannt ([52], S. 151 und S. 184f.).)

Doch nicht nur die im Sinne der Addition einer Zahl vorangehenden gaben dieser bei den Pythagoräern ein stärkeres Gewicht, sondern auch die bezüglich der Multiplikation enthaltenen. Die Summe der Teiler einer Zahl (diese selbst ausgenommen) bildete wirklich den Inhalt dieser Zahl, in ihr kam das Wesen dieser Zahl gewissermaßen als Extrakt zum Ausdruck. Deutlich zeigt sich das an der dem Pythagoras zugeschriebenen Antwort auf die Frage nach dem Wesen der Freundschaft, derzufolge sich Freunde verhalten wie 220 und 284 ([30], S. 42). Diese beiden Zahlen haben die Eigenschaft, daß der Inhalt der einen gerade die andere ist: $\iota(220) = 284$, $\iota(284) = 220$. Jede ist somit das alter ego der anderen. Zahlen dieser Art werden auch heute noch *befreundete* genannt.

Ebenso weisen die im 1. Kapitel definierten vollkommenen Zahlen, ja die gesamte Klasseneinteilung der geraden Zahlen nach Nikomachos auf die Wichtigkeit der einer Zahl bezüglich der Multiplikation vorangehenden Zahlen hin.

Der Sachverhalt, daß für ein gegebenes Objekt außer den Bausteinen noch andere Eigenschaften oder Qualitäten von Wichtigkeit sind, beschränkt sich nicht allein auf die Zahlen. So spielt eine der Teilbarkeit natürlicher Zahlen ähnliche Eigenschaft, nämlich die Zerleg- oder Spaltbarkeit, in der Chemie eine herausragende Rolle. Beispielsweise läßt sich der Rübenzucker hydrolytisch in Galaktose zerlegen, wobei diese wiederum oxidativ zu Kohlendioxid und Wasser abgebaut bzw. photosynthetisch aus ihnen gebildet wird. Auch hier sind also die vorausgehenden Substanzen von besonderer Bedeutung und sollten mit dem betrachteten chemischen Stoff immer mitgedacht werden.

In den besprochenen mathematischen Beispielen kommt der Primfaktorzerlegung überhaupt nur eine untergeordnete Rolle zu. Sie ist höchstens als Vermittler der Einsicht dienlich, daß die Zahl eine Dreieckszahl ist, welches ihre Teiler sind oder welchen Wert ihr Inhalt hat. Mir ist nur eine einzige Stelle in der antiken Literatur bekannt, wo die Bedeutung einer Zahl aus ihrem Primzahlsein abgeleitet wird. Philon von Alexandria, auch Philo

Judaeus genannt, ein in Alexandria um 100 n. Chr. wirkender Philosoph, erklärt die herausragende Stellung der Zahl 7 in der jüdischen Bibel dadurch, daß sie unter den ersten 10 Zahlen die einzige ist, die nicht erzeugt wird (also prim ist) und nichts erzeugt (kein Vielfaches ist < 10) — s. [21], S. 274.

Insgesamt zeigt sich, daß nur eine Zusammenschau vielfältigster Beziehungen und Tatsachen, deren Relevanz teilweise erst durch außermathematische Sachverhalte belegt wird, den Inhalt mathematischer Objekte erhellen kann.

4. Die Primfaktorzerlegung im Bereich der ganzen Gaußschen Zahlen

Im letzten Kapitel haben wir gesehen, welch großer Stellenwert der Primfaktorzerlegung der natürlichen Zahlen zukommt, und so ist es nicht verwunderlich, daß eine analoge Fragestellung auch für andere Zahlbereiche untersucht wurde. Dies geschah nicht aus bloßem Verallgemeinerungsstreben, wie es der heutigen Mathematik manchmal eigen ist, sondern wurde durch einfach formulierbare mathematische Probleme aus der Sache heraus notwendig. Sowohl bei einem Sonderfall der *Fermatschen Vermutung*[10], der besagt, daß die Gleichung $x^3 + y^3 = z^3$ keine nicht verschwindenden ganzzahligen Lösungen besitzt, als auch bei der Suche nach dem *biquadratischen Reziprozitätsgesetz*[10] wurde C. F. Gauß dahin geführt, $\mathbb{Z}$ umfassende Bereiche, nämlich $\mathbb{Z}[\zeta] = \{a + b\zeta;\ a, b \in \mathbb{Z}\}$, wo ζ die 3. Einheitswurzel $\frac{1}{2}(-1 + \sqrt{-3})$ ist, bzw. $\mathbb{Z}[i] = \{a + bi;\ a, b \in \mathbb{Z}\}$, $i = \sqrt{-1}$, zu studieren und die Gültigkeit der Primfaktorzerlegung zu überprüfen ([59], S. 4ff., [75], S. 2ff.).

Wir wollen am Beispiel von $\mathbb{Z}[i]$, dem Bereich der *ganzen Gaußschen Zahlen*, erläutern, in welcher Weise die eindeutige Primfaktorzerlegung von $\mathbb{N}$ bzw. $\mathbb{Z}$ übertragen werden kann. Dadurch werden wir gleichzeitig Einsicht in das allgemeine Vorgehen gewinnen, das, weil es den Schwierigkeitsgrad des Textes übersteigt, im Anhang kurz erläutert wird. Zunächst kann man in $\mathbb{Z}[i]$ ohne Einschränkung addieren, subtrahieren und multiplizieren (nicht jedoch dividieren) und dabei gelten dieselben Rechengesetze wie in $\mathbb{Z}$; in der Fachsprache nennt man einen derartigen Bereich einen *Integritätsring*. Man kann demnach die Definition der Teilbarkeit ganz einfach übertragen. Sind $\alpha, \beta \in \mathbb{Z}[i]$, so *teilt* α β — in Zeichen weiterhin $\alpha \mid \beta$ —, falls es ein $\gamma \in \mathbb{Z}[i]$

gibt mit $\alpha\gamma = \beta$ (zur besseren Unterscheidung von $\mathbb{N}$ und $\mathbb{Z}$ bezeichnen wir die Elemente von $\mathbb{Z}[i]$ mit kleinen griechischen Buchstaben). Beispielsweise gilt $2 + 3i \mid 5 + i$, da $(2 + 3i)(1 - i) = 5 + i$ ist. Während nun in $\mathbb{N}$ jede Zahl a mindestens 2 Teiler besitzt, nämlich 1 und a, gibt es für $a \in \mathbb{Z}$ deren 4 : $\pm 1, \pm a$, und für $\alpha \in \mathbb{Z}[i]$ sogar 8, und zwar $\pm 1, \pm i, \pm \alpha, \pm i\alpha$. Man nennt solche stets existierenden Teiler *trivial*. Natürlich reduziert sich jene Anzahl um die Hälfte in den Sonderfällen $a = 1$ bzw. $a = \pm 1$ bzw. $\alpha = \pm 1, \pm i$. Diese Ausnahmen kann man dadurch charakterisieren, daß es genau diejenigen Zahlen in den jeweiligen Bereichen sind, welche Teiler von 1 sind — man nennt solche Zahlen *Einheiten*. Für $\mathbb{N}$ und $\mathbb{Z}$ ist dies offensichtlich, für $\mathbb{Z}[i]$ ergibt es sich aus folgender Überlegung. Einerseits erfüllen ersichtlich sämtliche Zahlen $\alpha = \pm 1, \pm i$ die Bedingung $\alpha \mid 1$. Gilt umgekehrt $\alpha = a + bi \mid 1$ mit $a, b \in \mathbb{Z}$, so muß aufgrund der Definition der Teilbarkeit ein $\gamma \in \mathbb{Z}[i]$, also $\gamma = c + di, c, d \in \mathbb{Z}$, existieren mit $\alpha\gamma = 1$. Man versucht nun, diese Gleichung in eine Aussage über ganze Zahlen überzuführen.[11] Dazu muß man sich nur erinnern, daß das Produkt einer beliebigen komplexen Zahl $\beta = r + si$ $(r, s \in \mathbb{R})$ mit ihrer *konjugiert komplexen Zahl* $\overline{\beta} = r - si$ (die man also erhält, indem man i durch $-i$ ersetzt) eine nicht negative reelle Zahl ist, nämlich $\beta\overline{\beta} = r^2 + s^2$. Man nennt sie die *Norm* $N(\beta)$ von β; sie gibt bei der Veranschaulichung der komplexen Zahlen in der *Gaußschen Ebene* das Quadrat des Abstandes von β zum Ursprung 0 an. Ist speziell $\beta \in \mathbb{Z}[i]$, so gilt offenbar $N(\beta) \in \mathbb{N}$, falls $\beta \neq 0$, und $N(\beta) = 0$, falls $\beta = 0$.

Aus $\alpha\gamma = 1$ folgt zunächst $N(\alpha\gamma) = N(1) = 1$. Nun ist — wie man durch Ausrechnen sofort erkennt — die Norm ganz allgemein multiplikativ, d.h. $N(\beta\delta) = N(\beta)N(\delta)$ für beliebige komplexe Zahlen β, δ, sodaß wir auf $N(\alpha)N(\gamma) = 1$ weiterschließen können. Dies ist aber eine Gleichung in $\mathbb{N}$, weshalb $N(\alpha) = a^2 + b^2 = 1$ (und $N(\gamma) = 1$) folgt. Da a, b ganzzahlig sind, ist letztere Beziehung nur für $a = \pm 1, b = 0$ bzw. $a = 0, b = \pm 1$ erfüllt. Und diese 4 Lösungen liefern gerade die behaupteten einzigen Einheiten $\alpha = \pm 1, \pm i$ in $\mathbb{Z}[i]$.

Es sei besonders hervorgehoben, daß der Beweis zeigt, daß eine Einheit $\alpha \in \mathbb{Z}[i]$ die Beziehung $N(\alpha) = 1$ erfüllt. Diese Aussage läßt sich auch umkehren: Gilt nämlich $N(\alpha) = 1$, so besagt die Definition $N(\alpha) = \alpha\overline{\alpha}$, daß $\alpha \mid 1$, also α Einheit ist. Es läßt sich somit das Nebenergebnis formulieren: $\alpha \in \mathbb{Z}[i]$ ist genau dann Einheit, falls $N(\alpha) = 1$ gilt — wie man unmittelbar erkennt, ist diese Charakterisierung der Einheiten auch für die Bereiche $\mathbb{N}$ und $\mathbb{Z}$ richtig.

Wir haben gesehen, daß sich der Begriff der Teilbarkeit ganz einfach von $\mathbb{N}$ bzw. $\mathbb{Z}$ auf $\mathbb{Z}[i]$ erweitern läßt. Dagegen bereitet derjenige der Primzahl gewisse Schwierigkeiten. In $\mathbb{N}$ ist ja eine Primzahl p dadurch definiert, daß sie ungleich 1 ist und nur die trivialen Teiler besitzt. In $\mathbb{Z}$ wird sie genauso beschrieben, wobei man die Bedingung $p > 0$ hinzufügt. Und gerade letzteres läßt sich nicht auf $\mathbb{Z}[i]$ übertragen. In diesem Bereich ist es nicht sinnvoll, von einem Element α auszusagen, es sei > 0 oder < 0; denn gleichgültig, ob man $i > 0$ oder $i < 0$ ansetzt, in beiden Fällen ergäbe sich nach den üblichen Rechenregeln $i^2 = -1 > 0$, ein offensichtlicher Unsinn.

Man wird somit dahin geführt nachzufragen, was passiert, wenn man in $\mathbb{Z}$ die Bedingung $p > 0$ fallen läßt. Primzahlen p wären dann solche, die nur die trivialen Teiler $\pm 1, \pm p$ besitzen und außerdem verschieden von ± 1, d.h. keine Einheit sind; $p = -1$ wird man ebenso wie $p = 1$ in $\mathbb{N}$ ja sicher nicht als Primzahl ansehen, da sonst jede Primzahl durch diese eine geteilt würde und auch die eindeutige Primfaktorzerlegung nicht mehr gültig wäre.

Man bekommt auf diese Weise zwar doppelt so viele Primzahlen wie vorher, aber die neu hinzugekommenen unterscheiden sich von den früheren nur um das Vorzeichen, also um eine Einheit. Auch die Aussage über die Primfaktorzerlegung (Satz 7) nimmt eine etwas schwächere Form an: Jede ganze Zahl $a \neq 0, \pm 1$ läßt sich in der Gestalt $a = (\pm 1)p_1 \cdot \ldots \cdot p_r$ schreiben, wo die p_i entweder gleiche oder *wesentlich* verschiedene, d.h. sich nicht nur um das Vorzeichen unterscheidende Primzahlen sind; und diese Zerlegung ist eindeutig bis auf die Reihenfolge und das Vorzeichen der einzelnen Primzahlen. So gestattet jetzt etwa die Zahl -60 die Zerlegungen

$$-60 = (-1)\cdot 2\cdot 2\cdot 3\cdot 5 = (-1)\cdot(-2)\cdot(-2)\cdot 3\cdot 5 = 2\cdot 2\cdot(-3)\cdot 5 = 2\cdot 2\cdot 3\cdot(-5) = \ldots$$

und alle auftretenden Faktoren ungleich -1 sind Primzahlen im neuen Sinn. Dagegen ist $-60 = (-2)\cdot 2\cdot 3\cdot 5$ keine Primfaktorzerlegung, da -2 und 2 nicht wesentlich verschieden sind.

In dieser Form nun läßt sich der Begriff der Primzahl auch auf $\mathbb{Z}[i]$ erweitern. Eine Zahl $\pi \in \mathbb{Z}[i]$, $\pi \neq 0$ und keine Einheit, heißt *prim*, falls sie nur die trivialen Teiler $\varepsilon, \varepsilon\pi$ besitzt, wobei ε beliebige Einheit ist, also $\varepsilon = \pm 1, \pm i$ gilt. Ist π prim, so sind aufgrund dieser Definition auch automatisch alle $\varepsilon\pi$ prim — in der mathematischen Terminologie heißen diese Zahlen zu π *assoziiert*. So wie vorher $-p$ und p für primes $p \in \mathbb{Z}$ werden sie aber als nicht wesentlich verschieden angesehen, etwa so wie Bausteine, die sich nur durch die Farbe unterscheiden. Ein Beispiel für eine Primzahl in $\mathbb{Z}[i]$ ist $3+2i$, und damit sind auch $-(3+2i) = -3-2i, i(3+2i) = -2+3i, (-i)(3+2i) = 2-3i$ prim. Um dies einzusehen, nehmen wir an, β sei ein Teiler von $3+2i$, d.h. es gälte $\beta\gamma = 3+2i$ mit $\beta, \gamma \in \mathbb{Z}[i]$. Dann kann man wieder mittels der Norm argumentieren und erhält

$$N(\beta)N(\gamma) = N(3+2i) = (3+2i)(3-2i) = 13.$$

Da $\beta, \gamma \neq 0$ sind, gilt $N(\beta), N(\gamma) \in \mathbb{N}$. Nun ist 13 Primzahl, sodaß $N(\beta)$ oder $N(\gamma)$ gleich 1 sein muß. Ist $N(\beta) = 1$, so ist β Einheit aufgrund der vorangegangenen Überlegung. Dasselbe gilt für γ, falls $N(\gamma) = 1$ ist, sodaß

$\beta = (3 + 2i)\gamma^{-1}$ folgt. Wegen $\gamma\gamma^{-1} = 1$ ist γ^{-1} Teiler der 1, also auch Einheit, somit erfüllt β insgesamt $\beta = \varepsilon$ oder $\beta = (3 + 2i)\varepsilon$, mit ε Einheit. Als Teiler β von $3+2i$ kommen also wirklich nur die trivialen in Frage. Ganz allgemein erkennt man aus dieser Ableitung, daß jede Zahl $\alpha = a+bi \in \mathbb{Z}[i]$, für die $N(\alpha) = a^2 + b^2$ eine Primzahl in $\mathbb{N}$ ist, selbst prim sein muß, etwa $1 + i, 2 - i, 2 + i, -10 + i$, usw.[12]

Hat man auf diese Weise Primzahlen in $\mathbb{Z}[i]$ definiert, so läßt sich schnell einsehen, daß auch wirklich jedes $\alpha \in \mathbb{Z}[i]$, $\alpha \neq 0$ und keine Einheit, sich als Produkt solcher darstellen läßt. Man geht dabei ganz ähnlich vor wie beim Beweis von Satz 2: Ist α selbst schon prim, so ist man fertig; andernfalls besitzt α einen nicht-trivialen Teiler π kleinster Norm. Wäre $N(\pi) = 1$, so wäre der obigen Ableitung zufolge π Einheit, also doch trivialer Teiler. Somit muß $N(\pi) > 1$ sein. π muß notwendigerweise Primzahl in $\mathbb{Z}[i]$ sein, denn wäre β nicht-trivialer Teiler von π, so wäre er natürlich auch ein solcher von α; wie für π müßte dann auch für β gelten $N(\beta) > 1$, was nach der Wahl von π $N(\beta) = N(\pi)$ nach sich zöge. Nun gilt aber $\pi = \beta\gamma$, somit auch $N(\pi) = N(\beta)N(\gamma)$, woraus $N(\gamma) = 1$ folgt. Das hieße aber, γ ist Einheit, womit $\beta = \pi\gamma^{-1}$ doch trivialer Teiler von π wäre — im Widerspruch zur Wahl von β.

In diesem Fall gilt also $\alpha = \pi\alpha_2$, wobei α_2 keine Einheit sein kann, da α als nicht prim vorausgesetzt war. Es folgt $N(\alpha_2) > 1$. $N(\pi) > 1$ wissen wir schon, sodaß sich insgesamt wegen $N(\alpha) = N(\pi)N(\alpha_2)$ ergibt $N(\alpha_2) < N(\alpha)$. Auf diese neue Zahl α_2 kleinerer Norm wenden wir nun dieselbe Überlegung an: Entweder ist sie schon prim, dann sind wir fertig; oder dies gilt nicht, dann kann man wieder einen nicht-trivialen Primteiler π_2 von α_2 konstruieren, wobei $\alpha_2 = \pi_2\alpha_3$ erfüllt ist mit $N(\alpha_3) < N(\alpha_2)$. Dann sind wir bei der Zerlegung $\alpha = \pi\alpha_2 = \pi\pi_2\alpha_3$ angekommen. Da das Verfahren ersichtlich abbricht, erhält man die gewünschte Darstellung von α als Produkt von Primzahlen.

Nicht ganz so einfach läßt sich die Eindeutigkeit dieser Darstellung zeigen. In Analogie zur schwächeren Aussage für $\mathbb{Z}$ lautet der entsprechende Satz hier folgendermaßen:[13]

Satz 8: *Jedes Element $\alpha \in \mathbb{Z}[i]$, $\alpha \neq 0$ und keine Einheit, läßt sich im wesentlichen eindeutig in ein Produkt von Primzahlen zerlegen; d.h. sind zwei derartige Zerlegungen von α gegeben, so enthalten sie gleich viele Primfaktoren und nach geeigneter Vertauschung sind die i-ten Faktoren im wesentlichen gleich, d.h. sie unterscheiden sich höchstens um eine Einheit voneinander.*

Obwohl der Beweis dieses Satzes nicht schwierig ist und sich ganz ähnlich zu dem entsprechenden für $\mathbb{N}$ führen läßt, werden wir ihn auslassen. Es wird dabei üblicherweise ein Verfahren, der sogenannte *euklidische Algorithmus* in $\mathbb{Z}[i]$, benutzt, das es gestattet, den Begriff und die Eigenschaften des größten gemeinsamen Teilers in $\mathbb{N}$ auf $\mathbb{Z}[i]$ zu übertragen. Es hat aber den Nachteil, nur auf wenige andere Zahlbereiche anwendbar zu sein, und bietet deshalb keinerlei Anhaltspunkt für das Vorgehen im allgemeinen Fall. Der Vollständigkeit halber wird jedoch im Anhang 3 ein Beweis des Satzes angegeben.

Zumindest wollen wir aber vorführen, wie sich praktisch die Zerlegung einer vorgegebenen Zahl $\alpha \in \mathbb{Z}[i]$ in Primfaktoren auffinden läßt. Man kann dabei so vorgehen, daß man sich die Eigenschaft $\alpha \mid N(\alpha)$ zunutze macht ($N(\alpha)$ ist ja gleich $\alpha\bar{\alpha}$). Da $\alpha \neq 0$ und keine Einheit ist, gilt $N(\alpha) \geq 2$, sodaß man $N(\alpha)$ in Primfaktoren (in $\mathbb{N}$) zerlegen kann: $N(\alpha) = p_1 \cdot \ldots \cdot p_r$. Nun sind die p_i auch Elemente von $\mathbb{Z}[i]$, sie besitzen also auch eine Darstellung als Produkt von Primzahlen in $\mathbb{Z}[i]$, etwa $p_i = \pi_{i1} \cdot \ldots \cdot \pi_{ik_i}$. Schreibt man $\alpha = \sigma_1 \cdot \ldots \cdot \sigma_l$ für die gesuchte Primfaktorzerlegung von α, so folgt

$$\sigma_1 \cdot \ldots \cdot \sigma_l \cdot \bar{\alpha} = \pi_{11} \cdot \ldots \cdot \pi_{1k_1} \cdot \pi_{22} \cdot \ldots \cdot \pi_{2k_2} \cdot \ldots \cdot \pi_{r1} \cdot \ldots \cdot \pi_{rk_r}.$$

Aufgrund der Eindeutigkeit der Zerlegung muß jedes σ_j einem π_{mn}, also einem Primteiler (in $\mathbb{Z}[i]$) einer Primzahl p_m bis auf eine Einheit gleich sein. Daraus erkennt man, daß es genügt, für sämtliche Primzahlen in $\mathbb{N}$ die Primfaktorzerlegung in $\mathbb{Z}[i]$ zu finden, und sodann von jedem dieser Faktoren zu untersuchen, ob er α teilt. Natürlich läßt sich dieses Verfahren für spezielles α oft abkürzen, doch soll ein allgemein gangbarer Weg aufgezeigt werden, der zudem den Vorteil hat, auf sämtliche von uns im weiteren betrachteten Zahlbereiche der Idee nach anwendbar zu sein.

Es ist somit unsere Aufgabe, eine vorgegebene Primzahl $p \in \mathbb{N}$ als Produkt von Primfaktoren aus $\mathbb{Z}[i]$ darzustellen. Für $p = 2$ läßt sich die Lösung sofort angeben, denn $2 = (1+i)(1-i)$ und $N(1+i) = N(1-i) = 2$, sodaß nach dem früher Bewiesenen beide Faktoren wirklich prim sind. (Übrigens sind sie zueinander assoziiert, da $i(1-i) = 1+i$ ist.) Wir können uns also auf Primzahlen $p \neq 2$ beschränken. Wann besitzt eine solche einen echten Primteiler π in $\mathbb{Z}[i]$? Es muß dann jedenfalls gelten $\pi\alpha = p$ für ein geeignetes $\alpha \in \mathbb{Z}[i]$, keine Einheit. Berechnet man beidseitig die Norm, so erhält man $N(\pi)N(\alpha) = N(p) = p^2$. Da α und π keine Einheiten sind, folgt $N(\pi), N(\alpha) > 1$, d.h. es muß insbesondere $N(\pi) \in \mathbb{N}$ ein echter Teiler von p^2 sein. Da der einzige p ist, ergibt sich $N(\pi) = p$. Schreibt man $\pi = a + bi$ mit $a, b \in \mathbb{Z}$, dann sind wir somit auf die Frage geführt, für welche Primzahlen p in $\mathbb{N}$ die Gleichung $N(\pi) = a^2 + b^2 = p$ ganz- bzw. natürlichzahlig lösbar ist.

Nach Voraussetzung ist $p \neq 2$, hat also bei Division durch 4 den Rest 1 oder 3. Im zweiten Fall sieht man sofort, daß obige Gleichung unerfüllbar ist: Jedes Quadrat einer ganzen Zahl a läßt nämlich den Rest 0 oder 1 bei Division durch 4; denn ist a gerade, $a = 2k$, so folgt $a^2 = 4k^2$ mit Rest 0; ist a ungerade, $a = 2k + 1$, so ist $a^2 = 4k^2 + 4k + 1 = 4(k^2+k)+1$ mit Rest 1. Die Summe zweier Quadrate kann also nur den Rest 0, 1, oder 2 besitzen, aber keinesfalls 3, wie es gefordert wäre. Schwieriger ist es dagegen, den ersten der beiden genannten Fällen zu durchschauen. Hier gilt das klassische Ergebnis von L. Euler: Zu jeder Primzahl p, deren Rest bei Division durch 4 gleich 1 ist, gibt es bis auf Reihenfolge und Vorzeichen eindeutig bestimmte ganze Zahlen a und b mit $p = a^2 + b^2$. Der Beweis dieses Satzes führt etwas vom Thema ab und soll daher im Anhang 7 gebracht werden. In der Praxis findet man a und b — zumindest für kleine p — schnell durch Probieren; allgemeine Verfahren und Formeln dafür sind z. B. in [14], chap. V.3, angegeben.

Wichtig für uns ist, daß es in diesem Fall also ein $\pi \in \mathbb{Z}[i]$ gibt mit $N(\pi) = \pi\overline{\pi} = p$. Da natürlich auch $N(\overline{\pi}) = p$ ist, sind also $\pi, \overline{\pi}$ bereits die Primfaktoren, in die p zerfällt. Andere Primfaktoren von p kann es wegen der Eindeutigkeit der Zerlegung nicht geben, wenn man von bloß um Einheiten unterschiedenen absieht.

Damit ist das Problem der Darstellung eines Elementes $\alpha \in \mathbb{Z}[i]$ als Produkt von primen Elementen vollständig gelöst. Vergegenwärtigen wir uns die Vorgangsweise nochmals an einem konkreten Wert, etwa $\alpha = 49 - 182i$. Zunächst zerlegt man $N(\alpha) = 49^2 + 182^2 = 35525$ in Primfaktoren: $35525 = 5^2 \cdot 7^2 \cdot 29$. Hier hat die Primzahl 7 den Rest 3 bei Division durch 4, bleibt also Primzahl in $\mathbb{Z}[i]$; die beiden anderen haben 1 als Rest. Man findet leicht, daß sich 5 bzw. 29 auf folgende Weise als Summe zweier Quadrate schreiben lassen: $5 = 2^2 + 1^2$, $29 = 5^2 + 2^2$. Mithin lautet die Primfaktorzerlegung dieser beiden Zahlen in $\mathbb{Z}[i]$: $5 = (2 + i)(2 - i)$, $29 = (5 + 2i)(5 - 2i)$. Insgesamt hat man damit auch die vollständige Zerlegung für $N(\alpha)$ gefunden:

$$N(\alpha) = 35525 = (2 + i)^2(2 - i)^2 \cdot 7^2 \cdot (5 + 2i)(5 - 2i).$$

Welche dieser Faktoren teilen nun $\alpha = 49 - 182i$? Ersichtlich ist 7 einer, denn $\alpha = 7(7 - 26i)$. Man kann sich somit darauf beschränken, $7 - 26i$ weiter zu untersuchen. Dabei erkennt man durch Probieren, daß $5 - 2i \mid 7 - 26i$, denn

$$\frac{7 - 26i}{5 - 2i} = \frac{(7 - 26i)(5 + 2i)}{(5 - 2i)(5 + 2i)} = \frac{87 - 116i}{29} = 3 - 4i.$$

Wir sind somit einen Schritt weiter: $\alpha = 7 \cdot (5-2i)(3-4i)$, und müssen nur noch die letzte Zahl zerlegen. Sie hat die Norm 25, kann also bloß durch $2 + i$ oder $2 - i$ geteilt werden. Wegen

$$\frac{3 - 4i}{2 - i} = \frac{(3 - 4i)(2 + i)}{(2 - i)(2 + i)} = \frac{10 - 5i}{5} = 2 - i$$

ergibt sich $3-4i = (2-i)^2$. Damit hat man die komplette Zerlegung von $\alpha = 49-182i$ in prime Elemente aus $\mathbb{Z}[i]$ gefunden, nämlich $\alpha = 7 \cdot (5-2i)(2-i)^2$.

Die Gültigkeit der eindeutigen Primfaktorzerlegung nicht nur in $\mathbb{N}$ und $\mathbb{Z}$, sondern auch im Bereich $\mathbb{Z}[i]$ kann Staunen in einem hervorrufen, ja Bewunderung darüber, wie harmonisch geordnet dieser Zahlbereich ist. Und diese Gefühle werden wohl auch die Entdecker dieser Tatsache (Gauß und Dirichlet; für $\mathbb{Z}[\zeta] = \{a + b\zeta; a, b \in \mathbb{Z}, \zeta = \frac{-1+\sqrt{-3}}{2}\}$ sind es Jacobi und Eisenstein) empfunden haben, vielleicht sogar in besonderem Maße, da gerade die komplexen Zahlen zur damaligen Zeit noch durchaus umstrittene Objekte der mathematischen Forschung waren, ja zum Teil noch als bloße Fiktionen angesehen wurden.

An einem Ausspruch E. E. Kummers ([43], S. 3) läßt sich erkennen, wie tief getroffen die Mathematiker waren, als sich herausstellte, daß jene Harmonie doch nur auf wenige Zahlbereiche beschränkt war: „Man sieht mit großem Schmerz, daß dieser Vorzug der reellen Zahlen [soll heißen: der ganzen Zahlen], in Primfaktoren zerlegbar zu sein, und zwar immer in die gleichen für dieselbe Zahl, nicht auch den komplexen Zahlen eignet, ..." (unter letzteren sind Zahlen aus $\mathbb{Z}[\zeta_n]$, d.h. Zahlen der Gestalt $a_0 + a_1\zeta_n + \ldots + a_r\zeta_n^r$ gemeint, wo $\zeta_n = \cos\frac{2\pi}{n} + i\sin\frac{2\pi}{n}$, $n \in \mathbb{N}$, fest vorgegeben — also eine n-te Einheitswurzel — ist und die $a_i \in \mathbb{Z}$ sind). Aus diesem Schmerz reiften aber die schönsten Früchte, denn gerade Kummer war es, der mit seinem Versuch, auch in den „unharmonischen" Fällen noch mathematisch interessante Aussagen zu erreichen, den Grundstein dafür legte, daß die Zerlegung in Bausteine in allgemeinen Zahlbereichen völlig durchschaut werden konnte, wobei sich herausstellte, daß sie von einem neuen Gesichtspunkt aus ebenso einfach und schön ist wie die von $\mathbb{N}$. Auf sie wird im Anhang 4 genauer eingegangen.

Zum Abschluß dieses Kapitels wollen wir rückblickend das Erreichte nochmals betrachten, wobei wir das im Anhang 4 Dargestellte miteinbeziehen. Ausgangspunkt war die eindeutige Primfaktorzerlegung in $\mathbb{N}$ gewesen. Diese Aussage ließ sich, ein wenig modifiziert, auf $\mathbb{Z}$ und dann auch auf $\mathbb{Z}[i]$ ausdehnen. Die Mathematiker blieben aber dabei nicht stehen, sondern versuchten, dieses Ergebnis auch auf kompliziertere Zahlbereiche zu übertragen. Dabei entdeckte man, daß ein Umdenken bezüglich alt eingefahrener Begriffe wie Zahlen, Primzahlen nötig war, um vorwärtszukommen. Dies leistete Kummer durch Einführung seiner idealen Zahlen bzw. Primzahlen, wodurch sich zunächst die Teilbarkeitslehre übertragen ließ.

Dedekind ging einen Schritt weiter und führte Ideale ein, also Mengen von Zahlen des gegebenen Bereichs, die jene idealen Elemente repräsentieren (s. Anhang 4). Dadurch wurde das Problem der eindeutigen Faktorisierung wesentlich leichter durchschaubar, sie ließ sich in verwandelter Form für eine große Klasse von Bereichen wirklich beweisen, und neue Einsichten, die ursprüngliche Fragestellung betreffend, konnten gewonnen werden.

Der Aufstieg von dem Ergebnis Euklids: „Jede natürliche Zahl ungleich 1 ist — bis auf die Reihenfolge — eindeutiges Produkt von Primzahlen", zu dem wesentlich umfassenderen Dedekinds: „Jedes echte Ideal eines Zahlbereiches (für dessen genauere Definition s. Anhang 4) ist — bis auf die Reihenfolge — eindeutiges Produkt von Primidealen", ist in mehrerer Hinsicht bemerkenswert. Zum einen können die gewaltigen Leistungen der beteiligten Mathematiker faszinieren und man kann mitfühlen mit dem Ausspruch von Gauß: „Merkwürdig ist es immer, daß alle diejenigen, die diese Wissenschaft [= die Zahlentheorie] ernstlich studieren, eine Art Leidenschaft dafür fassen" ([25], Brief XXX). Zum anderen kann einem jener Aufstieg Abbild des Erkenntnisweges überhaupt sein. Ausgehend von speziellen Erkenntnissen, die auf fest umrissenen Begriffen gründen, müssen diese in Bewegung gebracht werden, um zu tieferen, umfassenderen Einsichten gelangen zu können. Dabei muß des öfteren manches postuliert werden, was zunächst fiktiv erscheint, sich später aber als durchaus real erweist. Auch eine anfänglich vorhandene Harmonie tritt meist auf höherer Stufe erneut und strahlender wieder auf.

Beispielsweise führte Mendelejews Anordnung der chemischen Elemente in das Periodensystem zu Leerstellen, für die er entsprechende neue Element voraussagte. Zu Zeiten Kummers war etwa das Fluor nicht rein darstellbar und galt als hypothetisches Radikal. Aus diesem Grund galt für ihn auch die Chemie als Analogon seiner Theorie der idealen Zahlen. Darüber schreibt er unter anderem: „Die Chemie der natürlichen Stoffe und die behandelte Chemie [!] der komplexen Zahlen [s. den Hinweis dazu auf S. 34] sind beide als Verwirklichungen des Begriffs der Zusammensetzung und der davon abhängigen Begriffssphäre anzusehen: jene als eine physische, mit den Zufälligkeiten der äußeren Existenz verbundene und deshalb reichere, diese als eine mathematische, in ihrer inneren Notwendigkeit vollkommen reine, aber dafür auch ärmere als jene" ([43], S. 244f.).

Ähnlich war die Entwicklung in der Botanik, wo zunächst bei den Laubblättern der (Blüten-)Pflanzen der Begriff der Metamorphose gefaßt wurde. Jedes Blatt etwa einer Akelei (an der man es besonders schön sieht) ist zwar verschieden von jedem anderen, alle stehen aber doch in einem engen gestaltlichen Zusammenhang. Goethe erweiterte diesen Begriff der Metamorphose, wodurch er einerseits sämtliche Organe der Pflanze wie Stengel, Blütenblätter, Fruchtorgane als verwandelte Blätter begreifen, andererseits auch die Verbindung aller Pflanzen untereinander — nämlich verschiedene Ausprägungen einer einzigen „Urpflanze" zu sein — auffinden konnte. Auch für ihn fand manches, was zunächst rein hypothetisch erschien, Bestätigung in später entdeckten Pflanzengestaltungen.

Auch die Anthroposophie liefert mannigfache Beispiele für einen Erkenntnisweg, wie er oben beschrieben wurde. Viele Begriffe der traditionellen Natur- und Geisteswissenschaften bzw. des gewöhnlichen Lebens erhalten hier ja eine erweiterte Bedeutung und ermöglichen dadurch vertiefte Erkenntnis. So ist etwa der Begriff des Leibes so gefaßt, daß er nicht bloß auf physische Körper anwendbar ist, sondern auch Nicht-Sinnenfälliges wie Ätherleib und Astralleib umfaßt. Diese vom gewöhnlichen Bewußtsein zunächst als fiktiv angesehenen Begriffsbildungen erhalten durch den Aufstieg zu einem höheren Bewußtsein volle Realität. (Diese Sachverhalte und Begriffe werden von R. Steiner verschiedentlich dargestellt, beispielsweise in der „Theosophie" [67].)

Aus all den angeführten Beispielen läßt sich wohl ablesen, daß nicht nur den mathematischen Ergebnissen allein, sondern auch der Art und Weise, wie sie erhalten werden bzw. wie sie sich entwickeln, eine tiefere Bedeutung zukommen kann.

5. Die Unendlichkeit der Primzahlmenge

Bereits in den „Elementen" des Euklid findet sich das bekannnte Ergebnis, daß es unendliche viele Primzahlen (in $\mathbb{N}$) gibt. Satz 20 in Buch IX lautet:

Es gibt mehr Primzahlen als jede vorgelegte Anzahl von Primzahlen.

Der Beweis von Euklid ist besonders einfach und durchsichtig: Bezeichnet man mit $p_1, \ldots, p_r$ die vorgelegten Primzahlen, so bildet man damit die Zahl $n = p_1 \cdot \ldots \cdot p_r + 1$. Diese besitzt als natürliche Zahl eine (bis auf die Reihenfolge) eindeutige Primfaktorzerlegung. Ist q einer der Primteiler, so kann er unter den gegebenen $p_1, \ldots, p_r$ nicht vorkommen, denn andernfalls würde $q \mid n$ und $q \mid p_1 \cdot \ldots \cdot p_r$ gelten und damit auch $q \mid n - p_1 \cdot \ldots \cdot p_r = 1$, was offenbar unmöglich ist.

Betrachtet man den Beweis etwas genauer, so zeigt er zweierlei: erstens, daß man ihn ebenso gut statt mit n mit $\bar{n} = p_1 \cdot \ldots \cdot p_r - 1$ hätte führen können, solange nur $\bar{n} > 1$ ist (d.h. ausgenommen den Fall $p_1 = 2, r = 1$); zweitens, daß *jeder* Primteiler von $n = p_1 \cdot \ldots \cdot p_r + 1$ verschieden von den vorgelegten Primzahlen $p_1, \ldots, p_r$ ist. Geht man beispielsweise von $p_1 = 7, p_2 = 19, p_3 = 37$ aus, so erhält man $n = 7 \cdot 19 \cdot 37 + 1 = 4922$ und deren Primfaktorzerlegung lautet $4922 = 2 \cdot 23 \cdot 107$ mit den neuen

Primzahlen 2, 23 und 107.

Auch heute benützt man üblicherweise diesen Euklidischen Gedankengang, um die Unendlichkeit der Primzahlmenge zu zeigen, doch schränkt man — merkwürdigerweise — die vorgelegte Anzahl der Primzahlen meist ein. Man nimmt nämlich für $p_1, \ldots, p_r$ die *ersten* r Primzahlen, also $p_1 = 2, p_2 = 3, p_3 = 5, \ldots$.

Bei dieser speziellen Wahl hat man auch die Frage untersucht, ob die Zahlen $n = p_1 \cdot \ldots \cdot p_r + 1, r = 1, 2, 3, \ldots$, besondere Eigenschaften besitzen. Die ersten fünf Werte $n = 2 + 1 = 3, n = 2 \cdot 3 + 1 = 7, n = 2 \cdot 3 \cdot 5 + 1 = 31, n = 2 \cdot 3 \cdot 5 \cdot 7 + 1 = 211$ und $n = 2 \cdot 3 \cdot 5 \cdot 7 \cdot 11 + 1 = 2311$ sind nämlich, da sie keinen Primteiler $< \sqrt{n}$ besitzen, sämtlich prim. Aufgrund dessen könnte man vermuten, daß n stets Primzahl ist. Doch gibt es unter den ersten 1000 Zahlen für r nur noch zwei, nämlich $r = 31$ und $r = 379$, für welche das entsprechende n prim ist. Für alle anderen r dagegen ist n zusammengesetzt ([60], S. 4). So gilt etwa für $r = 6$ die Zerlegung $n = 2 \cdot 3 \cdot 5 \cdot 7 \cdot 11 \cdot 13 + 1 = 30031 = 59 \cdot 509$.

Im Laufe der Geschichte haben die Mathematiker natürlich auch für dieses Ergebnis, daß es unendlich viele Primzahlen gibt, eine Vielzahl von Beweisen ersonnen (s. dazu [60], chap. 1). Wir wollen neben zwei Abarten des Euklidischen Beweises denjenigen von Euler angeben, der auf einer gänzlich neuen Idee beruht.

Die erste Variante des vorigen Beweises stammt von Stieltjes. Bezeichnen wieder $p_1, \ldots, p_r$ die vorgelegten verschiedenen Primzahlen, so betrachtet er deren Produkt $m = p_1 \cdot \ldots \cdot p_r$. Zerlegt man dieses auf irgendeine Weise in ein Produkt $m = kl$, so gilt, daß sämtliche Primfaktoren von $k + l$ verschieden von den ursprünglich gegebenen sind. Käme nämlich ein Primteiler q von $k + l$ unter $p_1, \ldots, p_r$ vor, so müßte q k oder l teilen, mithin auch $k + l - k = l$ bzw. $k + l - l = k$. Es folgte also $q \mid k$ *und* $q \mid l$, somit $q^2 \mid m$, ein Widerspruch. Am vorigen Beispiel $p_1 = 7$, $p_2 = 19$, $p_3 = 37$ sei der Beweis nachvollzogen. Es ist $m = 7 \cdot 19 \cdot 37 = 4921$, und diese Zahl kann man auf mehrere Arten als Produkt schreiben: $m = 1 \cdot 4921 = 7 \cdot 703 = 19 \cdot 259 = 37 \cdot 133$. Die Summe der Faktoren lautet dann entsprechend $1 + 4921 = 4922$, $7 + 703 = 710$, $19 + 259 = 278$, $37 + 133 = 170$. Nun braucht man nur noch die Primfaktorzerlegung dieser Zahlen: $4922 = 2 \cdot 23 \cdot 107$, $710 = 2 \cdot 5 \cdot 71$, $278 = 2 \cdot 139$, $170 = 2 \cdot 5 \cdot 17$. Daraus sieht man, daß, gleichgültig wie man die Zerlegung von m wählt, wirklich nur neue Primzahlen auftreten. Zugleich erkennt man, daß die triviale Zerlegung $m = 1 \cdot m$ auf die Zahl $m + 1 = p_1 \cdot \ldots \cdot p_r + 1$ führt und damit der Beweis von Stieltjes den von Euklid als Spezialfall enthält.

Auf einem ganz ähnlichen Gedankengang beruht die Argumentation von Métrod. Auch hier geht man von $m = p_1 \cdot \ldots \cdot p_r$ aus, wobei $p_1, \ldots, p_r$ die vorgelegten verschiedenen Primzahlen sind. Jetzt betrachtet man aber die

Zahl $s = \sum_{i=1}^{r} \frac{m}{p_i}$ und zeigt von ihr, daß sie lauter neue Primfaktoren besitzt, falls sie überhaupt > 1 ist, d.h. falls $r > 1$ gilt. Würde nämlich eine der Primzahlen $p_1, \ldots, p_r$, etwa p_1, s teilen, so wegen $p_1 \mid \frac{m}{p_i}$ ($i = 2, \ldots, r$) auch $s - \sum_{i=2}^{r} \frac{m}{p_i} = \frac{m}{p_1}$. Das hieße $p_1 \mid p_2 p_3 \ldots p_r$, ein offensichtlicher Widerspruch.
Für die obige Zahl $m = 7 \cdot 19 \cdot 37$ gestaltet sich dieser Gedankengang so: $s = \frac{m}{7} + \frac{m}{19} + \frac{m}{37} = 1095$, und diese Zahl besitzt wegen $1095 = 3 \cdot 5 \cdot 73$ nur neue Primteiler.

Völlig neuartig gegenüber den vorhergehenden ist Eulers Beweis des Satzes, daß es unendlich viele Primzahlen gibt. Aber auch hier wird die eindeutige Primfaktorzerlegung einer Zahl $n \in \mathbb{N}$ benutzt. Euler nimmt indirekt an, es gäbe nur endlich viele Primzahlen $p_1, \ldots, p_r$. Dann müßte sich offenbar jedes $n \in \mathbb{N}$ — $n = 1$ ist eingeschlossen — in der Form $n = p_1^{k_1} \cdot \ldots \cdot p_r^{k_r} (k_i \geq 0)$ darstellen lassen. Im weiteren leitet Euler nun einen Widerspruch ab, indem er die Summe der Reziproken der Zahlen $p_1^{k_1} \cdot \ldots \cdot p_r^{k_r}$ betrachtet. Gäbe es bloß eine Primzahl, wäre also $r = 1$, so hätte die Reihe die Gestalt $\sum_{k=0}^{\infty} \frac{1}{p_1^k}$, was aufgrund der Summenformel für die geometrische Reihe gleich $\frac{1}{1-\frac{1}{p_1}}$ ist. Wäre $r = 2$, so hätte man $\sum_{k_1, k_2 \geq 0} \frac{1}{p_1^{k_1} p_2^{k_2}}$ zu untersuchen. Diese Reihe beginnt folgendermaßen: $1 + \frac{1}{p_1} + \frac{1}{p_2} + \frac{1}{p_1^2} + \frac{1}{p_1 p_2} + \frac{1}{p_2^2} + \ldots$. Wie man durch Ausrechnen erkennt, ist sie gleich dem Produkt $(\sum_{k_1 \geq 0} \frac{1}{p_1^{k_1}})(\sum_{k_2 \geq 0} \frac{1}{p_2^{k_2}})$. Dessen Wert ist aber bekannt, nämlich $\frac{1}{1-\frac{1}{p_1}} \cdot \frac{1}{1-\frac{1}{p_2}}$, da jeder Faktor wieder eine geometrische Reihe ist. Übrigens treten bei diesen Überlegungen keinerlei Konvergenzprobleme auf, da sämtliche Reihen konvergent und, da sie nur positive Glieder besitzen, sogar absolut konvergent sind. Analog kann man im allgemeinen Fall die Gültigkeit von

$$\sum_{k_1, \ldots, k_r \geq 0} \frac{1}{p_1^{k_1} \cdot \ldots \cdot p_r^{k_r}} = \left(\sum_{k_1 \geq 0} \frac{1}{p_1^{k_1}} \right) \cdot \ldots \cdot \left(\sum_{k_r \geq 0} \frac{1}{p_r^{k_r}} \right) = \frac{1}{1-\frac{1}{p_1}} \cdot \ldots \cdot \frac{1}{1-\frac{1}{p_r}}$$

ableiten, wobei auch hier die Konvergenz aller Reihen gesichert ist. Aufgrund der indirekten Annahme sollen nun die Zahlen $p_1^{k_1} \cdot \ldots \cdot p_r^{k_r}$ gerade sämtliche natürliche Zahlen darstellen; durch geeignete — erlaubte — Umordnung erhält man also $\sum_{n \geq 1} \frac{1}{n} = \prod_{i=1}^{r} \frac{1}{1-\frac{1}{p_i}}$. Rechts steht ein endlicher Wert, links die sogenannte *harmonische Reihe*, die bekanntlich divergiert, sodaß damit ein Widerspruch gefunden ist.

Dieser Beweis Eulers ist — zumindest vom Blickpunkt eines Mathematikers aus — wunderbar. Sein Grundgedanke liegt darin, statt von $\mathbb{N}$, wie Euklid, von den Reziproken der natürlichen Zahlen auszugehen und deren Summe zu betrachten. Von dieser Warte aus ergibt sich der Beweis fast von selbst, wenn man wie üblich indirekt annimmt, daß es nur endlich viele Primzahlen gäbe. Trotz dieser Durchsichtigkeit des Beweises hätte Hegel wohl denjenigen Euklids vorgezogen, da er weniger der Aussage des Satzes fremde Elemente heranzieht. Auch ist er konstruktiv, zeigt also direkt, wie man von einer vorgelegten Menge von Primzahlen zu einer neuen Primzahl gelangt. Im Gegensatz dazu läßt sich durch Eulers Beweis keine einzige neue Primzahl bestimmen; man muß andere Verfahren anwenden, um solche zu finden. Interessanterweise haben gerade solche sogenannte Existenzbeweise in der Mathematik der letzten beiden Jahrhunderte eine eminente Bedeutung bekommen.

Stützt somit manches die Ansicht, daß — zumindest von einem philosophischen Gesichtspunkt aus — Euklids Beweis dem von Euler vorzuziehen ist, so hat dieser gegenüber jenem aber auch einen unbestreitbaren Vorteil. Das Verwenden von Reziproken- und Reihenbildung rückt nämlich völlig neue Fragen ins Blickfeld, die zu tieferen Einsichten über Primzahlen führen. Beispielsweise liegt es jetzt nahe, das Verhalten der *unendlichen* Reihe $\sum_{p \text{ prim}} \frac{1}{p}$ zu untersuchen. Da sich zeigen läßt, daß diese divergiert, gibt es in einem gewissen Sinn mehr Primzahlen als Quadratzahlen (s. Anhang 5). Die Reihe der Reziproken der letzteren konvergiert nämlich wegen

$$\sum_{n \in \mathbb{N}} \frac{1}{n^2} < 1 + \sum_{n \geq 2} \frac{1}{n(n-1)} = 1 + \sum_{n \geq 2} \left(\frac{1}{n-1} - \frac{1}{n} \right) = 1 + \frac{1}{1} - \frac{1}{2} + \frac{1}{2} - \frac{1}{3} + \ldots = 2.$$

Man erhält also damit eine quantitative Aussage über die Verteilung der Primzahlen, die sich mittels des Euklidischen Beweisansatzes nicht ableiten läßt. Wie schon früher erkennt man auch hier, daß die Qualität eines mathematischen Beweises nicht allein dadurch gegeben ist, wie nahe die verwendeten Begriffe zu denen der zu beweisenden Aussage stehen, sondern auch dadurch, ob er neue Aspekte eröffnet, die zu einem tieferen Verständnis beitragen.

6. Das Auffinden von Primzahlen

Bereits im Altertum war eine Methode bekannt, um sämtliche Primzahlen unterhalb einer vorgegebenen Schranke n zu bestimmen. Sie wird von Nikomachos erläutert und stammt von Eratosthenes (276–ca. 194 v. Chr.). Interessant ist, daß sie ursprünglich anscheinend dazu gedacht war, um allgemeiner zu einer Zahl m alle relativ primen $\leq n$ zu finden. Ist etwa $m = 15$ und $n = 20$, so schreibt man sämtliche Zahlen bis 20 auf und streicht dann wegen $15 = 3 \cdot 5$ alle Vielfachen von 3 bzw. 5 weg. Die restlichen Zahlen sind die gesuchten zu 15 relativ primen:

1 2 ~~3~~ 4 ~~5~~ ~~6~~ 7 8 ~~9~~ ~~10~~ 11 ~~12~~ 13 14 ~~15~~ 16 17 ~~18~~ 19 ~~20~~

Ganz ähnlich geht man vor, will man sämtliche Primzahlen $p \leq n$ bestimmen. Man schreibt alle Zahlen größer 1 bis n auf und streicht alle zusammengesetzten. Da jede solche Zahl m nach Kap. 2, Satz 3, einen Primteiler $p \leq \sqrt{m} \leq \sqrt{n}$ besitzt, muß man also sämtliche echten Vielfachen der Primzahlen $\leq \sqrt{n}$ streichen. Diese braucht man nun aber nicht effektiv zu kennen, sondern sie ergeben sich aus dem sogenannten *Sieb des Eratosthenes* von selbst. Man streicht zunächst alle echten Vielfachen von 2 — die erste gestrichene Zahl ist somit $2^2 = 4$. Sodann streicht man alle Vielfachen der kleinsten stehengebliebenen Zahl > 2, das ist 3. Dieses Verfahren setzt man fort, d.h. in jedem folgenden Schritt streicht man alle echten Vielfachen der kleinsten stehengebliebenen Zahl q, natürlich verschieden von den bereits verwendeten Zahlen. Dies führt man so lange durch, solange $q^2 \leq n$ ist. Offenbar sind die auf diese Weise erhaltenen Zahlen q wirklich gerade alle Primzahlen $p \leq \sqrt{n}$. Ist nämlich p eine solche, dann wird sie nie gestrichen, muß daher auch einmal an die erste Stelle der stehengebliebenen rücken. Und die zusammengesetzten Zahlen kleiner oder gleich $\sqrt{n}$ sind ja Vielfache einer Primzahl $p \leq \sqrt{n}$, werden also alle irgendwann einmal gestrichen.

Für $n = 32$ sei das Sieb des Eratosthenes vorgeführt

2 3 ~~4~~ 5 ~~6~~ 7 ~~8~~ ~~9~~ ~~10~~ 11 ~~12~~ 13 ~~14~~ ~~15~~ ~~16~~ 17 ~~18~~ 19 ~~20~~ ~~21~~ ~~22~~ 23 ~~24~~ ~~25~~ ~~26~~ ~~27~~ ~~28~~ 29 ~~30~~ 31 ~~32~~

Dabei wurden die Vielfachen von 2, 3 und 5 symbolisch durch /, \ bzw. — gestrichen. Da $7^2 > 32$ ist, endet das Verfahren bereits im 3. Schritt. Die Zahlen $2, 3, 5, 7, 11, 13, 17, 19, 23, 29, 31$ sind somit sämtliche Primzahlen ≤ 32.

Das Sieb des Eratosthenes ermöglicht es auch, eine erste Aussage über die Anzahl der Primzahlen $p \leq n$ zu machen. Man muß nur formelmäßig das Verfahren nachvollziehen. Bezeichnet man wie üblich jene Anzahl mit

$\pi(n)$, weiters mit $[a]$ die nächstkleinere ganze Zahl zu $a \in \mathbb{R}$, so gilt für das obige Beispiel $n = 32$ zunächst $\pi(32) = 32 - 1-$ gestrichene Zahlen. Dabei rührt die -1 von daher, daß die Zahlen erst ab 2, also ohne die 1 aufgeschrieben werden. Nun gibt es $[\frac{32}{2}]$ Vielfache der Zahl 2. Da dabei die 2 selbst mitgerechnet wird, werden nur $[\frac{32}{2}] - 1$ gerade Zahlen gestrichen. Ebenso streicht man $[\frac{32}{3}] - 1$ sowie $[\frac{32}{5}] - 1$ echte Vielfache der Zahlen 3 bzw. 5. Nun hat man auf diese Weise aber zu viele Zahlen eliminiert, da etwa die Vielfachen von 2 und 3, also die Vielfachen von 6 doppelt gestrichen wurden — ebenso gilt dies für die Vielfachen von $10 = 2 \cdot 5$ und $15 = 3 \cdot 5$. Die Anzahl dieser Zahlen ist $[\frac{32}{2\cdot 3}] + [\frac{32}{2\cdot 5}] + [\frac{32}{3\cdot 5}]$. Nun hat man aber wieder eine Zahl zuviel, denn die Vielfachen von $2 \cdot 3 \cdot 5$ — das ist also bloß die Zahl 30 — wurden dreimal gestrichen, nämlich in der 2er-, 3er- und 5er-Reihe, und dreimal hinzugefügt, und zwar in der 6er-, 10er-, 15er-Reihe. Man muß sie also nochmals streichen, was der Anzahl $[\frac{32}{2\cdot 3\cdot 5}] = [\frac{32}{30}] = 1$ entspricht. Insgesamt haben wir somit erhalten:

$$\pi(32) = 32 - 1 - \left(\left[\frac{32}{2}\right] - 1\right) - \left(\left[\frac{32}{3}\right] - 1\right) - \left(\left[\frac{32}{5}\right] - 1\right) +$$
$$+ \left[\frac{32}{2\cdot 3}\right] + \left[\frac{32}{2\cdot 5}\right] + \left[\frac{32}{3\cdot 5}\right] - \left[\frac{32}{2\cdot 3\cdot 5}\right]. \qquad (2)$$

Löst man die Klammern auf, so steht $+1$ insgesamt 3mal; dabei ist das ersichtlich gerade die Anzahl der Primzahlen $p \leq \sqrt{32}$ (es sind dies ja $2, 3$ und 5). Wegen $32 = [\frac{32}{1}]$ läßt sich (2) somit schreiben als

$$\pi(32) = \pi(\sqrt{32}) - 1 + \left[\frac{32}{1}\right] - \left[\frac{32}{2}\right] - \left[\frac{32}{3}\right] - \left[\frac{32}{5}\right] +$$
$$+ \left[\frac{32}{2\cdot 3}\right] + \left[\frac{32}{2\cdot 5}\right] + \left[\frac{32}{3\cdot 5}\right] - \left[\frac{32}{2\cdot 3\cdot 5}\right],$$

wenn man in naheliegender Verallgemeinerung von $\pi(n), n \in \mathbb{N}$, unter $\pi(x)$, mit x positiv reell, die Anzahl der Primzahlen $p \leq x$ versteht.

Es ist unmittelbar einsichtig, wie diese Formel im allgemeinen Fall lautet:

$$\pi(n) = \pi(\sqrt{n}) - 1 + \left[\frac{n}{1}\right] - \sum_{p_i \leq \sqrt{n}} \left[\frac{n}{p_i}\right]$$
$$+ \sum_{\substack{p_i, p_j \leq \sqrt{n} \\ p_i \neq p_j}} \left[\frac{n}{p_i p_j}\right] - \sum_{\substack{p_i, p_j, p_k \leq \sqrt{n} \\ p_i \neq p_j \neq p_k}} \left[\frac{n}{p_i p_j p_k}\right] + \ldots ; \qquad (3)$$

dabei sind die p_i, p_j, p_k stets Primzahlen. Die Formel (3) kann man mittels Einführung der sogenannten *Möbiusfunktion* vereinfacht schreiben. Diese ist für natürliche Zahlen m definiert, und zwar gilt:

$\mu(1) = 1$,
$\mu(m) = (-1)^r$, falls m quadratfrei, d.h. $m = q_1 \cdot \ldots \cdot q_r$
        mit *verschiedenen* Primzahlen q_i, und
$\mu(m) = 0$ sonst.

Sind dann $p_1 = 2, p_2 = 3, \ldots, p_k$ sämtliche Primzahlen bis $\sqrt{n}$, so lautet (3) kurz

$$\pi(n) = \pi(\sqrt{n}) - 1 + \sum_{d | p_1 \cdot \ldots \cdot p_k} \mu(d) \left[\frac{n}{d}\right]. \qquad (4)$$

Diese Formel stammt von A. Legendre. Sie bleibt natürlich auch gültig, wenn man $n \in \mathbb{N}$ durch $x \in \mathbb{R}^+$ ersetzt, da sich dabei überhaupt kein Zahlenwert ändert. An späterer Stelle werden wir auf die Bedeutung dieser Formel zurückkommen.

Wir wollen dagegen noch etwas beim Sieb des Eratosthenes verweilen. Und zwar wollen wir es im Rahmen der Geometrie qualitativ nachvollziehen. Dabei wird sich anschaulich zeigen, daß dieses systematische und rhythmische Verfahren zu einer unregelmäßigen Aussonderung von Zahlen, eben der Primzahlen, führt. Ein Eindruck, der sonst nur durch Studium von Primzahltabellen gewonnen werden kann. Jene geometrische Methode stammt von Viggo Brun (1925), einem berühmten Sieb-Theoretiker (s. [10]). Wir geben sie in leicht abgewandelter Form wieder.

Dazu straffen wir zunächst das Verfahren von Eratosthenes etwas, so daß Zahlen nicht mehrfach gestrichen werden — wie in unserem Beispiel die Zahlen $6, 10, 12$, etc. Wir beginnen wieder damit, alle echten Vielfachen der Zahl 2, das sind $2 \cdot 2, 2 \cdot 3, 2 \cdot 4, \ldots$, aus der Reihe der natürlichen Zahlen zu streichen, betrachten im nächsten Schritt aber nur die stehengebliebenen, also die ungeraden Zahlen $3, 5, 7, 9, \ldots$ Hier streichen wir nun alle Vielfachen der ersten Zahl 3, wobei der Multiplikand aus eben dieser neuen Reihe ist. Es werden also die Zahlen $3 \cdot 3, 3 \cdot 5, 3 \cdot 7, \ldots$ eliminiert, und es bleiben nur noch die Zahlen $5, 7, 11, 13, \ldots$ übrig. Nun multipliziert man diese Reihe mit der kleinsten stehengebliebenen Zahl 5, streicht die erhaltenen Produkte wieder usw. Es ist klar, daß man auf diese Weise wieder gerade die Primzahlen (bis zu einer vorgegebenen Schranke n) erhält, sieht man doch bloß von den bereits gestrichenen Zahlen beim jeweils folgenden Schritt ab. Man kann somit dieses modifizierte Verfahren kurz dadurch beschreiben, daß man stufenweise die jeweils vorhandene Zahlenmenge — beginnend mit allen natürlichen Zahlen größer 1 — mit der kleinsten Zahl daraus multipliziert und sodann die derart gewonnenen Produkte streicht. Jene kleinsten Zahlen, zusammen mit den am Ende des Verfahrens stehengebliebenen, sind dann gerade die Primzahlen bis n.

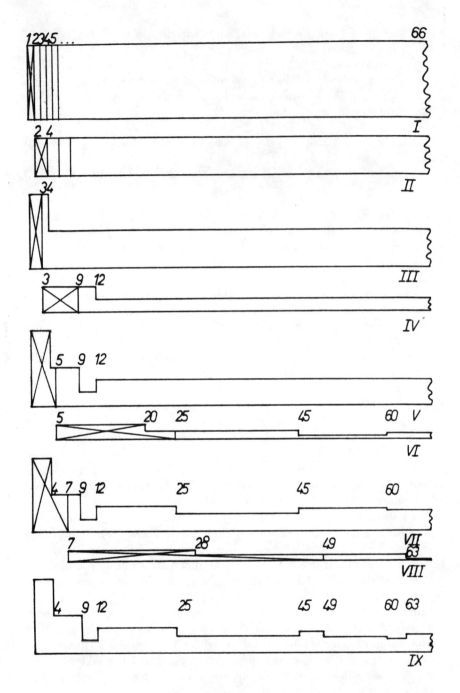

Abb. 2, I–IX

Nun möge ein Band einer gewissen Breite d die natürlichen Zahlen $1, 2, 3$, ... repräsentieren (s. Abb. 2, I). Zur besseren Kenntlichmachung des Verfahrens sind die ersten Zahlen oben angeschrieben; das Band reicht bis zur Zahl 66. Da die Zahl 1 für die Bestimmung der Primzahlen irrelevant ist, ist der entsprechende Teil des Bandes durchgekreuzt. Die Multiplikation mit einer Zahl k soll nun qualitativ dadurch veranschaulicht werden, daß der Stab auf das k-fache gedehnt und seine Breite auf $\frac{d}{k}$ gedrückt wird; gleichzeitig soll das Band um $k = k \cdot 1$ Felder nach rechts verschoben werden. Für den ersten Wert $k = 2$ erhält man also das in Abb. 2, II abgebildete, halb so schmale Band, welches bei $2 \cdot 1 = 2$ beginnt. Dieses repräsentiert somit die Zahlen $2 \cdot 1$ (durchgekreuzt), $2 \cdot 2, 2 \cdot 3, \ldots$ Das Streichen dieser Zahlen stellt man nun dadurch dar, daß man das schmälere Band aus dem größeren herausschneidet, wobei der gekreuzte Anteil nicht berücksichtigt wird. Abb. 2, III veranschaulicht somit die stehengebliebenen Zahlen $5, 7, 9, 11, \ldots$ sowie die Zahlen $1, 2, 3$, da $2 \cdot 2 = 4$ die erste Zahl war, die gestrichen wurde. Dieses Band ist nun das Ausgangsband, wobei das den Zahlen 1 und 2 entsprechende Feld durchgekreuzt wird, da 3 die nächste Zahl ist, deren Vielfache gestrichen werden. Multiplikation der durch 2, III repräsentierten Zahlen mit 3 liefert das Band 2, IV. Das Band 2, V stellt dann wieder die verbleibenden Zahlen dar, und zwar $11, 13, 17, \ldots$ sowie die Anfangszahlen $1, 2, 3, 5, 7$, da ja $9, 15, 21, \ldots$ aus der Reihe $3, 5, 7, 9, 11$, ... eliminiert wurden und die Zahlen bis 9 vom vorangegangenen Schritt übernommen werden. (Der größeren Aussagekraft wegen wird hier und im weiteren das abzuziehende Band *gespiegelt* aus dem vorigen herausgeschnitten. Stellt man also das Band 2, IV auf den Kopf und legt es auf 2, V, so erhält man das ursprüngliche Band 2, III.) In dieser Figur 2, V erkennt man deutlich, daß die angeschriebenen Zahlen nur eine Hilfsfunktion besitzen und nichts mit den bisher erhaltenen Primzahlen (1), $2, 3, 5, 7$ zu tun haben. Im weiteren ist das Verfahren bis 7 durchgeführt, d.h. es werden noch alle Vielfachen von 7 gestrichen, sodaß das letzte Band 2, IX alle Primzahlen bis zur gewählten Schranke 66 repräsentiert (im nächsten Schritt wäre $11 \cdot 11 = 121$ die erste zu streichende Zahl).

Die auf diese Weise erhaltene Stufung läßt vielleicht erahnen, wie unregelmäßig verteilt die Primzahlen bereits zu Beginn sind, ein Eindruck, der sich durch das Studium von Tabellen auch für höhere Zahlenbereiche verstärkt. So gibt es zwischen 5700 und 5800 10 Primzahlen, unter den nächsten 100 Zahlen 16, dann 7 und schließlich 12. Von 9 999 900 bis 10 000 000 finden sich 9, von da bis 10 000 100 nur 2. Don Zagier, ein Mathematiker, der diese Verteilung sehr genau untersucht hat, sagt darüber: Man hat „beim Anblick dieser Zahlen das Gefühl, vor einem der unergründlichen Geheimnisse der Schöpfung zu stehen" ([88], S. 43.). Und kurz davor etwas prosaischer: Die Primzahlen gehören „zu den willkürlichsten, widerspenstigsten Objekten, die der Mathematiker überhaupt studiert. Sie wachsen wie Unkraut unter den natürlichen Zahlen, scheinbar keinem anderen Gesetz als dem Zufall unterworfen, und kein Mensch kann voraussagen, wo wieder eine sprießen wird, noch einer Zahl ansehen, ob sie prim ist oder nicht."

Das letzte Zitat scheint auch eine Möglichkeit anzudeuten, wie sich der zunächst vage Eindruck der „unregelmäßigen" Verteilung der Primzahlen exakt fassen läßt. Man könnte demnach darunter einerseits verstehen, daß sich unter der Voraussetzung, sämtliche Primzahlen bis zu einer gewissen gegebenen Schranke zu kennen, keine neue angeben läßt, andererseits aber auch, daß sie keinerlei mathematischer Gesetzmäßigkeit, etwas eingeschränkter, keiner mathematischen Formel genügen. So wäre jede einem Bildungsgesetz gehorchende Zahlenfolge, wie etwa die Quadratzahlen, die *Fibonaccizahlen* $1, 2, 3, 5, 8, 13, 21, \ldots$ — ab der Zahl 3 ist jede Zahl die Summe der beiden vorangegangenen —, jedenfalls als regelmäßig verteilt zu bezeichnen. Nun besitzen aber die Primzahlen keine dieser beiden Eigenschaften: Zum einen zeigt das Sieb des Eratosthenes, daß man aufgrund der Kenntnis aller Primzahlen bis m diejenigen bis m^2 bestimmen kann; zum anderen werden wir im folgenden gleich sehen, daß es durchaus Primzahlformeln gibt. Der Begriff „unregelmäßig verteilt" ist also kein mathematischer, sondern drückt wirklich bloß das „widerspenstige" Verhalten der Primzahlen aus.

7. Primzahlformeln

Es ist eine in vielen Bereichen des menschlichen Lebens verbreitete Methode, „widerspenstige" Objekte durch Einordnen in Schemata oder Kategorien zu zähmen. In der Mathematik spiegelt sich das unter anderem in der Suche nach expliziten Formeln wider, durch deren Kenntnis man sich einen einfachen Zugang zu jenen Objekten erhofft. Insbesondere für die Primzahlen stellte man schon früh die Frage, ob sich eine Formel für sie angeben ließe (vgl. dazu [39] und [60], chap. 3). Dabei verlangte man zunächst bloß, eine nicht konstante Funktion $f: \mathbb{N} \to \mathbb{Z}$ zu finden, die nur Primzahlen — nicht unbedingt sämtliche — als Werte annimmt, wenn möglich keine doppelt. Ein Schritt in diese Richtung ist Eulers bekanntes Ergebnis, daß $f(n) = n^2 + n + 41$ für $n = 0, 1, \ldots, 39$ lauter verschiedene Primzahlen liefert, aber es ist natürlich klar, daß $f(41)$ zusammengesetzt sein muß ($f(40) = 1681 = 41^2$ ist ebenfalls nicht prim).

Allgemeiner ist leicht einzusehen, daß eine nicht konstante Polynomfunktion in der natürlichzahligen Variablen n, also eine Funktion der Gestalt $f(n) = a_k n^k + \ldots + a_1 n + a_0$ mit $k \geq 1$ und $a_i \in \mathbb{Z}$, sicher unendlich oft zusammengesetzte Werte darstellt. Es genügt dafür zu wissen, daß eine solche Funktion unendlich oft Werte verschieden von 0, ± 1 annimmt.[14] Insbesondere muß es dann also eine Zahl $m \in \mathbb{N}$ geben mit $f(m) = c$, wobei $|c| > 1$ ist. Berechnet man nun $f(m + |c|n)$, so erhält man

$$\begin{aligned} f(m + |c|n) &= a_k(m + |c|n)^k + \ldots + a_1(m + |c|n) + a_0 \\ &= a_k m^k + \ldots + a_1 m + a_0 + |c|g(n) \\ &= f(m) + |c|g(n) = c\bigl(1 + \operatorname{sgn} c \cdot g(n)\bigr), \end{aligned}$$

wobei $g(n)$ wieder eine Polynomfunktion vom Grad k ist — der Anfangssummand ist ja $a_k |c|^k n^k$ — und $\operatorname{sgn} c$ das Vorzeichen von c bezeichnet. Läßt man nun n ganz $\mathbb{N}$ durchlaufen, so sind die Werte $f(m+|c|n)$ unendlich oft zusammengesetzt, nämlich jedenfalls dann, wenn $g(n) \neq 0, \pm 1$ ist.

Primzahlformeln sind also sicherlich komplizierter gebaut. Kennt man ein bißchen Zahlentheorie, so ist es aber nicht schwierig, solche anzugeben. Viele beruhen auf dem sogenannten *Satz von Wilson* (Anhang 7), der besagt, daß eine natürliche Zahl $n \neq 1$ genau dann Primzahl ist, wenn die Division von $(n-1)!$ durch n den Rest $n-1$ (bzw. -1) läßt; bei allen anderen Zahlen außer 4 ist dieser Rest 0, bei 4 ist er 2. So ist etwa 5 Primzahl, da $(5-1)! = 1 \cdot 2 \cdot 3 \cdot 4 = 24$ 4 als Rest bei Division durch 5 besitzt, 6 dagegen keine, da $(6-1)! = 120$ durch 6 teilbar ist.

Setzt man nun für nicht negative ganze Zahlen r, s $s * r = \max(s - r, 0)$ und $z(s, r)$ gleich dem kleinsten nicht negativen Rest bei der Division von s durch r, sowie $z(s, 0) = s$, dann stellt die Formel

$$f(n) = \sum_{s=0}^{n^2} \left(1 * \left(\left\{ \sum_{r=0}^{s} z\left((r*1)!^2, r\right) \right\} * n \right) \right)$$

eine Primzahlformel dar. Genauer gilt, daß $f(n)$ für $n = 1, 2, \ldots$ genau alle Primzahlen als Werte annimmt, und zwar ist sogar gerade die n-te Primzahl p_n gleich $f(n)$. Wählt man also $n = 5$ so liefert die Formel gerade die 5. Primzahl 11. Wir wollen auf sie aber nicht näher eingehen, sondern das zugrundeliegende Prinzip an der folgenden, etwas handlicheren Formel erläutern, die ebenfalls auf dem Wilsonschen Satz beruht. Sie lautet:

$$p_n = 1 + \sum_{m=1}^{2^n} \left[\left(\frac{n}{1 + \pi(m)} \right)^{\frac{1}{n}} \right] \text{ mit}$$

$$\pi(m) = \sum_{j=2}^{m} \left[\frac{(j-1)! + 1}{j} - \left[\frac{(j-1)!}{j} \right] \right], \text{ falls } m \geq 2 \text{ und } \pi(1) = 0,$$

wobei $[x]$ für $x \in \mathbb{R}$ die nächstkleinere ganze Zahl an x bedeutet.

Was geschieht hier eigentlich? Zunächst fällt auf, daß man 2^n Summanden berechnen muß, um die n-te Primzahl anzugeben, also beispielsweise 1024 für die 10. Primzahl 29, oder mehr als $1,2 \cdot 10^{30}$ Summanden für die 100. Primzahl 541. Die Formel ist also für praktische Zwecke völlig ungeeignet. Um ihren theoretischen Kern herauszuschälen betrachten wir zunächst den Ausdruck

$$\alpha(j) = \left[\frac{(j-1)!+1}{j} - \left[\frac{(j-1)!}{j}\right]\right].$$

Ist j eine Primzahl, so besitzt nach dem Satz von Wilson $(j-1)!$ bei Division durch j den Rest $j-1$. Somit muß $\frac{(j-1)!+1}{j}$ eine natürliche Zahl k sein, und $\frac{(j-1)!}{j}$ hat daher die Dezimalbruchentwicklung $\frac{(j-1)!}{j} = k - 1, \ldots$. Somit gilt

$$\frac{(j-1)!+1}{j} - \left[\frac{(j-1)!}{j}\right] = k - (k-1) = 1,$$

und dies ist auch der Wert von $\alpha(j)$.

Ist dagegen j zusammengesetzt und $j \neq 4$, so läßt $(j-1)!$ bei Division durch j den Rest 0; $\frac{(j-1)!}{j}$ ist also eine natürliche Zahl l und demnach $\frac{(j-1)!+1}{j} = l, \ldots$. Es ergibt sich damit

$$\alpha(j) = [l, \ldots - l] = [0, \ldots] = 0.$$

Ist schließlich $j = 4$, so gilt $\alpha(j) = \left[\frac{3!+1}{4} - \left[\frac{3!}{4}\right]\right] = \left[\frac{7}{4} - 1\right] = \left[\frac{3}{4}\right] = 0$.

Insgesamt zeigt sich also, daß $\alpha(j)$ genau dann gleich 1 ist, falls j Primzahl ist, und sonst 0. $\pi(m)$ zählt somit die Anzahl der Primzahlen kleiner oder gleich m.

Um nun die Formel für p_n einzusehen, müssen wir noch klären, welche Werte der Ausdruck $[(\frac{n}{1+\pi(m)})^{\frac{1}{n}}]$ für $m = 1, \ldots, 2^n$ annehmen kann. Betrachten wir dazu zunächst ein Beispiel, etwa $n = 3$. m durchläuft dann die Werte $1, \ldots, 2^3 = 8$, für welche sich $\pi(m)$ ergibt als

$$\pi(1) = 0, \ \pi(2) = 1, \ \pi(3) = 2, \ \pi(4) = 2,$$
$$\pi(5) = 3, \ \pi(6) = 3, \ \pi(7) = 4, \ \pi(8) = 4.$$

Je nachdem, ob $\pi(m) \leq 2$ oder $\pi(m) > 2$ gilt, nimmt somit $(\frac{n}{1+\pi(m)})^{\frac{1}{n}} = (\frac{3}{1+\pi(m)})^{\frac{1}{3}}$ einen Wert zwischen 1 und 2 oder zwischen 0 und 1 an. Mithin gilt

$$\left[\left(\frac{3}{1+\pi(m)}\right)\right]^{\frac{1}{3}} = 1 \text{ falls } m = 1, 2, 3, 4 \text{ und } = 0 \text{ sonst}.$$

Die Formel liefert also wirklich

$$p_3 = 1+1+1+1+1+0+0+0+0 = 5.$$

Allgemein kann man genauso argumentieren: Da für jedes $n \in \mathbb{N}$ gilt[15] $1 \leq n < 2^n$, folgt zunächst $1 \leq \sqrt[n]{n} = (\frac{n}{1+0})^{\frac{1}{n}} < 2$; daher ist der Ausdruck $[(\frac{n}{1+\pi(m)})^{\frac{1}{n}}] = 1$, jedenfalls für $m = 1$. Und er bleibt dies, solange $\pi(m)+1 \leq n$, also $\pi(m) \leq n-1$ erfüllt ist. Für $\pi(m) > n-1$ dagegen wird $\frac{n}{1+\pi(m)} < 1$ und damit auch die n-te Wurzel. $[(\frac{n}{1+\pi(m)})^{\frac{1}{n}}]$ nimmt daher in diesem Fall den Wert 0 an. Insgesamt erhält man

$$1 + \sum_{m=1}^{2^n} \left[\left(\frac{n}{1+\pi(m)}\right)^{\frac{1}{n}} \right] = 1 + \sum_{\substack{m=1 \\ \pi(m) \leq n-1}}^{2^n} 1 + \sum_{\substack{m=1 \\ \pi(m) > n-1}}^{2^n} 0.$$

Der mittlere Summand auf der rechten Seite ist gerade die Anzahl der m mit $1 \leq m \leq 2^n$, die $\pi(m) \leq n-1$ erfüllen. Da $\pi(m)$ aber die Anzahl der Primzahlen $p \leq m$ ist, wird $\pi(m) = n$ erstmals für die n-te Primzahl p_n. Mithin ist $\pi(m) \leq n-1$ gleichwertig mit $m \leq p_n - 1$. Die zweite Bedingung $1 \leq m \leq 2^n$ bedeutet dann keine weitere Einschränkung mehr, da nach dem sogenannten *Bertrandschen Postulat*, demzufolge zwischen a und $2a$, $a \in \mathbb{N}$, stets eine Primzahl liegt, $p_n \leq 2^n$ gilt.[16] Jener mittlere Summand ist somit gleich $p_n - 1$, sodaß sich auf der rechten Seite insgesamt der gewünschte Wert $1 + (p_n - 1) = p_n$ ergibt.

Blicken wir nochmals zurück und versuchen wir, uns das Wesen dieser Formel klarzumachen. Der entscheidende Punkt ist die formelmäßige Darstellung von $\pi(m)$. Hat man eine solche, so ist es nur noch eine Frage des Geschicks, die richtige Anzahl von Einsen zu addieren, um gerade p_n zu erhalten. Den Ausdruck für $\pi(m)$ andererseits erhält man dadurch, daß man den Satz von Wilson formelmäßig beschreibt (die zuerst angeführte Formel beruht, wie erwähnt, auf genau demselben Prinzip). Für den Laien erscheint dies wohl ganz unverfänglich, denn man kann ja wirklich mittels der Formel die ersten Primzahlen *berechnen* — auch wenn dies auf andere Weise viel leichter möglich wäre. Für den Fachmann dagegen bedeutet es Sand in die Augen streuen, muß man doch, um p_n zu finden, eruieren, wann das erste Mal $\pi(m) = n$ gilt, was — ohne, daß man es explizit ausspricht — gerade für $m = p_n$ der Fall ist. Man berechnet also p_n, indem man verschweigt, daß man p_n bereits kennt.

Ähnlich trügerisch ist die folgende Formel von J. M. Gandhi (1971):

$$p_n = \left[1 - \frac{1}{\log 2} \log \left(-\frac{1}{2} + \sum_{d | p_1 \cdots p_{n-1}} \frac{\mu(d)}{2^d - 1} \right) \right],$$

wo μ die bereits früher eingeführte Möbiusfunktion (s. S. 44), log den natürlichen Logarithmus zur Basis e und $[x]$ für $x \in \mathbb{R}$ wieder die nächstkleinere ganze Zahl an x bezeichnet. Sie liefert aufgrund der Kenntnis der ersten $n-1$ Primzahlen $p_1, \ldots, p_{n-1}$ die n-te p_n. Setzt man etwa $n = 4$, so gilt $p_1 = 2$, $p_2 = 3$, $p_3 = 5$, und die möglichen Teiler d von $p_1 p_2 p_3 = 30$ sind $d = 1, 2, 3, 5, 6, 10, 15, 30$. Nun war $\mu(d)$ definiert als $\mu(1) = 1$, $\mu(d) = 0$, falls es eine Primzahl p gibt mit $p^2 | d$, und $\mu(d) = (-1)^r$, falls d Produkt von r paarweise verschiedenen Primteilern ist. Damit erhält man zunächst

$$\sum_{d | p_1 p_2 p_3} \frac{\mu(d)}{2^d - 1} = \frac{1}{2^1 - 1} + \frac{-1}{2^2 - 1} + \frac{-1}{2^3 - 1} + \frac{-1}{2^5 - 1} +$$
$$+ \frac{1}{2^6 - 1} + \frac{1}{2^{10} - 1} + \frac{1}{2^{15} - 1} + \frac{-1}{2^{30} - 1}$$
$$= 0,5084325\ldots$$

Daraus folgt für p_4:

$$p_4 = \left[1 - \frac{1}{\log 2} \log 0,0084325\ldots\right] = [7,889822\ldots] = 7.$$

Schon dieses Beispiel läßt erkennen, daß Gandhis Formel genauso ungeeignet ist, größere Primzahlen effektiv zu berechnen, wie die vorangegangene. Da die Zahl $p_1 \cdot \ldots \cdot p_{n-1}$ 2^{n-1} verschiedene Teiler besitzt, nämlich $p_1^{\varepsilon_1} \cdot \ldots \cdot p_{n-1}^{\varepsilon_{n-1}}$ mit $\varepsilon_i \in \{0, 1\}$, $i = 1, \ldots, n-1$, muß man nämlich 2^{n-1} Summanden berechnen, um p_n angeben zu können.

Auch dem Wesen dieser Formel wollen wir auf den Grund gehen. Es gibt mehrere Beweise für sie (s. z.B. [60], S. 132ff., [2]), doch zeigen sie fast ausnahmslos nur die Richtigkeit der Formel auf. Wenn sie nicht den Rahmen dieses Buches übersteigen würden, könnte man gerade an diesem Beispiel sehr deutlich Hegels Ansicht gestützt finden, daß Beweise zur tieferen Einsicht in einen Sachverhalt im allgemeinen ungeeignet sind. Von S. W. Golomb wurde 1974 aber doch ein Beweis jener Formel entdeckt, der Einblick in deren Zustandekommen erlaubt. Und es zeigt sich, daß Gandhis Formel ein bloßes numerisches Nachvollziehen des Siebes von Eratosthenes ist, ähnlich dem früher besprochenen geometrischen.

Wir modifizieren Golombs Beweis etwas und zeigen zunächst die folgende Primzahlformel, die sich als völlig gleichwertig mit der von Gandhi erweisen wird:

$$p_n = \left[1 - \log_{10}\left(-\frac{1}{10} + \sum_{d | p_1 \cdot \ldots \cdot p_{n-1}} \frac{\mu(d)}{10^d - 1}\right)\right];$$

hierbei bezeichnet $\log_{10}$ den Logarithmus zu Basis 10.

Dazu denken wir uns die natürlichen Zahlen der Reihe nach aufgeschrieben und jeder einzelnen Zahl k die rationale Zahl 10^{-k} zugeordnet. Die Menge $\mathbb{N}$ werde durch die Summe $\sum_{k=1}^{\infty} 10^{-k}$ der zugeordneten Zahlen repräsentiert. Ihr entspricht somit die Zahl $0{,}111\ldots$, deren Bruchdarstellung mittels der Formel für die geometrische Reihe errechnet werden kann:

$$0{,}111\ldots = \sum_{k=1}^{\infty} 10^{-k} = \frac{1}{10} \sum_{n=0}^{\infty} 10^{-n} = \frac{1}{10} \cdot \frac{1}{1 - \frac{1}{10}} = \frac{1}{9}.$$

Dem Sieb des Eratosthenes zufolge werden nun alle geraden Zahlen gestrichen. Wir subtrahieren daher die Zahl

$$0{,}010101\ldots = \sum_{k=1}^{\infty} \left(10^2\right)^{-k} = \frac{1}{100} \sum_{n=0}^{\infty} 100^{-n} = \frac{1}{100} \cdot \frac{1}{1 - \frac{1}{100}} = \frac{1}{99}.$$

Es bleibt der Rest
$$0{,}101010\ldots = \frac{1}{9} - \frac{1}{99},$$

der die ungeraden Zahlen repräsentiert. Als nächstes sieben wir die Vielfachen von 3 aus, d.h. wir subtrahieren davon die Zahl

$$0{,}001001001\ldots = \sum_{k=1}^{\infty} \left(10^3\right)^{-k} = \frac{1}{999}.$$

Doch dabei streichen wir zu viele Zahlen, da ja die geraden Vielfachen von 3, also genau die Vielfachen von 6, schon im ersten Schritt eliminiert werden. Diese müssen wir also wieder addieren:

$$0{,}000001000001\ldots = \sum_{k=1}^{\infty} \left(10^6\right)^{-k} = \frac{1}{999999}.$$

Insgesamt bleibt nach diesen beiden Schritten die Zahl

$$0{,}100010100010101\ldots = \frac{1}{9} - \frac{1}{99} - \frac{1}{999} + \frac{1}{999999}$$

übrig, die genau die nicht durch 2 und 3 teilbaren Zahlen repräsentiert: 1, 5, 7, 11, 13, 17, ... Schreibt man diese Beziehung ausführlicher auf, so gilt demnach

$$10^{-1} + 10^{-5} + 10^{-7} + 10^{-11} + 10^{-13} + 10^{-17} + \ldots =$$
$$= \frac{1}{9} - \frac{1}{99} - \frac{1}{999} + \frac{1}{999999} = \frac{1}{10^1 - 1} - \frac{1}{10^2 - 1} - \frac{1}{10^3 - 1} + \frac{1}{10^6 - 1}.$$

Den letzten Ausdruck kann man kürzer durch $\sum\limits_{d|6} \frac{\mu(d)}{10^d-1}$ wiedergeben. Ohne Schwierigkeiten erkennt man daraus, wie das Ergebnis nach Streichung der ersten $n-1$ Primzahlen $p_1,\ldots,p_{n-1}$ lautet, nämlich

$$r = 0,100\ldots\underset{p_n\text{-te Stelle}}{0|10}\ldots = 10^{-1} + 10^{-p_n} + \ldots = \sum_{d|p_1\cdots p_{n-1}} \frac{\mu(d)}{10^d-1}.$$

Formt man die linke Seite um, so folgt

$$10^{p_n}\left(r - 10^{-1}\right) = 1 + s_n,$$

wo s_n eine reelle Zahl ist, die sicherlich $0 < s_n < 0,1111\ldots$ erfüllt. Mithin gilt klarerweise auch $1 < 10^{p_n}\left(r - 10^{-1}\right) < 1,111\ldots < 10$. Da es nur genau eine Potenz 10^l geben kann mit $1 < 10^l\left(r - 10^{-1}\right) < 10$, läßt sich somit die gesuchte nächste Primzahl p_n als die eindeutig bestimmte Zahl $m \in \mathbb{N}$ charakterisieren, die der Bedingung

$$1 < 10^m\left(r - 10^{-1}\right) < 10$$

genügt. Logarithmiert man diese und die daraus folgende Beziehung

$$10 < 10^{m+1}\left(r - 10^{-1}\right) < 100,$$

so erhält man

$$0 < m + \log_{10}\left(r - 10^{-1}\right) < 1 \text{ und}$$
$$1 < (m+1) + \log_{10}\left(r - 10^{-1}\right) < 2.$$

Daraus ergibt sich

$$m < 1 - \log_{10}\left(r - 10^{-1}\right) < m + 1, \quad \text{d.h.}$$
$$p_n = m = \left[1 - \log_{10}\left(r - 10^{-1}\right)\right].$$

Setzt man den oben gefundenen Wert von r, $r = \sum\limits_{d|p_1\cdots p_s} \frac{\mu(d)}{10^d-1}$, ein, so bekommt man die gesuchte Formel.

Um nun Gandhis Formel abzuleiten, braucht man nur zu beachten, daß die Wahl der Basis 10 im Beweis völlig willkürlich war. Geht man von einer beliebigen Zahl $b \geq 2$ aus und ordnet jeder natürlichen Zahl k anstelle von 10^{-k} die Zahl b^{-k} zu, so wird die Menge $\mathbb{N}$ durch $\sum\limits_{k=1}^{\infty} b^{-k}$ repräsentiert und der Beweis läßt sich vollkommen gleich führen. Man gelangt dadurch zur Formel

$$p_n = \left[1 - \log_b\left(-\frac{1}{b} + \sum_{d|p_1\cdots p_{n-1}} \frac{\mu(d)}{b^d - 1}\right)\right].$$

Diese kann wegen $\log_b x = \frac{\log x}{\log b}$ auch in der Form

$$p_n = \left[1 - \frac{1}{\log b}\log\left(-\frac{1}{b} + \sum_{d|p_1\cdots p_{n-1}} \frac{\mu(d)}{b^d - 1}\right)\right]$$

geschrieben werden. Wählt man $b = 2$, so erhält man gerade die Primzahlformel von Gandhi.

Wie der Beweis zeigt, gibt wirklich ganz allein das Sieb des Eratosthenes die Grundlage für diese Formel ab. Die Idee besteht einfach darin, den bei einem Schritt des Siebverfahrens stehenbleibenden Zahlen eine sie repräsentierende Zahl zuzuordnen. Da diese zugleich auch auf andere Weise beschrieben werden kann, erhält man durch Gleichsetzen und darauffolgendes Umformen jene Primzahlformel.

Dabei ist zu beachten, daß sie bei weitem nicht so aussagekräftig ist wie das Siebverfahren selbst, denn bei diesem liefert die vorausgesetzte Kenntnis der ersten $n - 1$ Primzahlen $p_1, \ldots, p_{n-1}$ nicht nur p_n, sondern sämtliche Primzahlen $\leq a$, solange $\sqrt{a} \leq p_{n-1}$ gilt (s. S. 43). Daß man zugleich — wie bei der vorangegangenen Primzahlformel — p_n implizit bereits kennen muß, um es explizit ausdrücken zu können, läßt sich aus dem eingeschlagenen Umweg über die Basis $b = 10$ deutlich ablesen. Die bei der Berechnung von p_n auftretende Zahl $-\frac{1}{10} + \sum_{d|p_1\cdots p_{n-1}} \frac{\mu(d)}{10^d - 1}$ hat nämlich die Gestalt $0,0000\ldots 010\ldots$, wobei die erste 1 gerade an der p_n-ten Stelle auftritt.

Zum Abschluß sei noch kurz auf eine ganz anders geartete Primzahlformel eingegangen. Sie wurde als Nebenergebnis von tiefliegenden Untersuchungen im Rahmen der logisch-mathematischen Theorie der Berechenbarkeit und Entscheidbarkeit erhalten, wobei wieder der Satz von Wilson der entscheidende Anknüpfungspunkt war. Sie wurde 1976 angegeben, nachdem schon mehrere Jahre bekannt war, daß Formeln dieser Bauart existieren müssen. Es ist ein Polynom in 26 Variablen $P(a, b, \ldots, z)$ mit der Eigenschaft, daß bei Einsetzung beliebiger nicht negativer ganzer Zahlen für $a, \ldots, z$ die *positiven* Werte genau alle Primzahlen sind (s. [60], S. 144ff.;

[39]):

$$(k+2)\{1 - [wz + h + j - q]^2 - [(gk + 2g + k + 1)(h + j) + h - z]^2$$
$$- [2n + p + q + z - e]^2 - [16(k+1)^3(k+2)(n-1)^2 + 1 - f^2]^2$$
$$- [e^3(e+2)(a+1)^2 + 1 - o^2]^2 - [(a^2-1)y^2 + 1 - x^2]^2$$
$$- [16r^2y^4(a^2-1) + 1 - u^2]^2 - [n + l + v - y]^2$$
$$- [((a + u^2(u^2 - a))^2 - 1)(n + 4dy)^2 + 1 - (x - cu)^2]^2$$
$$- [(a^2-1)l^2 + 1 - m^2]^2 - [ai + k + 1 - l - i]^2$$
$$- [p + l(a - n - 1) + b(2an + 2a - n^2 - 2n - 2) - m]^2$$
$$- [q + y(a - p - 1) + s(2ap + 2a - p^2 - 2p - 2) - x]^2$$
$$- [z + pl(a - p) + t(2ap - p^2 - 1) - pm]^2\}.$$

Bei genauerer Betrachtung dieses Ungetüms fällt zunächst auf, daß sie ein Produkt ist mit erstem Faktor $k + 2$. Andererseits ist der zweite Faktor kleiner oder gleich 1. Soll somit eine Primzahl π (alle lateinischen Buchstaben sind schon vergeben) als Wert auftreten, so muß notwendigerweise $\pi = k + 2$ gelten und der zweite Faktor gleich 1 sein. Nimmt man diesen genauer unter die Lupe, so zeigt sich, daß er von der Gestalt „1 minus einer Summe von Quadraten" ist. Soll er gleich 1 sein, muß also jeder einzelne Summand gleich 0 sein. Somit enthüllt sich der Charakter dieser Formel, und zwar besagt sie, daß man alle Primzahlen dadurch ermitteln kann, daß man alle nicht negativen Lösungen der 14 Gleichungen in den 26 Unbekannten, die man durch Nullsetzen der Summanden des zweiten Faktors erhält, aufsucht.

Für die Theorie ist damit die Sache erledigt, für die Praxis beginnt nun die Suche nach solchen Lösungen. Und verblüffenderweise ist es bis heute nicht gelungen — trotz Einsatzes von Computern —, auch nur eine einzige zu finden. Man weiß also zwar, daß es unendlich viele derartige nicht negative Lösungen geben muß, kennt aber keine einzige. Insbesondere ist auch unbekannt, wie man bei vorgegebener Primzahl π, derzufolge dann ja $k = \pi - 2$ gegeben ist, die fehlenden 25 Variablen berechnen kann. Mag dies einerseits auch eine große Enttäuschung sein und die Formel nur als Blendwerk erscheinen lassen, so stellt sie andererseits eines der vielen Beispiele dar, an denen man die unumstößliche Gewißheit des mathematischen Denkens bewundern kann. Ist es doch imstande, Aussagen über konkrete mathematische Objekte, in diesem Fall die Primzahlen, abzuleiten, ohne Rückgriff auf konkrete — hier numerische — Verifizierungen. Diese Zuverlässigkeit des mathematischen Denkens ist Gewähr dafür, daß sie auch über diesen Teilbereich hinaus für das gesamte Denken errungen werden kann. Ein Ziel, das gerade für Hegel Voraussetzung für wirkliches Philosophieren ist: „Daran mitzuarbeiten, daß die Philosophie der Form der

Wissenschaft näherkomme, — dem Ziele, ihren Namen der Liebe zum Wissen ablegen zu können und wirkliches Wissen zu sein, — ist es, was ich mir vorgesetzt" ([31], S. 5.).

Fassen wir die Ergebnisse dieses Kapitels zusammen, so hat sich gezeigt, daß die Primzahlen durchaus mittels Formeln erfaßt werden können. Das ist auch nicht weiter verwunderlich, kann man sie doch sowohl durch ein ganz gesetzmäßiges Verfahren, das Sieb des Eratosthenes, erhalten als auch durch andere Eigenschaften, speziell den Satz von Wilson, charakterisieren. Jedoch sind diese Formeln nicht unbedingt von der Art, die man sich erwartet, da sie beispielsweise für die praktische Berechnung vollkommen ungeeignet sind. Die Primzahlen scheinen sich nicht offenbaren zu wollen, so als ob ihnen ein Eigensein, ein individuelles Gepräge zukommen würde, das sich den üblichen mathematischen Gedankengängen verschließt. Man kann nun vielleicht Don Zagier besser verstehen, der sie einerseits als eines der willkürlichsten und widerspenstigsten Objekte der Mathematik und andererseits als eines der unergründlichen Geheimnisse der Schöpfung bezeichnete (s. S. 47). Zugleich kann man darin vielleicht auch einen Hinweis dafür erblicken, daß die Primzahlen — und mit ihnen die natürlichen Zahlen — durch mathematisches Denken allein gar nicht vollständig erfaßt werden können, daß ihr Wesen über diesen Teilbereich der menschlichen Erkenntnis hinausragt. Ja, Rudolf Steiner zufolge ist zu diesem Wesen überhaupt „verhältnismäßig am schwierigsten hin zu gelangen"[17] ([69]).

8. Quantitative Resultate

Wie wir gesehen haben, lassen sich über konkrete Primzahlen, etwa die n-te, nur sehr schwer Aussagen machen. Ganz im Gegensatz dazu weiß man teilweise sehr gut über ihre Gesamtheit, z.B. ihre durchschnittliche Verteilung innerhalb der natürlichen Zahlen, Bescheid. Dieses uneinheitliche Erscheinungsbild findet man besonders häufig auch bei mathematischen Aussagen die Menschen betreffend. Während eine Reihe von Daten für Menschengruppen oder die Gesamtmenschheit statistisch recht gut vorausgesagt werden können — wie Lebenserwartung, Geburtenrate, Krankheitsanfälligkeit —, ist dies für den Einzelmenschen im allgemeinen unmöglich. Diese Parallelität verstärkt das eben beschriebene Empfinden einer gewissen Individualität der Primzahlen beträchtlich.

Wir haben bereits früher eine Aussage über die Primzahlverteilung kennengelernt. Bezeichnet $\pi(x)$ die Anzahl der Primzahlen $\leq x$, $x \in \mathbb{R}^+$, so hatte Legendre abgeleitet (s. Kap. 6, Formel (4)):

$$\pi(x) = \pi\left(\sqrt{x}\right) - 1 + \sum_{d|p_1\cdots p_k} \mu(d) \left[\frac{x}{d}\right],$$

wobei $p_1, \ldots, p_k$ die sämtlichen Primzahlen $\leq \sqrt{x}$ sind. Diese Formel drückt $\pi(x)$ durch $\pi\left(\sqrt{x}\right)$ aus, kann also prinzipiell dazu verwendet werden, $\pi(x)$ schrittweise zu berechnen, falls die Primzahlen $\leq \sqrt{x}$ explizit bekannt sind. Für die Praxis ist diese Formel jedoch kaum geeignet, da die effektive Berechnung des letzten Summanden auf der rechten Seite, $\sum_{d|p_1\cdots p_k} \mu(d) \left[\frac{x}{d}\right]$, mit großen Schwierigkeiten verbunden ist. Diese lassen sich jedoch durch theoretische Überlegungen entscheidend vermindern. Man gelangt dabei zu einer neuen Formel, die ursprünglich von dem Astronomen E. D. Meissel (1871) entdeckt wurde.

Um sie zu beschreiben, führen wir für $x \in \mathbb{R}^+$ und festes $m \in \mathbb{N}$ eine Hilfsfunktion $\varphi(x,m)$ ein, die die Anzahl derjenigen $a \in \mathbb{N}$ mit $a \leq x$ angibt, welche $(a, p_1 \cdots p_m) = 1$ erfüllen, wobei $p_1, \ldots, p_m$ wie üblich die ersten m Primzahlen bezeichnen. Diese $a \leq x$ sind ersichtlich genau jene, die zu $p_1 = 2$, $p_2 = 3$, ..., p_m relativ prim sind. Ist beispielsweise $m = 3$, mithin $p_1 = 2$, $p_2 = 3$, $p_3 = 5$, so ist $\varphi(10, 3) = 2$, $\varphi(20, 3) = 6$ und $\varphi(57, 3) = 15$, da es unter den ersten 10 Zahlen gerade 2 gibt, nämlich 1 und 7, die zu $2 \cdot 3 \cdot 5 = 30$ bzw., was dasselbe ist, zu 2, 3 und 5 relativ prim sind; analog in den anderen Fällen. Speziell wird $\varphi(x, m)$ für den Fall benötigt, wo $m = \pi(y)$ ist, mit geeignetem $y \in \mathbb{R}^+$. D.h. m gibt also jetzt die Anzahl der Primzahlen $\leq y$ an, weshalb p_m auch als die größte Primzahl $\leq y$ charakterisiert werden kann.

Setzt man $m = \pi\left(\sqrt[3]{x}\right)$ und $n = \pi\left(\sqrt{x}\right)$, so lautet nun die Formel von Meissel

$$\pi(x) = \varphi(x, m) - \sum_{i=m+1}^{n} \pi\left(\frac{x}{p_i}\right) + \frac{(n-m+1)(n+m-2)}{2}.$$

Wir wollen hier nur kurz auf ihre Bedeutung eingehen, ein Beweis wird im Anhang 6 gegeben. Zunächst ist klar, daß man jedenfalls $\pi\left(\sqrt[3]{x}\right)$, $\pi\left(\sqrt{x}\right)$, $\pi\left(\frac{x}{p_i}\right)$ für $i = m+1, \ldots, n$ und — aufgrund der Definition von $\varphi(x,m)$ — sämtliche Primzahlen $\leq \sqrt[3]{x}$ kennen muß, um $\pi(x)$ berechnen zu können. Nun ist aber p_n, wie vorher ausgeführt wurde, die größte Primzahl $\leq \sqrt{x}$, d.h. es muß — wie bei Legendres Formel — die Kenntnis aller Primzahlen $\leq \sqrt{x}$ vorausgesetzt werden. Weiters benötigt man die Werte $\pi\left(\frac{x}{p_i}\right)$, $i = m+1, \ldots, n$. Da p_m die größte Primzahl $\leq \sqrt[3]{x}$ ist, durchläuft also p_i sämtliche Primzahlen zwischen $\sqrt[3]{x}$ und $\sqrt{x}$. Damit gilt $\frac{x}{\sqrt{x}} \leq \frac{x}{p_i} < \frac{x}{\sqrt[3]{x}}$, was gleichbedeutend ist mit $\sqrt{x} \leq \frac{x}{p_i} < \sqrt[3]{x^2}$. Man muß also auch $\pi(z)$ für ausgewählte $z\left(= \frac{x}{p_i}\right)$ mit $\sqrt{x} \leq z < \sqrt[3]{x^2}$ kennen, um die Formel praktisch auswerten zu können.

Versuchen wir beispielsweise, $\pi(x)$ für $x = 400$ zu berechnen. Wegen $\sqrt[3]{400} = 7,368\ldots$ und $\sqrt{400} = 20$ gilt zunächst $m = \pi(7) = 4$ und $n = \pi(20) = 8$, da es 4 Primzahlen ≤ 7 bzw. 8 solche ≤ 20 gibt. Die p_i mit $i = m + 1, \ldots, n$ sind die Primzahlen $11, 13, 17, 19$. Eingesetzt erhalten wir somit

$$\pi(400) = \varphi(400, 4) - \pi\left(\frac{400}{11}\right) - \pi\left(\frac{400}{13}\right) - \pi\left(\frac{400}{17}\right) - \pi\left(\frac{400}{19}\right)$$
$$+ \frac{(8-4+1)(8+4-2)}{2}.$$

Die mittleren vier Werte sind gleich $\pi(36), \pi(30), \pi(23), \pi(21)$, und diese Zahlen kann man aus unserem Beispiel für das Sieb des Eratosthenes (s. S. 43) ablesen. Man erhält $11, 10, 9, 8$. Somit folgt

$$\pi(400) = \varphi(400, 4) - 11 - 10 - 9 - 8 + 25 = \varphi(400, 4) - 13.$$

Hätte man dagegen Legendres Formel benützt, so hätte man (s. den Beginn von Anhang, Teil 6) sofort erhalten

$$\pi(400) = \pi(20) - 1 + \varphi\bigl(400, \pi(20)\bigr) = \varphi(400, 8) + 7.$$

Der Unterschied besteht also bloß darin, das eine Mal $\varphi(400, 4)$, das andere Mal $\varphi(400, 8)$ berechnen zu müssen. Jedoch zeigt sich, daß man den Wert von $\varphi(x, m)$ umso leichter — und zwar um Wesentliches leichter — finden kann, je kleiner m ist. Diesen Rechenvorteil hat man aber dadurch erkauft, daß man viel mehr Werte der Funktion $\pi(y)$ kennen muß als bei der Legendreschen Formel.

Die Berechnung von $\varphi(x, m)$ führt man induktiv, mittels Rekursionsformeln durch. Wir wollen hier nur eine angeben — ihr Beweis findet sich ebenfalls im Anhang 6 —, mittels derer $\varphi(400, 4)$ gefunden werden kann. Und zwar gilt

$$\varphi(x, k) = \varphi(x, k-1) - \varphi\left(\frac{x}{p_k}, k-1\right).$$

Speziell gilt also

$$\varphi(400, 4) = \varphi(400, 3) - \varphi\left(\frac{400}{7}, 3\right) = \varphi(400, 3) - \varphi(57, 3),$$

$$\varphi(400, 3) = \varphi(400, 2) - \varphi\left(\frac{400}{5}, 2\right) = \varphi(400, 2) - \varphi(80, 2),$$

$$\varphi(400, 2) = \varphi(400, 1) - \varphi\left(\frac{400}{3}, 1\right) = \varphi(400, 1) - \varphi(133, 1).$$

Nun ist $\varphi(x,1)$ die Anzahl aller Zahlen $\leq x$, die zu $p_1 = 2$ relativ prim sind. Das ist also $\frac{[x]}{2}$ falls $[x]$ gerade und $\frac{[x]+1}{2}$ falls $[x]$ ungerade. Somit ist $\varphi(400,2) = 200 - 67 = 133$. Wegen $\varphi(80,2) = \varphi(80,1) - \varphi\left(\frac{80}{3},1\right) = 40 - 13 = 27$ folgt $\varphi(400,3) = 133 - 27 = 106$. Schließlich gilt, wie früher erwähnt wurde, $\varphi(57,3) = 15$, sodaß man insgesamt $\varphi(400,4) = 106 - 15 = 91$ erhält. Die gesuchte Anzahl der Primzahlen ≤ 400 ist somit

$$\pi(400) = \varphi(400,4) - 13 = 91 - 13 = 78.$$

Obwohl es auch schnellere Rekursionsmethoden gibt, um $\varphi(400,4)$ zu berechnen, erkennt man wohl aus diesem Beispiel, wie enorm der Aufwand steigt, wenn man statt dessen den Wert von $\varphi(400,8)$ ermitteln wollte.

Die Formel von Meissel ist gegenüber derjenigen von Legendre so weit verbessert, daß damit Werte von $\pi(x)$ berechnet werden können weit über die aus Primzahltabellen ablesbaren hinaus. Meissel selbst konnte 1885 bereits $\pi\left(10^9\right)$ angeben (aufgrund von Rechenfehlern jedoch nicht ganz richtig), und heute kennt man unter Verwendung eines etwas modifizierten Verfahrens den Wert $\pi\left(4 \cdot 10^{16}\right)$, wobei die derzeit am weitesten reichende Primzahltabelle — bis $1,2 \cdot 10^{12}$ — zugrunde gelegt wurde.

Beide behandelten Formeln für $\pi(x)$, die von Legendre und die von Meissel, geben $\pi(x)$ rekursiv an, d.h. unter Rückgriff auf $\pi(y)$ für gewisse $y < x$. Daraus läßt sich jedoch nicht das allgemeine Verhalten der Funktion $\pi(x)$, insbesondere für $x \to \infty$, erschließen. Gauß war schon in seiner Jugend brennend an dieser Frage interessiert und vermutete bereits als 16jähriger ([23], S. 444f.) aufgrund intensiven Tabellenstudiums, daß sich $\pi(x)$ asymptotisch wie der sogenannte *Integrallogarithmus* $\text{Li}(x) = \int\limits_2^x \frac{dt}{\log t}$ verhalte, d.h. daß $\lim\limits_{x \to \infty} \frac{\pi(x)}{\text{Li}(x)} = 1$ ist. Wie sich zeigen läßt, gilt $\lim\limits_{x \to \infty} \frac{\text{Li}(x)}{\frac{x}{\log x}} = 1$, sodaß Gaußens Vermutung äquivalent ist zur Aussage des sogenannten *Primzahlsatzes*: $\pi(x)$ verhält sich asymptotisch wie die Funktion $\frac{x}{\log x}$.

Man kann diese Vermutung nachvollziehen, wenn man die Werte von $\pi\left(10^k\right)$, $k = 1,2,\ldots$, soweit sie bekannt sind, betrachtet und sie miteinander vergleicht. In Tabelle 1 ist $\pi(x)$ für $x = 10^k$, $k = 1,\ldots,16$, sowie das entsprechende Verhältnis $\frac{x}{\pi(x)}$ auf eine Dezimale gerundet aufgelistet. Man erkennt, daß sich die aufeinanderfolgenden Differenzen von $\frac{x}{\pi(x)}$ sehr schnell auf den Wert $2,3$ einpendeln, was annähernd $\log 10 = 2,302585\ldots$ entspricht. Mithin kann man ungefähr setzen:

$$\frac{10^k}{\pi\left(10^k\right)} - \frac{10^{k-1}}{\pi\left(10^{k-1}\right)} \approx \log 10 \qquad \text{für } k = 2,3,\ldots.$$

n	$\pi(n)$	$\frac{n}{\pi(n)}$	n	$\pi(n)$	$\frac{n}{\pi(n)}$
10^1	4	2,5	10^9	50847534	19,7
10^2	25	4,0	10^{10}	455052511	22,0
10^3	168	6,0	10^{11}	4118054813	24,3
10^4	1229	8,1	10^{12}	37607912018	26,6
10^5	9592	10,4	10^{13}	346065536839	28,9
10^6	78499	12,7	10^{14}	3204941750802	31,2
10^7	664919	15,0	10^{15}	29844570422669	33,5
10^8	5762209	17,4	10^{16}	279238341033925	35,8

Tab. 1

Summiert man diese Beziehungen für $k = 2, \ldots, n$, ergibt sich

$$\frac{10^n}{\pi(10^n)} - \frac{10}{\pi(10)} \approx (n-1)\log 10.$$

Da $\frac{10}{\pi(10)} = 2,5 \approx \log 10$ gilt, folgt schließlich

$$\frac{10^n}{\pi(10^n)} \approx n \log 10 = \log 10^n.$$

Setzt man hier x anstelle von 10^n, erhält man gerade den obigen Primzahlsatz, der, wie erwähnt, gleichwertig mit der Gaußschen Vermutung ist.[18]

Der Primzahlsatz wurde erst 1896 von J. Hadamard und C. J. de la Vallée Poussin unabhängig voneinander bewiesen. Bemerkenswert dabei war, daß tiefliegende Hilfsmittel aus der Theorie der komplexen Funktionen, also aus einem Gebiet, welches der Zahlentheorie scheinbar ganz ferne steht, dafür verwendet werden mußten. Eine Erscheinung, die danach bei Beweisen für Sätze der elementaren Zahlentheorie, insbesondere über Primzahlen, immer häufiger auftrat. Zwar gibt es inzwischen, seit 1949, auch sogenannte elementare Beweise des Primzahlsatzes (wobei elementar bloß heißt, daß nur zahlentheoretische Methoden verwendet werden), doch sind sie bei weitem nicht so durchsichtig wie diejenigen — inzwischen natürlich auch oftmals verbesserten —, die den scheinbaren Umweg über die komplexen Funktionen einschlagen.

Die in diesem Kapitel vorgestellten Ergebnisse vermitteln einen ganz anders gearteten Eindruck als die des vorangegangenen. Gewann man dort die Empfindung, daß die einzelnen Primzahlen fast unnahbar seien, zeigt sich hier, daß über deren Gesamtheit sehr genaue Aussagen gemacht werden können. Während die Primzahlformeln für die Praxis völlig unbrauchbar waren, erwies sich die Formel von Meissel für $\pi(x)$ als wirklich aussagekräftig. Und auch der Primzahlsatz beweist, daß man $\pi(x)$ selbst für große x ganz gut im Griff hat. So wird eine weitere, zu den früheren (s. S. 47) ganz konträre Aussage Don Zagiers verständlich: Viel verblüffender ist, „daß die Primzahlen die ungeheuerste Regelmäßigkeit aufzeigen, daß sie durchaus Gesetzen unterworfen sind und diesen mit fast peinlicher Genauigkeit gehorchen" ([88], S. 42.).

Dieses Verhalten ist die Grundlage für eine Vielzahl von Vermutungen über Mengen von Primzahlen, die mehr oder weniger gut numerisch abgesichert sind. Wir wollen hier nur eine davon behandeln, nämlich die Frage nach der Anzahl der sogenannten *Primzahlzwillinge*. Darunter versteht man ein Paar von Primzahlen mit der kleinstmöglichen Differenz 2 (wenn man von den Zahlen 2, 3 absieht). Beispiele sind 3, 5; 11, 13; 137, 139; 4481, 4483; .... Sie werden zwar spärlicher, je größere Zahlen man betrachtet, doch findet man immer wieder welche: $9 \cdot 2^{211} \pm 1$ (65stellig), $519912 \cdot 10^{1420} \pm 1$ (1426stellig) usw. Bis heute ist es unbekannt, ob es unendlich viele solcher Primzahlzwillinge gibt. Trotzdem kann man plausibel machen, daß dies gelten dürfte.

Man geht dabei von dem Eindruck aus, daß das Auftreten von Primzahlen unter allen Zahlen $\leq n$ für ein festes vorgegebenes $n \in \mathbb{N}$ zufällig ist, also genauso unvorhersagbar wie das Würfeln etwa einer geraden Zahl. „Zieht" man somit eine Zahl a aus den ersten n Zahlen, so ist die Wahrscheinlichkeit W eine Primzahl zu erhalten

$$W = \frac{\text{günstige Fälle}}{\text{mögliche Fälle}} = \frac{\pi(n)}{n},$$

und das ist asymptotisch gleich $\frac{\frac{n}{\log n}}{n} = \frac{1}{\log n}$. Soll nun nicht nur a eine Primzahl sein, sondern auch $a + 2$, so ist die entsprechende Wahrscheinlichkeit $\left(\frac{1}{\log n}\right)^2$ — genauso wie die Chance, einmal eine gerade Zahl zu würfeln, $\frac{3}{6} = \frac{1}{2}$ beträgt, und diejenige, dies zweimal hintereinander zu schaffen, $\left(\frac{1}{2}\right)^2 = \frac{1}{4}$ ist. Somit wäre die Anzahl $\pi_2(n)$ der Primzahlzwillinge $\leq n$ asymptotisch gleich $\frac{n}{(\log n)^2}$.

Diese heuristische Überlegung ist insofern ungenau, als die Wahrscheinlichkeit, beim zweiten Mal wieder eine Primzahl zu treffen, davon abhängt, ob a bereits eine war oder nicht. Ist nämlich beispielsweise a eine gerade Zahl gewesen, so kann $a + 2$ gar keine Primzahl sein. Die beiden Ereignisse, a und $a + 2$ als Primzahlen zu erhalten, sind also nicht ganz unabhängig voneinander, während das beim zweimaligen Würfeln von geraden Zahlen schon der Fall ist. Man muß also subtiler argumentieren und gelangt dabei zu der Vermutung, daß die Anzahl der Primzahlzwillinge $\leq n$ sich asymptotisch wie $\frac{Cn}{(\log n)^2}$ verhält, wo $C = 1,32032\ldots$ ist (s. [29], S. 372f., und [60], S. 202).

Da $\lim_{n \to \infty} \frac{n}{(\log n)^2} = \infty$ ist, wird man bei beiden Überlegungen — der groben und der genaueren — zur Behauptung geführt, daß es unendlich viele

Primzahlzwillinge gibt. Diese Argumentation und damit die Vermutung wird durch numerische Untersuchungen recht gut gestützt, wie folgende Tabelle zeigt:

n	$\pi_2(n)$	$\frac{Cn}{(\log n)^2}$	n	$\pi_2(n)$	$\frac{Cn}{(\log n)^2}$
10^3	35	27	10^6	8169	6917
10^4	205	155	10^7	58980	50821
10^5	1224	996	10^8	440312	389105

Tab. 2

9. Spezielle Primzahlen

Von den Primzahlsätzen, die gewissermaßen das Gattungsmäßige der Primzahlen zu erfassen suchen, wenden wir uns wieder mehr dem Individuellen der einzelnen Primzahlen zu. Ein erster Schritt in diese Richtung wird durch das Studium spezieller Arten von Primzahlen getan. Zwar untersucht man heute eine Unzahl solcher Arten — das Buch „The Book of Prime Number Records" von P. Ribenboim [60] gibt einen erschlagenden Überblick —, doch scheinen nur zwei davon durch ihre Verbindung mit anderen mathematischen Problemen eine tiefere Bedeutung zu besitzen: die Fermatschen und die Mersenneschen Primzahlen.

Fermatzahlen sind Primzahlen der Gestalt $2^k + 1$, wie $3, 5, 17, 257$, für welche $k = 1, 2, 4, 8$ ist. Hier treten für k nur Potenzen von 2 auf, und dies ist kein Zufall, denn hätte k einen ungeraden Primteiler p, so würde mit $k = pq$ gelten

$$2^k + 1 = 2^{pq} + 1 = (2^q + 1)(2^{q(p-1)} - 2^{q(p-2)} + 2^{q(p-3)} - \ldots + 1).$$

Mithin wäre $2^k + 1$ sicher nicht prim. Aus diesem Grunde braucht man die Fermatzahlen nur unter den Zahlen der Gestalt

$$F_m = 2^{2^m} + 1$$

zu suchen. Ihre Bedeutung leitet sich aber nicht aus der äußerst einfachen Bauart ab, sondern daher, daß sie mit der Konstruktion der regelmäßigen n-Ecke mittels Zirkel und Lineal auf das engste verknüpft sind. Es gilt nämlich der Satz, daß ein solches n-Eck genau dann unter Verwendung dieser Hilfsmittel konstruiert werden kann, wenn n die Primfaktorzerlegung

$$n = 2^l p_1 \cdot \ldots \cdot p_r$$

besitzt, wo l eine beliebige natürliche Zahl oder 0 ist und die p_i verschiedene Fermatsche Primzahlen sind. (Der Beweis findet sich in den meisten Lehrbüchern über Algebra, z.B. in [83], § 65.) Beispielsweise iEst also das 15-Eck, 17-Eck und 51-Eck konstruierbar, nicht hingegen das 7-Eck, 11-Eck, 39-Eck etc.[19]

Man wird somit auch durch ein ganz anders geartetes Problem auf die Frage geführt, für welche m F_m prim ist. Beginnt man mit $m = 0, 1, 2, 3, 4$, so erhält man die bereits Fermat bekannten Primzahlen

$$F_0 = 3, \quad F_1 = 5, \quad F_2 = 17, \quad F_3 = 257, \quad F_4 = 65\,537.$$

Aufgrund dessen vermutete er — und sprach dies ab 1640 auch wiederholt aus —, daß F_m stets prim sei. Doch fast 100 Jahre später konnte Euler zeigen, daß F_5 die folgende Primfaktorzerlegung besitzt:

$$F_5 = 2^{2^5} + 1 = 2^{32} + 1 = 641 \cdot 6\,700\,417.$$

Um diese Zerlegung zu finden, könnte man prinzipiell mit dem Sieb des Eratosthenes arbeiten: Man muß ja „nur" sämtliche Primzahlen $\leq \sqrt{F_5} = 65536{,}0000076\ldots$ als mögliche Faktoren durchprobieren. Aber solch ein Unterfangen hat mit Mathematik nichts zu tun. Euler dagegen zeigte mittels theoretischer Überlegungen (s. Anhang 7) ganz allgemein, daß jeder Primfaktor, ja sogar jeder Faktor von F_m die Gestalt $2^{m+2}k + 1$ besitzt. Für $m = 5$ folgt, daß die Teiler von der Form $2^7 k + 1 = 128k + 1$ sein müssen. Nun braucht man nur für k der Reihe nach die Zahlen $1, 2, 3, \ldots$ einzusetzen und nachzusehen, ob die erhaltene Zahl Teiler von F_5 ist. Für $k = 5$ erhält man den Eulerschen Faktor 641.

Die Anzahl der Ziffern von F_m wächst mit steigendem m sehr schnell — F_6 ist bereits 20stellig —, sodaß trotz Eulers Ergebnis für $m \geq 6$ viel zu viele mögliche Teiler überprüft werden müssen. Daher konnte erst 1880 die Primfaktorzerlegung der nächsten Fermatschen Zahl F_6 aufgefunden werden, und die von F_7 und F_8 gar erst 1970 bzw. 1981, natürlich unter Verwendung von Computern. Mit etwas anderen theoretischen Überlegungen als denjenigen Eulers konnte man aber immerhin zeigen, daß die folgenden Fermatschen Zahlen F_m, $m \leq 21$, sämtlich zusammengesetzt sind. Ob F_{22}, eine Zahl mit mehr als $1\,260\,000$ Stellen, prim ist oder nicht, ist bislang unbekannt. Sporadische Ergebnisse für größere m zeigen stets, daß F_m nicht prim ist — etwa für $m = 23\,471$, wobei diese Zahl mehr als 10^{7000} Stellen besitzt ([60], S. 73).

Überhaupt konnte bis heute unter den Fermatschen Zahlen F_m für $m \geq 6$ keine einzige weitere Primzahl gefunden werden. Als Nebenergebnis hat dies zur Konsequenz, daß es *derzeit* ein größtes ungerades n gibt, für welches das n-Eck mit Zirkel und Lineal konstruierbar ist, nämlich

$$n = F_0 \cdot F_1 \cdot F_2 \cdot F_3 \cdot F_4 = 3 \cdot 5 \cdot 17 \cdot 257 \cdot 65\,537 = 4\,294\,967\,295.$$

Fermats Vermutung, daß sämtliche F_m prim seien, war also eine ganz unzulässige Verallgemeinerung aus den Ergebnissen für $F_0, \ldots, F_4$, was einmal mehr auf das individuelle Verhalten der Primzahlen weist und eindrucksvoll zeigt, mit welcher Unsicherheit Vermutungen und Voraussagen über Primzahlen behaftet sind. Am Beispiel der Fermatschen Zahlen läßt sich auch ein weiteres Phänomen erkennen: Da hier die Theorie bislang zu keinerlei Fortschritten geführt hat, versucht man durch bloßes Rechnen, irgendwelche weiterführenden Anhaltspunkte zu gewinnen. Doch werden dabei die menschlichen Rechenfähigkeiten sehr bald überschritten, sodaß nur noch der Computer konkrete numerische Resultate liefern kann. Dabei stellt sich die Frage, was durch die Ergebnisse, die oben zu einem geringen Teil angeführt wurden, an Erkenntnis überhaupt gewonnen wurde. Hätte es eine Bedeutung, wenn man nun entdecken sollte, F_{40} ist Primzahl? Gerade wenn man versucht, einen inhaltlichen Zugang zu den Zahlen zu finden, kann man die letztere Frage nur verneinen. Die Computertests großer Zahlen in Hinblick auf die Eigenschaft, prim oder zusammengesetzt zu sein, arten immer mehr zum Selbstzweck aus ohne tiefere Bedeutung. Nicht kommt man dadurch dem Wesen der Zahlen näher, sondern lernt einzig die Effizienz der Testmethoden kennen. An späterer Stelle werden wir auf diese Problematik nochmals zurückkommen (s. S. 69).

Ähnlich widerspenstig wie die Fermatschen Primzahlen verhalten sich auch die *Mersenneschen Primzahlen*. Das sind Primzahlen der Gestalt

$$M_n = 2^n - 1, \quad n \in \mathbb{N}.$$

Es ist unmittelbar einzusehen, daß solch eine Zahl überhaupt nur dann prim sein kann, wenn n selbst es ist. Gilt nämlich $n = ab$ mit $a, b > 1$, so ist $2^n - 1$ wegen

$$2^{ab} - 1 = (2^a - 1)\left(2^{(b-1)a} + 2^{(b-2)a} + \ldots + 2^a + 1\right)$$

sicherlich zusammengesetzt.

Ihren Namen verdanken diese Zahlen einer Aussage, die M. Mersenne 1644 aufgestellt hat. Und zwar behauptete er, daß $2^p - 1$ für

$$p = 2, 3, 5, 7, 13, 17, 19, 31, 67, 127, 257$$

jeweils Primzahlen ergäbe, für alle anderen primen $p < 257$ jedoch nicht. Für die ersten vier angegebenen Zahlen ist diese Aussage sicher richtig, denn

$$2^2 - 1 = 3, \quad 2^3 - 1 = 7, \quad 2^5 - 1 = 31, \quad 2^7 - 1 = 127$$

sind lauter Primzahlen. Für $p = 11$ dagegen gilt $2^{11} - 1 = 2047 = 23 \cdot 89$. Inwieweit der restliche Teil der Behauptung richtig ist, werden wir etwas später erörtern.

Zuvor sei auf die tiefere Bedeutung dieser Primzahlen eingegangen, die schon den griechischen Mathematikern wohlbekannt war. Dazu erinnern wir uns an die Definition einer vollkommenen Zahl m, die Euklid zufolge eine solche ist, die mit der Summe ihrer Teiler übereinstimmt, der heutigen Sprechweise entsprechend eine, deren Summe der (positiven) Teiler gleich $2m$ ist — der Unterschied liegt, worauf früher bereits hingewiesen wurde, bloß darin, daß Euklid die Zahl m selbst nicht als Teiler von m ansah. Sie betreffend, lautet der letzte Satz des IX. Buches der „Elemente" von Euklid, also gewissermaßen der Höhepunkt der drei arithmetischen Bücher, modern ausgedrückt:

Jede Zahl der Gestalt $2^{n-1}(2^n - 1)$, wo der zweite Faktor eine Primzahl ist, ist vollkommen.

Daß dies wirklich gilt, ist sofort einzusehen, denn die Teiler der Zahl $m = 2^{n-1}(2^n - 1)$ sind, wenn man für die Primzahl $2^n - 1$ kurz p schreibt, gerade

$$1 = 2^0, 2, 2^2, \ldots, 2^{n-1}, p, 2p, \ldots, 2^{n-1}p.$$

Aufgrund der Summenformel für die geometrische Reihe ergibt sich daraus für die Teilersumme $\sigma(m)$ von m:

$$\sigma(m) = \frac{2^n - 1}{2 - 1} + p\frac{2^n - 1}{2 - 1} = (1 + p)(2^n - 1) = 2^n(2^n - 1) = 2m,$$

d.h. m ist wirklich vollkommen.

Setzt man für n die oben angegebenen ersten vier Primzahlen ein, so erhält man die vollkommenen Zahlen

$$6 = 2^1(2^2 - 1), \; 28 = 2^2(2^3 - 1), \; 496 = 2^4(2^5 - 1), \; 8128 = 2^6(2^7 - 1),$$

die schon die Griechen kannten. Die Suche nach weiteren war im Mittelalter und in der beginnenden Neuzeit eine beliebte Aufgabenstellung, die auch der Auslöser von Mersennes Behauptung war.

Durch Euler erhielten die Primzahlen der Gestalt $2^n - 1$ aber noch eine gesteigerte Bedeutung, da er sogar die Umkehrung des Euklidischen Satzes zeigen konnte:

Ist eine gerade Zahl m vollkommen, so hat sie notwendigerweise die Gestalt $2^{n-1}(2^n - 1)$, wobei der zweite Faktor eine Primzahl sein muß.

Insgesamt folgt somit, daß die geraden vollkommenen Zahlen wegen $1 + 2 + 3 + \ldots + (2^n - 1) = 2^{n-1}(2^n - 1)$ gerade die Dreieckszahlen (s. S. 30) zu den Mersenneschen Primzahlen sind, was ihre Vollkommenheit — im griechischen Sinne — noch stärker untermauert.[20]

Der Beweis der Eulerschen Aussage läßt sich ganz elementar führen. Wir schreiben m in der Form $m = 2^k u$ an, wo $k \geq 1$ und u ungerade ist. Nehmen wir an, u besitze die Teiler $d_1 = 1, d_2, \ldots, d_r = u$. Dann hat m die folgenden Teiler:

$$1, 2, \ldots, 2^k; d_2, 2d_2, \ldots, 2^k d_2; \ldots; d_r, 2d_r, \ldots, 2^k d_r.$$

Aus Gründen der Vereinheitlichung schreiben wir für die erste Serie $d_1, 2d_1, \ldots, 2^k d_1$. Bildet man nun die Teilersumme $\sigma(m)$, so folgt wieder mittels der Formel für die geometrische Reihe

$$\sigma(m) = \left(2^{k+1} - 1\right) d_1 + \left(2^{k+1} - 1\right) d_2 + \ldots + \left(2^{k+1} - 1\right) d_r.$$

Da $d_1 + d_2 + \ldots + d_r = \sigma(u)$ gilt, ist dies gleichbedeutend mit

$$\sigma(m) = \left(2^{k+1} - 1\right) \sigma(u).$$

Wir benützen nun die Voraussetzung, daß m vollkommene Zahl ist, daß also gilt $\sigma(m) = 2m$. Daraus erhalten wir

$$2^{k+1} u = \left(2^{k+1} - 1\right) \sigma(u).$$

Wegen $(2^{k+1}, 2^{k+1} - 1) = 1$ folgt nach Satz 5 in Kap. 2 (S. 18) jedenfalls $2^{k+1} | \sigma(u)$, d.h. $\sigma(u) = 2^{k+1} a$ mit einer geeigneten natürlichen Zahl a. Setzt man dies in die letzte Gleichung ein, so erhält man daraus

$$u = \left(2^{k+1} - 1\right) a.$$

Diese teilweise Kenntnis von u und $\sigma(u)$ reicht schon aus, um u als Primzahl der Gestalt $2^{k+1} - 1$ zu erkennen. Zunächst muß in der letzten Beziehung $1 \leq a < u$ gelten, da $2^{k+1} - 1 > 1$ ist wegen $k \geq 1$. u hat somit sicherlich die Teiler $1, a, u$, falls $a \neq 1$ ist. Dann folgte aber:

$$\sigma(u) \geq 1 + a + u = 1 + a + \left(2^{k+1} - 1\right) a = 1 + 2^{k+1} a = 1 + \sigma(u),$$

ein offensichtlicher Unsinn. Mithin muß $a = 1$, also

$$u = 2^{k+1} - 1 \quad \text{und} \quad \sigma(u) = 2^{k+1}$$

sein. Da nun u jedenfalls die trivialen Teiler $1, 2^{k+1} - 1$ hat, deren Summe bereits $2^{k+1} = \sigma(u)$ ergibt, darf es keine weiteren Teiler besitzen. $u = 2^{k+1} - 1$ muß also Primzahl sein. $m = 2^k u$ ist somit wirklich von der behaupteten Gestalt.

An dieser Stelle sei gleich angemerkt, daß zwar auf diese Weise die geraden vollkommenen Zahlen genau charakterisiert sind, man dagegen über ungerade derartige Zahlen fast nichts weiß. Es ist bis heute unbekannt, ob es überhaupt eine gibt, wenn ja, so muß sie jedenfalls mindestens 150 Stellen aufweisen und mindestens 9 Primteiler besitzen, wovon einer $> 10^5$ ist. Hier steht man vor einem der am längsten ungelösten Probleme der Mathematik.

Kehren wir wieder zu den geraden vollkommenen Zahlen zurück und damit zu der Fragestellung, für welche Primzahlen p die Zahl $2^p - 1$ wieder prim ist. Mersennes Behauptung ist insofern kurios, als zu seiner Zeit nur bekannt war, daß die ersten 7 Werte seiner Liste für p, $p = 2, 3, 5, 7, 13, 17, 19$, zu Primzahlen führen. Erst 1750 konnte Euler zeigen, daß auch der Wert $p = 31$ von Mersenne richtig vorausgesagt worden war, die anderen Zahlen entzogen sich aber noch lange Zeit der Untersuchung, hat doch die nächste Zahl $2^{67} - 1$ bereits 21 Stellen.

Wie Mersenne zur Liste seiner Zahlen gekommen ist, ist unklar. Liegt hier ein „Zahlensehen" vor, wie es die in der Einleitung erwähnten Zwillinge beherrschen? Oder hat Mersenne doch eine Gesetzmäßigkeit vermutet, die seiner Liste der Primzahlen zugrunde liegt? Darauf läßt zwar eine Aussage von ihm aus dem Jahre 1647 schließen, derzufolge alle diese Primzahlen p von der Gestalt $p = 2^{2k} + l$ mit $k \geq 1$ und $l \leq 3$ seien. Doch stimmt sie schon für $p = 13$ nicht und auch nicht für $p = 31$ und $p = 127$, was Mersenne natürlich gewußt haben muß. Und bis heute scheint keine Gesetzmäßigkeit für die 11 von Mersenne genannten Primzahlen bekannt.

Was auch immer die Grundlage für die Aufstellung jener Liste abgab, es zeigte sich, daß auch falsche Werte in sie Eingang gefunden hatten. 1876 konnte E. Lucas zeigen, daß die Zahl $2^{67} - 1$ zusammengesetzt ist, und 1927 bewies D. H. Lehmer dasselbe für die 78stellige Zahl $2^{257} - 1$. Auch fehlten Mersenne die Zahlen $2^p - 1$ mit $p = 61, 89$ und 107, die ebenfalls zu Primzahlen führen. Doch steht man vor der wirklich erstaunlichen Tatsache, daß er von den insgesamt 55 möglichen Primzahlen p, die < 260 sind, bis auf die genannten Fehler genau jene angab, die wieder Primzahlen der Form $2^p - 1$ lieferten. Und eine Vielzahl von Überlegungen verschiedenster Mathematiker war vonnöten, bis diese Tatsache 1948, also mehr als 300 Jahre nach Mersennes Behauptung, endgültig gesichert war.

Eine dieser Überlegungen war, ob man ähnlich wie für Fermatsche Primzahlen die Faktoren Mersennescher Primzahlen irgendwie genauer charakterisieren könne. Und wieder war es Euler, der bewies, daß die Primfaktoren, ja sämtliche Faktoren einer Zahl $2^p - 1$, $p > 2$ prim, von der Gestalt $2kp + 1$

sein müssen mit einer geeigneten natürlichen Zahl k (s. Anhang 7). Will man beispielsweise untersuchen, ob M_{11} prim ist, genügt es demnach festzustellen, ob eine der Primzahlen q der Form $22\,k+1$ mit $q < \sqrt{2047} = 45,2\ldots$ Teiler ist. Davon gibt es aber bloß eine einzige, nämlich $q = 23$, und diese erfüllt $2047 = 23 \cdot 89$. Die sämtlichen Teiler von 2047 sind daher $1, 23, 89$ und 2047, alles Zahlen, die wirklich die Gestalt $22\,k + 1$ besitzen.

Die Mersennesche Behauptung konnte gerade noch vor dem Computerzeitalter erledigt werden. Aber seit dem ersten Einsatz von Computern für mathematische Berechnungen gaben die Mersenneschen ebenso wie die Fermatschen Zahlen aufgrund ihrer einfachen Gestalt die wichtigsten Prüfsteine für Primzahltests ab. Als Folge kennt man heute 32 Werte p, für die M_p Primzahl ist, was zusammen mit anderen heuristischen Überlegungen Anlaß gibt zu vermuten, daß unendlich viele Mersennesche Primzahlen existieren. Doch kennt man keinerlei Beweis dafür.

Obwohl somit eine eklatante Unkenntnis über diese Art von Primzahlen herrscht, kennt man für sie — ebenso wie für die vollkommenen Zahlen und sogar für die Fermatschen Primzahlen — seit 1979 eine Formel, die von derselben Bauart ist wie die auf S. 56 besprochene Primzahlformel. Auch in ihnen liefern die positiven Werte jeweils gerade die genannten Zahlen, auch sie lassen bis heute keinerlei explizite Berechnung auch nur einer einzigen zu. Läßt man diese Tatsache auf sich wirken, so tritt der Gegensatz zwischen den sich bereits damals aufdrängenden beiden Eindrücken, zum einen vor einer bewundernswerten Leistung der Mathematiker zu stehen, zum anderen ein Blendwerk vor sich zu haben, noch wesentlich schärfer und unüberbrückbarer hervor.

10. Anwendungen von Primzahlen in der Kryptographie

In den beiden vorangegangenen Kapiteln schob sich ein Phänomen in den Vordergrund, das in den letzten Jahren immer mehr an Tragweite gewonnen hat: die Anwendung des Computers in der Mathematik, speziell bei der Untersuchung großer Zahlen auf die Eigenschaft hin, prim oder zusammengesetzt zu sein. Wie schon erwähnt, sagen derartige Untersuchungen bestenfalls etwas über die verwendeten Tests aus, nichts aber über das Wesen der betreffenden Zahlen. Daß die Zahl $1\,536\,160\,091$ prim ist, daß die 156stellige Zahl M_{521} eine Mersennesche Primzahl (die nächste nach M_{257})

ist, diese Kenntnis hat keinerlei tiefere Bedeutung mehr. Ab einer gewissen Größe verschwimmt für uns das Individuelle der Zahlen, und so kommt es einem bloßen Spiel gleich, derartige Aussagen über sie zu machen. Dies umso mehr, als sich ja keine der vielen Vermutungen durch Exemplifizierung mittels noch so großer Zahlen mathematisch verifizieren läßt. Und es ist bezeichnend, daß P. Ribenboims Buch „The Book of Prime Number Records" heißt und daß die jeweils größte bekannte Primzahl in „Das Guinness Buch der Rekorde" aufgenommen wird.

Zeitlich gesehen waren spezielle Typen von Zahlen, wie die Mersenneschen und Fermatschen, die ersten, die auf Primzahleigenschaft hin mit Hilfe von Computern getestet wurden. Aber schon bald versuchte man, Verfahren zu entwickeln, die es erlaubten, von einer vorgegebenen größeren Zahl in möglichst kurzer Zeit zu entscheiden, ob sie prim ist oder nicht. Nachdem lange Zeit nur sogenannte probabilistische Tests bekannt waren, die diese Eigenschaften nur mit hoher Wahrscheinlichkeit angeben konnten, wurde schließlich 1980 von L. M. Adleman allein und später in Zusammenarbeit mit C. Pomerance und R. Rumely eine effektive Methode entdeckt, die es nach einigen Verbesserungen erlaubte, diese Frage für beliebige 100stellige Zahlen in rund 45 Sekunden zu beantworten (im Jahre 1984). Inzwischen erzielte Fortschritte gestatten es bereits, 200stellige Zahlen routinemäßig zu überprüfen.

Vom Gesichtspunkt des Wesens der Zahlen aus ist, wie gesagt, die rastlose, ja fieberhafte Suche nach immer schnelleren Primzahltests völlig sinnlos. Sie dauert nun schon mehrere Jahrzehnte an, wobei sich plötzlich eine ungeahnte Anwendungsmöglichkeit in der Kryptographie eröffnete.[21] 1978 entdeckten nämlich R. L. Rivest, L. Shamir und L. M. Adleman das nach ihren Anfangsbuchstaben benannte RSA-System, ein Chiffrierverfahren, in dem mittels großer Primzahlen Botschaften verschlüsselt werden können. Dabei ist außer für den Empfänger derzeit die Entschlüsselung — selbst bei Kenntnis des Schlüssels — in kurzer Zeit, etwa innerhalb einiger Monate, unmöglich. Die Grundidee besteht darin, das Produkt zweier großer Primzahlen p, q — beide etwa 200stellig — zu bilden, sodaß also eine rund 400stellige Zahl $n = pq$ entsteht, die allein man bekannt gibt. Nun ist seit langem heuristisch bekannt, daß es wesentlich leichter ist, von einer großen Zahl festzustellen, daß sie zusammengesetzt ist, als ihre Primfaktoren effektiv anzugeben. Da man mittels der derzeitigen Methoden von der vorgelegten 400stelligen Zahl n aber im obigen Zeitrahmen nicht einmal bestimmen kann, daß sie nicht prim ist, ist es demnach noch viel aussichtsloser, ihre beiden Primfaktoren zu entdecken. Und genau darauf beruht das RSA-System. (Einer e-mail-Aussendung zufolge haben 1994 600 über das Internet verbundene „Codebrecher" acht Monate lang auf mehr als 1600 Computern gerechnet, um eine 129stellige Zahl in ihre beiden Primfaktoren

(64- bzw. 65stellig) zu zerlegen. Die Leitung dieses Unternehmens hatte Arjen Lenstra von der Firma Bellcore in New Jersey inne.)

An einem Beispiel sei diese Chiffriermethode näher erläutert. Zunächst wird die vorgesehene Nachricht auf irgendeine Weise in ein Zahlenschema übersetzt. Für unsere Belange genügt es sich vorzustellen, daß A durch 1, B durch 2, ..., Z durch 26 ersetzt wird und eventuell noch weitere Zahlen für verschiedene Symbole und eine Leerstelle verwendet werden. Zum Beispiel habe die Nachricht die Gestalt 2 17 14, was wir zur leichteren Lesbarkeit durch $(2, 7, 14)$ wiedergeben. Die Ausgangsprimzahlen seien $p = 3, q = 11$, sodaß $n = 33$ wird. Die eigentliche Verschlüsselung besteht nun darin, jede der Zahlen $2, 7, 14$ zu einer fest gewählten Potenz k zu erheben, wobei k nur die Bedingung $(k, (p-1)(q-1)) = 1$ erfüllen muß, und sodann die Reste dieser neuen Zahlen bei Division durch n anzuschreiben. Wählen wir beispielsweise $k = 7$, was wegen $(7, 2 \cdot 10) = 1$ möglich ist, so lautet die verschlüsselte Botschaft $(29, 28, 20)$, da 2^7 den Rest 29, 7^7 den Rest 28 und 14^7 den Rest 20 bei Division durch $n = 33$ besitzt. Wie im Anhang 7 gezeigt wird, muß man diese Potenzen nicht explizit ausrechnen, sondern die Reste lassen sich sehr schnell mittels der sogenannten Kongruenzenrechnung bestimmen.

Man sieht, daß zum Chiffrieren bloß die Zahlen n und k verwendet werden. Zum Dechiffrieren dagegen benötigt man die beiden Ausgangsprimzahlen p und q. Man findet nämlich die ursprüngliche Botschaft aus der verschlüsselten, indem man die Zahlen der letzteren zur Potenz l erhebt, wobei l die kleinste positive Zahl ist mit $(p-1)(q-1)|kl-1$, und dann wieder die Reste bei Division durch n anschreibt (die Begründung dafür wird im Anhang 7 dargestellt). In unserem Beispiel folgt aus der Bedingung $20|7l-1$ der Wert $l = 3$. Damit erhält man aus $(29, 28, 20)$ wirklich die Ausgangsnachricht $(2, 7, 14)$, da 29^3 den Rest 2, 28^3 den Rest 7 und 20^7 den Rest 14 bei Division durch $n = 33$ besitzt.

Worin besteht nun der Vorteil dieser Chiffriermethode gegenüber anderen? Will etwa ein Kunde seiner Bank eine geheime Nachricht übermitteln, so erhält er die Zahlen n und k genannt, woraufhin er sie verschlüsseln kann. Da nur die Bank die beiden Primzahlen p, q kennt, kann auch nur sie den Text wieder entschlüsseln. Man kann also die Zahlen n und k öffentlich bekanntgeben — deshalb heißt dieses Verfahren auch Public Key System — und trotzdem kann höchstwahrscheinlich niemand, der die Botschaft abfängt, sie dechiffrieren.

Der einzige Nachteil besteht in der Unkenntnis, ob nicht doch bald eine Methode gefunden wird, die es gestattet, die Primteiler von 400- oder höherstelligen Zahlen in „kurzer" Zeit zu bestimmen. Aus diesem Grunde müssen, zumindest in Amerika, Arbeiten über Faktorisierungen bzw. Primzahltests großer Zahlen seit 1980 der National Security Agency vorgelegt werden, die über deren Veröffentlichung befindet. Andererseits werden Forschungen in dieser Richtung finanziell stark unterstützt.

Diese Chiffriermethode hat aber noch einen anderen Nebeneffekt: Da die dafür benötigten großen Primzahlen nur von den leistungsstärksten Computern errechnet werden können, die Anwender diese im allgemeinen aber nicht zur Verfügung haben, können solche Primzahlen heutzutage gekauft werden. Der Preis richtet sich natürlich nach der Stellenzahl; er liegt in der Größenordnung von 1000 $.

Läßt man das in diesem Kapitel Dargestellte auf sich wirken, so drängt sich einem der folgende Gedanke auf. In das sinnentleerte Streben nach immer schnelleren Primzahltests strömt plötzlich eine vordergründig sinngebende Anwendung, die solche Untersuchungen nicht nur rechtfertigt, sondern sie sogar noch vorantreibt. Dieses bemerkenswerte Geschehen ist aber keineswegs auf die Mathematik beschränkt: Einmal darauf aufmerksam geworden, findet man es in vielen Bereichen der menschlichen Tätigkeit wieder. Nochmals sei in diesem Zusammenhang die bereits früher zitierte Ansicht von Schafarevitsch angeführt, der dieses Phänomen eindrücklich beschreibt ([63], S. 34f.): „Die geistige Beschaffenheit der Menschheit gestattet bei längerer Zeitdauer keine Verknüpfung mit einer Tätigkeit, deren Ziel und Bedeutung nicht angegeben wird. Dann tritt, wie bei vielen anderen Vorgängen, ein Mechanismus in Kraft, indem nämlich die Leute zu einem Ersatz greifen, wenn sie in dem ihnen Angebotenen nicht das Benötigte gefunden haben. Ein solches Beispiel ist jedem wohlbekannt: Als die Menschen mit dem Gott der Nächstenliebe gebrochen hatten, schufen sie sofort neue Götter, die dann Millionen an Menschenopfern verlangten ... So kann z.B. ein Mathematiker den Sinn seiner Arbeit in der Erfüllung eines staatlichen Auftrages erblicken, wobei er mit der Berechnung einer Raketenbahn oder einem Abhörapparat zu tun hat ... Solch eine Haltung ist nicht allein seelische Erniedrigung eines Gelehrten, sondern es geraten dadurch in die Mathematik auch Gebiete ohne jegliche göttliche Schönheit, welche die Kenner unserer Wissenschaft begeistert."[22]

11. Primzahlen in $\mathbb{Z}_n$

Bisher haben wir allgemeine Eigenschaften von Primzahlen untersucht, jetzt wollen wir sie in Beziehung zu den anderen Zahlen setzen. Durch die Primfaktorzerlegung ist ja bereits eine solche gegeben. Eine weitere wird durch die Division mit Rest hergestellt: Ist a irgendeine natürliche oder ganze Zahl und $n \in \mathbb{N}$ vorgegeben, so kann man $b, r \in \mathbb{Z}$ finden mit $a = nb + r$, wobei der Rest r die zusätzliche Bedingung $0 \leq r < n$ erfüllt. Sie zieht nach sich, daß sowohl b als auch r eindeutig bestimmt sind. Wäre nämlich $a = bn + r = b_1 n + r_1$ mit $0 \leq r_1 < n$, so wäre $n(b_1 - b) = r - r_1$. Aufgrund der Einschränkung für r, r_1 gilt aber $-n < r - r_1 < n$, sodaß $r - r_1$ nur dann Vielfaches von n sein kann, wenn der Muliplikator $b_1 - b$ gleich 0 ist. Somit ist wirklich $b = b_1$ und $r = r_1$.

Diese Division mit Rest ist bisher schon einige Male von Wichtigkeit gewesen, so beim euklidischen Algorithmus, dem Satz von Wilson und dem RSA-System. Und es zeigt sich, daß dieser einfache Sachverhalt in der gesamten Zahlentheorie große Bedeutung besitzt. Dies liegt daran, daß der Rest r gewissermaßen der Extrakt der Zahl a ist, wenn man sie unter dem Blickpunkt von n aus betrachtet. Ähnlich wie etwa in der Natur die äußere Welt von jeder Tiergattung in ganz bestimmter Weise wahrgenommen wird, somit jedem äußeren Gegenstand ein von dieser Gattung abhängiges Bild entspricht, so stellt auch der Rest r ein Bild der gegebenen Zahl a unter dem Blickwinkel der Zahl n dar, dessen Kenntnis für viele mathematische Untersuchungen durchaus ausreichend ist.

Von diesem Gesichtspunkt aus sind also zwei Zahlen a_1, a_2 ununterscheidbar bezüglich n, wenn sie denselben Rest r bei Division durch n aufweisen. Nach Gauß schreibt man dafür $a_1 \equiv a_2 \pmod{n}$ und sagt, a_1 und a_2 sind *kongruent modulo n*. D.h. also: $a_1 = b_1 n + r$ und $a_2 = b_2 n + r$. Daraus liest man sofort ab, daß $a_1 - a_2$ Vielfaches von n ist. Setzt man umgekehrt letzteres voraus, also $a_1 - a_2 = qn$, und ist etwa $a_2 = b_2 n + r$, so folgt $a_1 = a_2 + qn = (b_2 + q)n + r$. a_1 hat also denselben Rest wie a_2 bei Division durch n. Man kann somit die Beziehung $a_1 \equiv a_2 \pmod{n}$ auch dadurch charakterisieren, daß $n | a_1 - a_2$. Beispielsweise gilt $29 \equiv 17 \pmod{6}$, weil beide Zahlen den Rest 5 bei Division durch 6 besitzen, $29 = 4 \cdot 6 + 5$ und $17 = 2 \cdot 6 + 5$, bzw., was auf dasselbe hinauskommt, weil $6 | 29 - 17 = 12$.

Versteht man die Menge der Reste $0, 1, \ldots, n-1$ bezüglich der Zahl n, die man mit $\mathbb{Z}_n$ bezeichnet,[23] als Abbild des Kosmos aller natürlichen oder auch aller ganzen Zahlen, so ist es nicht weiter verwunderlich, daß man die in $\mathbb{N}$ bzw. $\mathbb{Z}$ ausführbaren Rechenoperationen auch in $\mathbb{Z}_n$ wiedergeben kann. Zum Beispiel werden aus den Rechnungen

$$17 + 8 = 25, \quad 17 - 8 = 9 \quad \text{und} \quad 17 \cdot 8 = 136$$

in $\mathbb{Z}_6$ die Beziehungen

$$5 \oplus 2 = 1, \quad 5 \ominus 2 = 3 \quad \text{und} \quad 5 \odot 2 = 4,$$

da $17 \equiv 5 \pmod{6}$, $8 \equiv 2 \pmod{6}$, $25 \equiv 1 \pmod{6}$, $9 \equiv 3 \pmod{6}$ und $136 \equiv 4 \pmod{6}$. Die Ergebnisse der letzteren Rechnungen muß man glücklicherweise nicht aus den Ergebnissen der ersteren berechnen, sondern man kann sie auf naheliegende Weise auch so erhalten, daß man die linken Seiten wie üblich in $\mathbb{Z}$ berechnet und das Resultat durch den entsprechenden Rest ersetzt:

$$5 + 2 = 7 \quad (\text{in } \mathbb{Z}) \to 1 \text{ (als Rest bei Division durch 6)},$$
$$5 - 2 = 3 \qquad\qquad \to 3$$
$$5 \cdot 2 = 10 \qquad\quad\; \to 4.$$

Aus diesem Grunde lassen wir im weiteren den Kreis bei den Operationszeichen von $\mathbb{Z}_n$ wieder weg.

Allgemein gesehen liegt die Berechtigung dieser Vorgangsweise darin, daß aus $a \equiv b \pmod{n}$, $c \equiv d \pmod{n}$ folgt $a \pm c \equiv b \pm d \pmod{n}$ und $ac \equiv bd \pmod{n}$. Ersteres bedeutet ja $n|a-b$ und $n|c-d$, d.h. $a = b+ns$, $c = d+nt$ mit geeigneten $s, t \in \mathbb{Z}$. Daraus ergibt sich $a \pm c = b \pm d + n(s \pm t)$, $ac = bd + n(bt + ds + nst)$, also wirklich $n|(a \pm c) - (b \pm d)$ bzw. $n|ac - bd$, was ja mit der Behauptung gleichwertig ist. Somit gibt also $\mathbb{Z}_n$ von der Ausführung der Addition, Subtraktion und Multiplikation in $\mathbb{Z}$ ein getreues Abbild.

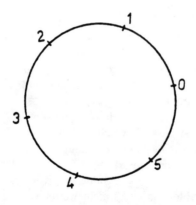

Abb. 3

Diese naheliegenden Rechenoperationen in $\mathbb{Z}_n$ verwendet man auch im täglichen Leben bei der Uhrzeit. Ist es 10^h (vormittags) und man will jemanden in 7 Stunden treffen, so ist der Zeitpunkt des Treffens 5^h (nachmittags) — das entspricht genau der Rechnung $10 + 7 = 5$ in $\mathbb{Z}_{12}$. Oder fliegt jemand um 21^h ab, so kommt er bei einer Flugdauer von 17 Stunden um 14^h an — hier rechnet man also in $\mathbb{Z}_{24}$. Veranschaulichen lassen sich die Rechenoperationen in $\mathbb{Z}_n$, wenn man die Zahlen $0, 1, \ldots, n - 1$ wie in

Kapitel 2 (S. 19) im Kreis, also auf einer „n-Stunden-Uhr" anordnet; dabei wird n mit 0 identifiziert. Für $n = 6$ kann man die 6 Punkte am Kreis etwa wie in Abb. 3 numerieren. Will man dann beispielsweise $4 + 3$ berechnen, braucht man von 4 ausgehend nur 3 Punkte weiterzugehen und erhält 1.

Es stellt sich nun die Frage, welche Rechenregeln im Bereich $\mathbb{Z}_n$ gelten und in welchem Verhältnis sie zu denen von $\mathbb{Z}$ stehen. Dabei zeigt die obige Argumentation, daß dieselben Gesetzmäßigkeiten, die im großen Bereich $\mathbb{Z}$ gelten, auch im Abbild Gültigkeit haben müssen. Beispielsweise spielt die Reihenfolge der Glieder bei Addition oder Multiplikation in $\mathbb{Z}$ keine Rolle, d.h. es gilt

$$a + b = b + a, \quad ab = ba \quad \text{(sog. „kommutatives Gesetz")}.$$

Sind nun a, b speziell aus $\mathbb{Z}_n$, so sind sie natürlich auch in $\mathbb{Z}$ und die linken Seiten stimmen mit den rechten überein, wenn man in $\mathbb{Z}$ rechnet. Reduziert man die beiden Ergebnisse auf ihren Rest, so erhält man die Gleichheit auch in $\mathbb{Z}_n$.

Doch gelten in dem Bildbereich $\mathbb{Z}_n$ noch zusätzliche Rechenregeln. Summiert man beispielsweise ein beliebiges Element a n-mal, so erhält man stets 0, denn na hat sicherlich den Rest 0 bei Division durch n. In vielen Fällen gibt es auch sogenannte *Nullteiler*, d.h. Zahlen $a, b \neq 0$ mit $ab = 0$. Für $n = 12$ besitzen etwa $a = 6$, $b = 4$ diese Eigenschaft. Am neuartigsten ist das Verhalten bezüglich der Division, die ja in $\mathbb{Z}$ nur mit ± 1 *unbeschränkt* ausführbar ist. In $\mathbb{Z}_n$ dagegen gibt es außer diesen beiden Zahlen — wobei -1 durch $n-1$ zu ersetzen ist — im allgemeinen stets noch weitere Zahlen verschieden von 0, durch die man jede andere dividieren kann. Um dies zu durchschauen, genügt es, diejenigen Zahlen $a \in \mathbb{Z}_n$ aufzufinden, die in der 1 aufgehen, d.h. zu denen es eine Zahl $x \in \mathbb{Z}_n$ gibt mit $ax = 1$. Jede andere Zahl $c \in \mathbb{Z}_n$ ist dann wegen $a(xc) = c$ automatisch Vielfaches von a, wobei xc eventuell noch auf den Rest mod n reduziert werden muß.

Die Beziehung $ax = 1$ bedeutet aber nichts anderes, als daß die Zahl ax bei Division durch n den Rest 1 besitzt. Wenn zu $a \in \mathbb{Z}_n$ somit eine derartige Zahl $x \in \mathbb{Z}_n$ existieren soll, muß $ax = nq + 1$ mit einem passenden $q \in \mathbb{Z}$ gelten. Betrachtet man nun den größten gemeinsamen Teiler d von a und n, so teilt er nach Definition a und n und daher auch $1 = ax - nq$. Folglich ist $d = 1$, d.h. a und n müssen jedenfalls zueinander relativ prim sein. Diese Bedingung genügt aber auch schon: Gilt $(a, n) = 1$, so gibt es Zahlen $x, y \in \mathbb{Z}$ mit $ax + ny = 1$, da sich nach Satz 6 (Kap. 2) der größte gemeinsame Teiler zweier Zahlen stets als deren Linearkombination schreiben läßt. Mithin folgt $ax \equiv 1 \pmod{n}$, und x — notfalls mod n reduziert — ist das gesuchte Inverse zu a.

Insgesamt haben wir damit gezeigt, daß sämtliche Zahlen aus $\mathbb{Z}_n$ durch genau diejenigen Zahlen $a \in \mathbb{Z}_n$ dividierbar sind, die zu n relativ prim sind. Für $n = 10$ beispielsweise sind dies $a = 1, 3, 7, 9$. Will man nun alle Divisionen $3z = c$ für beliebiges $c \in \mathbb{Z}_{10}$ ausführen, so muß man nur beachten, daß $3 \cdot 7 \equiv 1 \pmod{10}$ und daher $x = 7$ zu wählen ist. Jetzt braucht man nur noch xc zu berechnen und zu reduzieren, um die gesuchten Lösungen z zu erhalten:

$$7 \cdot 0 \to 0, \quad 7 \cdot 1 \to 7, \quad 7 \cdot 2 \to 4, \quad 7 \cdot 3 \to 1, \quad 7 \cdot 4 \to 8,$$
$$7 \cdot 5 \to 5, \quad 7 \cdot 6 \to 2, \quad 7 \cdot 7 \to 9, \quad 7 \cdot 8 \to 6, \quad 7 \cdot 9 \to 3.$$

Und es gilt wirklich in $\mathbb{Z}_{10}$

$$3 \cdot 0 = 0, \quad 3 \cdot 7 = 1, \quad 3 \cdot 4 = 2, \quad 3 \cdot 1 = 3, \quad 3 \cdot 8 = 4,$$
$$3 \cdot 5 = 5, \quad 3 \cdot 2 = 6, \quad 3 \cdot 9 = 7, \quad 3 \cdot 6 = 8, \quad 3 \cdot 3 = 9.$$

In diesem Zusammenhang besitzen wieder die Primzahlen eine ausgezeichnete Rolle, sind sie doch die einzigen natürlichen Zahlen $n > 1$, für die *jede* Zahl $a \in \mathbb{Z}_n$, $a \neq 0$, relativ prim zu n ist. In diesem Falle — und nur in diesem — ist also die Division in $\mathbb{Z}_n$ *stets* unbeschränkt ausführbar (außer natürlich durch 0). Es verhält sich also das Abbild $\mathbb{Z}_n$ von $\mathbb{Z}$ für primes n bezüglich der 4 Grundrechenoperationen wie die rationalen (oder reellen oder komplexen) Zahlen. Man spricht dann von einem *Körper* (s. auch S. 125), während man eine Menge mit den Rechengesetzen von $\mathbb{Z}$ als *Ring* — genauer *kommutativen Ring mit Einselement* — bezeichnet. $\mathbb{Z}_n$ ist also stets ein solcher Ring, für primes n sogar ein Körper. Beispielsweise besitzt $\mathbb{Z}_n$ für $n = 6$ bzw. $n = 7$ folgende Multiplikationstabellen:

$\mathbb{Z}_6$:

·	0	1	2	3	4	5
0	0	0	0	0	0	0
1	0	1	2	3	4	5
2	0	2	4	0	2	4
3	0	3	0	3	0	3
4	0	4	2	0	4	2
5	0	5	4	3	2	1

$\mathbb{Z}_7$:

·	0	1	2	3	4	5	6
0	0	0	0	0	0	0	0
1	0	1	2	3	4	5	6
2	0	2	4	6	1	3	5
3	0	3	6	2	5	1	4
4	0	4	1	5	2	6	3
5	0	5	3	1	6	4	2
6	0	6	5	4	3	2	1

Aus ihnen ersieht man sofort, daß im zweiten Fall in jeder Zeile (bzw. Spalte) jedes Element von $\mathbb{Z}_7$ (genau) einmal auftritt, die Gleichung $az = c$ für $a \neq 0$ also stets lösbar ist, im ersten Fall dagegen nicht.

Dieses Phänomen, daß in $\mathbb{Z}_n$ gegenüber $\mathbb{Z}$ neue Gesetze gelten, kann für den sinnenden Mathematiker tiefe Aussagekraft gewinnen. Es wird ihm z.B. leichter verständlich, warum es in der Welt böse Handlungen gibt, die doch ihrem Schöpfer wesensfremd sind, oder wieso das Denken auch sinnentleert sein kann, wo doch der Seinsgrund reiner Sinn ist. Das Abbild kann eben Eigenschaften aufweisen, die dem Urbild gar nicht zukommen.

Da die Rechenoperationen Addition und Multiplikation (und Potenzieren) in $\mathbb{Z}_n$ dieselben Gesetzmäßigkeiten erfüllen — ja sogar noch weitere — wie die entsprechenden in $\mathbb{N}$, ist es naheliegend, so wie im 1. Kapitel nach den jeweiligen Primzahlen zu fragen. Gesucht sind also die Bausteine, d.h. Zahlen aus $\mathbb{Z}_n$, die bezüglich der betrachteten Operation unzerlegbar sind und aus denen sich sämtliche Elemente von $\mathbb{Z}_n$ zusammensetzen lassen. Doch tritt hierbei sofort dasselbe Problem auf wie früher für die positiven rationalen Zahlen (s. S. 12): Es gibt gar keine unzerlegbaren Zahlen. Wenn wir uns zunächst auf die Addition beschränken, so gilt beispielsweise in $\mathbb{Z}_6$:

$$4+3=1, \quad 4+4=2, \quad 4+5=3, \quad 5+5=4, \quad 4+1=5, \quad 4+2=0.$$

Andererseits läßt sich klarerweise wie bei den natürlichen Zahlen jede Zahl aus $\mathbb{Z}_n$ als Vielfaches der 1 erhalten. Doch während 1 die einzige Zahl in $\mathbb{N}$ mit dieser Eigenschaft war, lassen sich in $\mathbb{Z}_n$ im allgemeinen mehrere derartige finden. So gilt in $\mathbb{Z}_6$:

$$5+5+5+5+5=1, \quad 5+5+5+5=2, \quad 5+5+5=3,$$
$$5+5=4, \quad 5=5 \quad \bigl(\text{und } 5+5+5+5+5+5=0\bigr).$$

Für derartige Zahlen a muß allgemein gelten, daß die Gleichung $ax = b$ für sämtliche $b \in \mathbb{Z}_n$ lösbar ist, was — wie wir oben gesehen haben — äquivalent damit ist, daß $(a, n) = 1$ gilt. Im Bereich $\mathbb{Z}_9$ etwa sind alle Zahlen Vielfache der Zahl 1, aber diese Eigenschaft besitzen auch die Zahlen 2, 4, 5, 7 bzw. 8.

Besonders ausgezeichnet sind hier wieder die Primzahlen, denn ist $n = p$ eine solche, so gilt $(a, p) = 1$ für sämtliche $a \in \mathbb{Z}_p$, $a \neq 0$, d.h. *jede* Zahl $\neq 0$ kann die Rolle der 1 in bezug auf die Addition übernehmen. Aus der obigen Multiplikationstabelle für $p = 7$ liest man beispielsweise für $a = 2$ ab:

$$2+2+2+2=1, \quad 2=2, \quad 2+2+2+2+2=3, \quad 2+2=4,$$
$$2+2+2+2+2+2=5, \quad 2+2+2=6,$$
$$\bigl(2+2+2+2+2+2+2=0\bigr).$$

Die 1 ist also im Abbild $\mathbb{Z}_p$ des Zahlenkosmos $\mathbb{N}$ nicht mehr ausgezeichnet, sondern jedes Element $a \in \mathbb{Z}_p$, $a \neq 0$, erzeugt additiv alle Zahlen. Die herausragende Stellung der 1 geht also im Bildbereich vollkommen verloren.

Ist $n > 1$ keine Primzahl, so wird die Sachlage sogar noch komplexer. Zum einen gibt es nämlich Zahlen in $\mathbb{Z}_n$, die dieselbe Eigenschaft besitzen wie die Zahl 1 bezüglich der Addition für die natürlichen Zahlen; und zwar sind dies, wie gesagt, gerade alle Elemente $a \in \mathbb{Z}_n$ mit $(a, n) = 1$. Andererseits gibt es aber auch Systeme von „Primzahlen", die aus mehr als einer Zahl bestehen. Beispielsweise ist $\{2, 3\}$ in $\mathbb{Z}_6$ ein solches, denn

$$2 + 2 + 3 = 1, \quad 2 = 2, \quad 3 = 3,$$
$$2 + 2 = 4, \quad 2 + 3 = 5, \quad 3 + 3 = 0,$$

und weder mit 2 noch mit 3 allein lassen sich alle Zahlen additiv erzeugen. $\{2, 3\}$ ist also in der Sprechweise von Kapitel 1 ein minimales Erzeugendensystem von $\mathbb{Z}_6$ wie $\{1\}$ und $\{5\}$.

Wenden wir uns nun den Bausteinen in $\mathbb{Z}_n$ bezüglich der Multiplikation zu. Wieder muß man die Forderung fallenlassen, daß sie unzerlegbar sein sollen, denn es gilt etwa in $\mathbb{Z}_p$, p prim, daß jede feste Zahl $\neq 0$ sämtliche Zahlen teilt, da dieser Bereich ein Körper, die Division also unbeschränkt ausführbar ist. Um ein Erzeugendensystem zu finden, kann man den Ausgangspunkt von der Zahl 1 und den Primzahlen $\leq n$ nehmen, da sich ja alle Zahlen a, $1 < a \leq n$, als Produkt letzterer schreiben lassen. Für $\mathbb{Z}_7$ könnte man also mit $1, 2, 3, 5, 7$ beginnen. Doch lassen sich davon noch einige streichen. Wegen

$$2 = 3 \cdot 3, \quad 5 = 2 \cdot 2 \cdot 3 = (3 \cdot 3)^2 \cdot 3 = 3^5 \quad \text{und} \quad 1 = 2^3 = 3^6$$

reichen bereits die Zahlen 3 und 7 aus:

$$1 = 3^6, \quad 2 = 3^2, \quad 3 = 3^1, \quad 4 = 2^2 = 3^4,$$
$$5 = 3^5, \quad 6 = 2 \cdot 3 = 3^3, \quad 7 = 0 = 7^1.$$

Neben diesem Erzeugendensystem gibt es noch ein weiteres mit 2 Elementen, nämlich 5 und 7:

$$5^1 = 5, \ 5^2 = 4, \ 5^3 = 4 \cdot 5 = 6, \ 5^4 = 6 \cdot 5 = 2,$$
$$5^5 = 2 \cdot 5 = 3, \ 5^6 = 3 \cdot 5 = 1, 7 = 7^1.$$

Allgemein gilt für $\mathbb{Z}_p$, p prim, stets, daß man mit 2 Zahlen auskommt, um alle als Produkt dieser darstellen zu können. Eine davon muß p sein, denn diese entspricht ja der 0. Die anderen Zahlen von $\mathbb{Z}_p$, also $1, 2, \ldots, p - 1$ — das sind gerade die zu p teilerfremden —, sind Potenzen einer einzigen Zahl, einer sogenannten *Primitivwurzel*. Im Beispiel $\mathbb{Z}_7$ sind also 3 bzw. 5 solche. Ein Beweis jener Tatsache wird im Anhang 7 geführt. Hier hingegen soll nur abgeleitet werden, wie man alle derartigen Zahlen erhält. Diesbezüglich gilt:

Ist a eine Primitivwurzel von $\mathbb{Z}_p$, so erhält man sämtliche Primitivwurzeln durch a^i mit $(i, p-1) = 1$, $i = 1, 2, \ldots, p-1$.

Um dies einzusehen, genügt es zu wissen, ob eine Potenz von a^i gleich dem erzeugenden Element a von $\mathbb{Z}_p$ sein kann. Läßt sich nämlich $(a^i)^k = a$ schreiben, so sind klarerweise auch alle Potenzen von a, also alle Zahlen $1, \ldots, p-1$, Potenzen von a^i. Ist umgekehrt a^i erzeugendes Element, so muß insbesondere a eine Potenz von a^i sein, also wirklich $(a^i)^k = a$ mit geeignetem k gelten. Letztere Gleichheit ist gleichbedeutend mit $a^{ik-1} = 1$ in $\mathbb{Z}_p$. Wann ist nun eine Potenz a^m von a gleich 1? Betrachten wir dazu zunächst die p Zahlen $a, a^2, \ldots, a^{p-1}, a^p$. Da $(a, p) = 1$ ist, sind diese sämtlich zu p relativ prim. Nun gibt es aber nur $p-1$ solche Zahlen, nämlich $1, 2, \ldots, p-1$. Somit müssen zwei verschiedene Potenzen von a gleich sein: $a^r = a^s$, $1 \leq r, s \leq p$ und $r \neq s$. Sei etwa $r > s$. Dann gilt auch $a^{r-s} = 1$, und $r-s$ ist eine Zahl ≥ 1 und $\leq p-1$. Es kommt also jedenfalls die Zahl 1 bereits unter den Potenzen $a, a^2, \ldots, a^{p-1}$ vor. Wäre dabei $a^j = 1$ mit $1 \leq j < p-1$, so würden sämtliche Potenzen von a nur die Elemente $a, a^2, \ldots, a^j = 1$ ergeben, da

$$a^1 = a, a^2, \ldots, a^j = 1, a^{j+1} = a, a^{j+2} = a^2, \ldots, a^{2j} = 1, a^{2j+1} = a, \ldots \quad (5)$$

a könnte somit keine Primitivwurzel sein, müßten doch alle $p-1$ zu p relativ primen Zahlen in $\mathbb{Z}_p$ unter den Potenzen vorkommen. Mithin muß $a^{p-1} = 1$ und $a^l \neq 1$ für $1 \leq l < p-1$ gelten. Setzt man in (5) $j = p-1$, so erkennt man schließlich, daß $a^m = 1$ genau für $p-1 | m$ erfüllt ist.

Die Frage, für welche i es ein k gibt mit $a^{ik-1} = 1$, ist somit äquivalent zu der, wann $p-1 | ik-1$ gilt, oder anders ausgedrückt, wann die Kongruenz $ix \equiv 1 \pmod{(p-1)}$ bzw. die Gleichung $ix = 1$ in $\mathbb{Z}_{p-1}$ eine Lösung $x (= k)$ besitzt. Und dies ist nach den früheren Überlegungen (S. 75) genau für $(i, p-1) = 1$ der Fall.

In unserem Beispiel war 3 eine Primitivwurzel für $\mathbb{Z}_7$. Da zu $p-1 = 6$ nur die Zahlen 1 und 5 relativ prim sind, sind $3^1 = 3$ und $3^5 = 5$ auch bereits alle. Dasselbe Ergebnis erhält man natürlich, wenn man von der Zahl 5 ausgeht, denn $5^1 = 5$ und $5^5 = 3$.

Aus obiger Konstruktion der Primitivwurzeln von $\mathbb{Z}_p$ ergibt sich sofort deren Anzahl. Diese ist nämlich gleich der Anzahl der zu $p-1$ teilerfremden i mit $1 \leq i \leq p-1$. Bezeichnet man wie üblich zu gegebenem $n \in \mathbb{N}$ die Anzahl der zu n teilerfremden Reste i, $0 \leq i \leq n-1$, mit $\varphi(n)$ — die sogenannte *Eulersche φ-Funktion* —, dann ist letzterer Wert gleich $\varphi(p-1)$. Wegen $p - 1 = \varphi(p)$ gibt es somit insgesamt $\varphi(\varphi(p))$ Primitivwurzeln. Jede dieser stellt zusammen mit der Zahl p ein Erzeugendensystem von $\mathbb{Z}_p$ dar. Die Rolle der Primzahlen in $\mathbb{N}$ kann also im Abbild $\mathbb{Z}_p$ von zwei Zahlen übernommen werden. Wie bei der Addition ist aber zu beachten, daß es auch andere Systeme von „Primzahlen" in $\mathbb{Z}_p$ gibt, die mehr Elemente enthalten, wobei aber keines gestrichen werden kann. In $\mathbb{Z}_7$ ist ein solches beispielsweise $\{2, 6, 7\}$, denn

$$1 = 6^2, \quad 2 = 2^1, \quad 3 = 2^2 \cdot 6,$$
$$4 = 2^2, \quad 5 = 2 \cdot 6, \quad 6 = 6^1, \quad 7 = 7^1$$

und weder $\{2, 6\}$ noch $\{2, 7\}$ noch $\{6, 7\}$ erzeugen $\mathbb{Z}_7$.

Das einzige noch offene Problem ist, wie man in $\mathbb{Z}_p$ überhaupt eine Primitivwurzel findet. Dies läßt sich ähnlich dem Sieb des Eratosthenes bewerkstelligen. Man schreibt die Zahlen von 1 bis $p - 1$ auf und streicht alle Potenzen der Zahl 2. Werden alle Zahlen gestrichen, so ist bereits 2 die gesuchte Primitivwurzel. Wenn nicht, führt man dasselbe mit der ersten stehengebliebenen Zahl durch und so weiter. Der Grund für dieses Vorgehen liegt darin, daß, falls a keine Primitivwurzel ist, auch a^i keine sein kann. Ersteres heißt ja, daß ein $a^t = 1$ ist für $1 \leq t < p - 1$, woraus $(a^i)^t = (a^t)^i = 1^i = 1$ folgt. Somit gibt es höchstens t verschiedene Potenzen von a^i und nicht $p - 1$, wie es für eine Primitivwurzel sein müßte.

Für $p = 23$ sieht das Verfahren so aus

$$\cancel{1} \;\; \cancel{2} \;\; \cancel{3} \;\; \cancel{4} \;\; 5 \;\; \cancel{6} \;\; 7 \;\; \cancel{8} \;\; \cancel{9} \;\; 10 \;\; 11$$
$$\cancel{12} \;\; \cancel{13} \;\; 14 \;\; 15 \;\; \cancel{16} \;\; 17 \;\; \cancel{18} \;\; 19 \;\; 20 \;\; 21 \;\; 22$$

Streicht man die 11 Zahlen

$$2^1 = 2, \quad 2^2 = 4, \quad 2^3 = 8, \quad 2^4 = 16, \quad 2^5 = 32 = 9, \quad 2^6 = 18,$$
$$2^7 = 36 = 13, \quad 2^8 = 26 = 3, \quad 2^9 = 6, \quad 2^{10} = 12, \quad 2^{11} = 24 = 1,$$

so bleibt 5 als nächste Zahl stehen. Die 22 Potenzen von 5: $5^1, 5^2, \ldots, 5^{22}$ sind nun wirklich verschieden, sodaß 5 die kleinste Primitivwurzel ist. Die anderen erhält man aufgrund der obigen Überlegung durch 5^i mit $(i, 22) = 1$. Es sind dies die Zahlen

$$5^1 = 5, \quad 5^3 = 10, \quad 5^5 = 20, \quad 5^7 = 17, \quad 5^9 = 11,$$
$$5^{13} = 21, \quad 5^{15} = 19, \quad 5^{17} = 15, \quad 5^{19} = 7, \quad 5^{21} = 14.$$

Jede einzelne zusammen mit 23 liefert also ein System von Primzahlen für $\mathbb{Z}_{23}$.

Interessanterweise kennt man kein besseres Verfahren als dieses etwas abgekürzte Probieren zur Bestimmung einer Primitivwurzel. Wie die Primzahlen in $\mathbb{N}$ scheinen auch sie „widerspenstige" Objekte zu sein. Diese Verwandtschaft wird dadurch noch nähergelegt, daß es auch für sie viele bislang offene Fragen gibt. Eine davon ist die, ob es stets auch eine Primzahl gibt, die Primitivwurzel für $\mathbb{Z}_p$ ist.

Gehen wir nun zu Bereichen $\mathbb{Z}_n$ über mit zusammengesetztem n, so ist die Antwort auf die Frage nach deren „Primzahlen" verwickelter. Wir wollen sie deshalb beweislos angeben. Hat n die Primfaktorzerlegung $n = p_1^{\alpha_1} \cdot \ldots \cdot p_r^{\alpha_r}$, so betrachtet man zunächst die Bereiche $\mathbb{Z}_{p_i^{\alpha_i}}$. Ist p_i ungerade Primzahl, so kann man $\mathbb{Z}_{p_i^{\alpha_i}}$ durch 2 Zahlen erzeugen, nämlich p_i selbst und a_i. Letzteres ist eine Primitivwurzel, d.h. deren Potenzen ergeben gerade die zu p_i teilerfremden Zahlen aus $\mathbb{Z}_{p_i^{\alpha_i}}$. Dies gilt auch noch, falls $p_i = 2$ ist und $\alpha_i \leq 2$, denn $\mathbb{Z}_2$ und $\mathbb{Z}_4$ besitzen ebenfalls Primitivwurzeln, nämlich die Zahl 1 im ersten, die Zahl 3 im zweiten Fall. Ist dagegen $p_i = 2$ und $\alpha_i > 2$, so benötigt man neben der Zahl 2 noch *zwei* weitere Zahlen als Erzeugende für $\mathbb{Z}_{2^{\alpha_i}}$, beispielsweise $2^{\alpha_i} - 1$ und 5. Bezeichnet man auch diese beiden Zahlen mit demselben Symbol a_i, so erhält man schließlich ein unverkürzbares Erzeugendensystem von $\mathbb{Z}_n$ durch die Zahlen $p_1, \ldots, p_r$ und r (bzw. $r + 1$, falls ein $p_i = 2$ und $\alpha_i > 2$ ist) weiteren Zahlen b_i der Gestalt $b_i = 1 + z_i \frac{n}{p_i^{\alpha_i}}$, wobei z_i so gewählt ist, daß $b_i \equiv a_i \pmod{p_i^{\alpha_i}}$ gilt. Dies ist möglich, da die Kongruenz $z_i \frac{n}{p_i^{\alpha_i}} \equiv a_i - 1 \pmod{p_i^{\alpha_i}}$ wegen $(\frac{n}{p_i^{\alpha_i}}, p_i^{\alpha_i}) = 1$ lösbar ist (S. 75). Man benötigt somit $2r$ (bzw. $2r + 1$, falls $8|n$) „Primzahlen", deren Produkte alle Zahlen aus $\mathbb{Z}_n$ ergeben. Wie schon zuvor sind sie natürlich nicht eindeutig bestimmt.

Will man etwa für $\mathbb{Z}_{100}$ diese „Primzahlen" finden, so muß man wegen $100 = 4 \cdot 25$ zunächst $\mathbb{Z}_4$ und $\mathbb{Z}_{25}$ betrachten. $\mathbb{Z}_4$ wird von $p_1 = 2$ und $a_1 = 3$ erzeugt, $\mathbb{Z}_{25}$ von $p_2 = 5$ und $a_2 = 2$. Letzteres gilt deshalb, da 2 Primitivwurzel für $\mathbb{Z}_{25}$ ist — die ersten 20 Potenzen ergeben gerade die zu 25 relativ primen Zahlen:

$$2, 4, 8, 16, 32 \to 7, 14, 28 \to 3, 6, 12, 24, 48 \to 23, 46 \to 21, 42 \to 17,$$
$$34 \to 9, 18, 36 \to 11, 22, 44 \to 19, 38 \to 13, 26 \to 1.$$

Wir müssen nun $b_1 = 1 + z_1 \frac{100}{4}$ suchen mit $b_1 \equiv 3 \pmod 4$. Das liefert die Kongruenz $1 + 25 z_1 \equiv 3 \pmod 4$ bzw. umgeformt $z_1 \equiv 2 \pmod 4$. Man kann also $z_1 = 2$ wählen und erhält $b_1 = 1 + 2 \cdot 25 = 51$. Analog geht man für $b_2 = 1 + z_2 \frac{100}{25}$ vor, das $b_2 \equiv 2 \pmod{25}$ erfüllen muß. Man erhält zunächst die Kongruenz $1 + 4 z_2 \equiv 2 \pmod{25}$, d.h. $4 z_2 \equiv 1 \pmod{25}$. Diese löst man entweder mittels der Theorie (s. Anhang 7) oder mittels einer kurzen Überlegung: Es ist ja $4 \cdot 6 = 24 \equiv -1 \pmod{25}$, somit $4 \cdot (-6) \equiv 1 \pmod{25}$. Die Lösung ist also $z_2 = -6 \equiv 19 \pmod{25}$, woraus sich b_2 als $b_2 = 1 + 19 \cdot 4 = 77$ errechnet. Insgesamt erhält man daher ein nicht mehr verkleinerbares Erzeugendensystem von $\mathbb{Z}_{100}$ durch die 4 Zahlen 2, 5, 51, 77.

Um auch für den Fall $8|n$ ein Beispiel zu bringen, wählen wir $n = 200 = 8 \cdot 25$. $\mathbb{Z}_{25}$ wird, wie wir gesehen haben, von 5 und der Primitivwurzel 2 erzeugt, $\mathbb{Z}_8$ von den Zahlen $2, 2^{\alpha_i} - 1 = 7$ und 5. Jetzt sind somit folgende Kongruenzen zu lösen:

$$1 + z\tfrac{200}{8} \equiv 7 \pmod{8},\ 1 + z\tfrac{200}{8} \equiv 5 \pmod{8}\ \text{und}\ 1 + z\tfrac{200}{25} \equiv 2 \pmod{25}.$$

Im ersten Fall ist $z = 6$, also $1 + z\tfrac{200}{8} = 151$, im zweiten $z = 4$, somit $1 + z\tfrac{200}{8} = 101$, im letzten schließlich $z = 22$, was $1 + z\tfrac{200}{25} = 177$ ergibt. Die Rolle der Primzahlen in $\mathbb{N}$ kann in $\mathbb{Z}_{200}$ also von den Zahlen $2, 5, 101, 151, 177$ übernommen werden.

12. Abriß einer qualitativen Betrachtung der Primzahlen

Will man vom rein mathematischen Standpunkt aus das Besondere jeder einzelnen Primzahl herausarbeiten, muß man einerseits das Gesamtgebiet der Mathematik dahingehend durchforschen, ob und welchen Primzahlen eine herausragende Stellung bei bedeutsamen Ergebnissen zukommt. Andererseits gilt es, die Beziehungen der Primzahlen zu anderen Zahlen aufzusuchen, denn auch darin sprechen sich die unterschiedlichen Qualitäten aus. Wie in der Einleitung ausgeführt wurde, ist aber, um letztere wirklich fassen zu können, auch eine besondere innere Haltung, die man als meditativ bezeichnen kann, den Zahlen gegenüber vonnöten.

Die Ausführung dieser beiden Aufgabenstellungen erfordert umfassende Untersuchungen, die hier nicht geleistet werden können. Deshalb wollen wir uns in bezug auf ersteres auf Hinweise beschränken,[24] in bezug auf letzteres mit wenigen Zahlenbeziehungen vorliebnehmen. Die darauf fußende Beschreibung von Qualitäten soll daher in keiner Weise als abgeschlossen verstanden werden. Doch kann das Vorgehen, um zu solchen zu gelangen, als Anregung für eigene weitere Untersuchungen dienen.

Was die Beziehung von Primzahlen zu anderen Zahlen betrifft, haben wir im vorigen Kapitel bereits eine wichtige kennengelernt. Es ist die der Primzahl p zu ihren Primitivwurzeln a, deren jede zusammen mit p der Gesamtheit der Primzahlen des Kosmos der natürlichen Zahlen im Abbild $\mathbb{Z}_p$ entspricht. Beispielsweise ist 7 mit den Zahlen 3 und 5 aufgrund dessen besonders verbunden. Da die Potenzen einer solchen Primitivwurzel gerade die $p-1$ Zahlen $1, 2, \ldots, p-1$ ergeben, legt dies auch eine Beziehung von p zu $p - 1 = \varphi(p)$ nahe. Daß eine solche wirklich besteht, kann auf vielfältige

Weise begründet werden. Zum einen sind es genau jene $p-1$ Zahlen, die in $\mathbb{Z}_p$ die Rolle der 1 in $\mathbb{N}$ übernehmen können, also „Primzahlen" bezüglich der Addition sind.[25] Zum anderen kann man, da genau die Zahlen $1, \ldots, p-1$ zu p relativ prim sind, schließen, daß $a^{p-1} \equiv 1 \pmod{p}$ für jede nicht durch p teilbare natürliche (oder ganze) Zahl a; und $p-1$ ist wegen der Existenz von Primitivwurzeln die kleinste Potenz mit dieser Eigenschaft (s. S. 78 und Anhang 7). So gilt etwa $33^6 \equiv 1 \pmod 7$, was sich aufgrund der in eben diesem Anhang dargestellten Rechenregeln für Kongruenzen wegen $33 \equiv -2 \pmod 7$ und $(-2)^6 = 2^6 = 2^3 \cdot 2^3 \equiv 1 \cdot 1 = 1 \pmod 7$ bestätigt.

Man kann dieses Ergebnis auch etwas anders einkleiden: Dividiert man irgendeine Zahl $a \in \mathbb{N}$ (oder $a \in \mathbb{Z}$) durch p und geht die Division nicht auf, so erhält man einen unendlichen Dezimalbruch, dessen Periodenlänge ein Teiler von $p-1$ ist. Läßt man nicht nur die Zahl 10, sondern eine beliebige Basis für die Zahlendarstellung zu, so sind die möglichen Periodenlängen gerade sämtliche Teiler von $p-1$, insbesondere auch $p-1$ selbst. Beispielsweise besitzt $\frac{1}{7}$ im üblichen Zehnersystem die Entwicklung

$$\frac{1}{7} = 0,\overline{142857},$$

im 2er-, 6er- und 8er-System entsprechend

$$\frac{1}{7} = 0,\overline{001}, \qquad \frac{1}{7} = 0,\overline{05}, \qquad \frac{1}{7} = 0,\overline{1},$$

und andere Periodenlängen als die Zahlen $1, 2, 3, 6 = p-1$ sind unmöglich. Nach $p-1$ Stellen wiederholt sich die Entwicklung also auf jeden Fall.

Neben den Beziehungen einer Primzahl p zu ihren Primitivwurzeln und zu $p-1$ wollen wir noch eine weitere wichtige besprechen. Sie fußt auf dem bereits im ersten Kapitel besprochenen Begriff des Inhalts einer natürlichen Zahl. Bezeichnet n eine solche, so ist deren Inhalt $\iota(n)$ die Summe aller Teiler, ausgenommen n selbst. Mittels dieses Begriffs wurden die natürlichen Zahlen in arme $(\iota(n) < n)$, vollkommene $(\iota(n) = n)$ und reiche $(\iota(n) > n)$ eingeteilt sowie die befreundeten Zahlen (S. 30) damit charakterisiert $(\iota(m) = n, \iota(n) = m)$. Einerseits sind nun die Primzahlen p gewissermaßen die ärmsten Zahlen, da die einzigen Teiler $1, p$ sind, somit $\iota(p)$ den Wert 1 hat — auf diese Weise ist also jede Primzahl mit der Zahl 1 verbunden. Andererseits kann man aber fragen, ob es zu einer vorgegebenen Primzahl p ein $n \in \mathbb{N}$ gibt mit $\iota(n) = p$. p wäre dann als Inhalt der Zahl n mit dieser verbunden.[26] Beispielsweise hat $n = 8$ die Teiler $1, 2, 4$, sodaß gilt $\iota(8) = 1 + 2 + 4 = 7 = p$.

Es ist leicht einzusehen, daß die Primzahlen 2 und 5 nicht Inhalt einer Zahl n sind, denn im ersten Fall kann es wegen $2 = 1 + 1$ für n neben 1 keinen weiteren Teiler > 1 geben. Im zweiten Fall käme, da jeder Teiler einmal gezählt wird, nur die Zerlegung $5 = 1 + 4$ in Betracht, doch mit 4 müßte auch 2 ein Teiler der gesuchten Zahl n sein und daher die Zerlegung lauten $5 = \iota(n) = 1 + 2 + 4+$ ev. weitere Summanden — ein offensichtlicher Unsinn. Dagegen vermutet man, daß alle anderen Primzahlen Inhalt von zumindest einer Zahl sind.

Der für $p = 5$ verwendete Gedankengang erlaubt es, zu einer vorgegebenen Primzahl p die zugehörigen n zu finden mit $\iota(n) = p$. Man braucht nur alle möglichen additiven Zerlegungen von p mit lauter verschiedenen Summanden aufzulisten und nachzusehen, ob mit einer Zahl auch all ihre Teiler darin vorkommen. Dabei geht man am besten so vor, daß man neben der Zahl 1 den größten Summand anschreibt zusammen mit seinen Teilern, dann den nächsten größtmöglichen und dessen Teiler usw. So gilt etwa für $p = 13$ (d. = doppelt):

$13 = 1 + 12 + 6 + \ldots > 13$ $13 = 1 + 7 + x \Rightarrow x = 5$, d.h. $n = 7 \cdot 5 = 35$
$13 = 1 + 11 + x \Rightarrow x = 1$ (d.) $13 = 1 + 7 + 4 + 2 > 13$
$13 = 1 + 10 + 5 + \ldots > 13$ $13 = 1 + 7 + 3 + 2 \Rightarrow$ es müßten auch $7 \cdot 3$
$13 = 1 + 9 + 3$, d.h. $n = 27$ und $7 \cdot 2$ Teiler sein
$13 = 1 + 8 + 4 + 2 > 13$ $13 = 1 + 6 + 3 + 2 + x \Rightarrow x = 1$ (d.).

Die restlichen Fälle können nicht zielführend sein, da jede natürliche zusammengesetzte Zahl n einen Teiler $d \geq \sqrt{n}$ besitzt, nämlich den Komplementärteiler zum kleinsten Teiler t von n, $t \neq 1$, für den wir bereits früher $t \leq \sqrt{n}$ abgeleitet hatten. Wegen $d \leq 5$ müßte $n \leq 25$ sein. Von diesen Zahlen haben aber außer den nicht in Frage kommenden Primzahlen nur $4, 6, 8, 10, 15$ einen maximalen Teiler ≤ 5. Doch gilt für diese Zahlen sämtlich $\iota(n) < 13$. 27 und 35 sind somit die einzigen Zahlen, deren Inhalt gleich 13 ist.

Die bisher besprochenen wichtigen Zahlenbeziehungen sollen genügen, um uns von dieser Seite den Qualitäten einzelner Primzahlen zu nähern. Daß wir uns dabei auf Primzahlen beschränken, liegt bloß daran, daß sie als die „ersten" Zahlen sich gewissermaßen ins Blickfeld drängen und besonderes Interesse verdienen. Zugleich zeigen die bisherigen Untersuchungen, daß gerade sie einen ausgesprochen individuellen Charakter aufweisen, sodaß sich an ihnen Qualitäten am leichtesten ablesen lassen. Von einem umfassenden Standpunkt aus, der das Auftreten von Zahlen in der Natur miteinbezieht, ist diese Einschränkung natürlich in keiner Weise gerechtfertigt. Hier kommen ja gleichermaßen Primzahlen wie zusammengesetzte Zahlen vor. Und für letztere besagt die Primfaktorzerlegung oft gar nichts. Beispielsweise besitzt der Mensch 33 Rückenwirbel, doch die Zerlegung $33 = 3 \cdot 11$ läßt keine sinnvolle Interpretation zu. Die natürliche Einteilung dieser Wirbel ist nämlich gegeben durch die 7 Hals-, 12 Brust-, 5 Lenden-, 5 Kreuz- und 4 Steißwirbel. Genausowenig ist die Primfaktorzerlegung für die Anzahl der kristallographischen Symmetriegruppen, heute Kristallklassen genannt, von Bedeutung, denn die 32 Stück verteilen sich auf 7 Kristallsysteme. Hier spielt stets eine spezielle additive Zusammensetzung der jeweiligen Zahl die entscheidende Rolle — übrigens ist diese, hier wie auch allgemein, mathematisch meist nicht von anderen möglichen additiven Zerlegungen ausgezeichnet.

Auch vom innermathematischen Standpunkt wird man früher oder später dahin geführt, Qualitäten nicht bloß für Primzahlen p aufzusuchen, sind doch diese bereits des öfteren mit zusammengesetzten Zahlen verbunden, wie mit denjenigen, deren Inhalt sie sind, oder mit $p-1$. Da dies hier nicht geleistet wird, erhalten im folgenden letztere Zahlenbeziehungen speziell für die Primzahlen ≥ 7 geringere Aussagekraft.

Trotz der Einschränkung auf Primzahlen zeigt sich, daß man auch dann nur für sehr kleine Zahlen zu Qualitätsaussagen kommt, daß man bei größeren schon allein durch die vielerlei Beziehungen leicht den Überblick verliert. Doch ist dies ein allgemeines erkenntnispraktisches Phänomen: Kleinere Anzahlen stehen uns näher als große. So weiß jeder aus Erfahrung, daß man nur sehr wenige Gegenstände, etwa nebeneinandergelegte Münzen, in ihrer Anzahl mit einem Blick erfassen kann. Andererseits scheinen auch nach langem Hinsehen Haufen von beispielsweise 50, 51 oder 52 Äpfel als gleich groß, die jeweilige Anzahl also stets dieselbe. Auf der Seite des Denkens kommt gerade in der Mathematik noch ein merkwürdiges Phänomen hinzu: Viele Ergebnisse erleiden für kleine Zahlen Ausnahmen oder sind gerade dann besonders reichhaltig, während sie für große Zahlen immer gleich lauten. Ein bekanntes Beispiel dafür ist, daß es in der Ebene unendlich viele regelmäßige Polygone, im Raum 5 regelmäßige Körper, im Vierdimensionalen 6 regelmäßige Polytope, dagegen in allen höheren Dimensionen nur 3 davon gibt. In einer der bedeutsamsten neueren mathematischen Theorien, der Katastrophentheorie, in welcher unstetige Übergänge eines Systems topologisch klassifiziert werden, gibt es einen, zwei, fünf, sieben bzw. elf verschiedene Typen von Katastrophen, falls das Verhalten des Systems von einem, zwei, drei, vier bzw. fünf Faktoren bestimmt wird. Bei mehr als fünf solcher Faktoren existieren stets unendlich viele ([87], chap. 3). Auch die im Anhang 4 aufgezählte Reihe der quadratischen Zahlkörper $\mathbb{Q}(\sqrt{d})$, mit $d < 0$, in denen die eindeutige Primfaktorzerlegung gilt, bestätigt dieses Phänomen. Kleine Zahlen scheinen einfach bedeutungsvoller, zumindest sprechender zu sein als große.[27]

1: Die Zahl 1 gehört zwar nicht zu den Primzahlen, da sie aber als einzige Zahl deren genaue Entsprechung in bezug auf die Addition ist, soll sie kurz betrachtet werden. Sie wurde stets als der Ursprung für die Reihe der natürlichen Zahlen angesehen, erhält man doch diese einfach durch fortgesetzte Addition der 1. Deshalb galt sie auch bei den griechischen Mathematikern gar nicht als Zahl. Diese Sonderstellung der 1 wird noch dadurch gewaltig gesteigert, daß sich bei ihr als einziger natürlicher Zahl zwischen die Ziffernsymbolik und die Darstellung keine weitere Verkleidung schiebt. Alle anderen Zahlen können ja nur bezüglich einer vorgegebenen Basis angeschrieben werden, lassen sich also nur maskiert ausdrücken. So wird etwa die hexagesimale Zahl 1 1 dekadisch durch 61, binär durch 111101 wiedergegeben.

Die Grundtatsache, daß die Zahl 1 $\mathbb{N}$ additiv erzeugt, bildete fast durchwegs auch den Ausgangspunkt bei der Herausarbeitung des logisch-mathematischen Kerns des Aufbaus der natürlichen Zahlen, die in der Mitte des vorigen Jahrhunderts einsetzte. Bernhard Bolzano etwa versuchte, die Existenz von unendlichen Mengen, als deren Paradebeispiel er natürlich $\mathbb{N}$ ansah, dadurch zu zeigen, daß er eine nicht abbrechende Kette von Aussagen angab, beginnend mit einer wahren Aussage A:

A ist eine wahre Aussage;

Die Aussage, daß A eine wahre Aussage ist, ist wahr;

Die Aussage, daß die Aussage, daß A eine wahre Aussage ist, wahr ist, ist wahr; usw. ([8], § 13).

Ähnlich argumentierte R. Dedekind in seinem Büchlein „Was sind und was sollen die Zahlen" ([15], § 5, Satz 66). Ihm zufolge ist die Gesamtheit aller Dinge, welche Gegenstand meines Denkens sein können, unendlich, weil die ihr zugehörende Folge von Objekten

$s :=$ Mein Ich;

$s' :=$ der Gedanke, daß s Gegenstand meines Denkens sein kann;

$s'' :=$ der Gedanke, daß s' Gegenstand meines Denkens sein kann; usw.

nicht endet. Beide versuchen also, die Existenz der natürlichen Zahlen auf außermathematische Sachverhalte zu gründen, wobei sie aber bloß die Zahl 1 durch einen anderen Quellpunkt ersetzen, an dem ein ewig fortsetzbarer Prozeß einsetzen kann. Die logische Essenz dieses Vorgehens wurde 1889 von G. Peano herausgearbeitet, der die Existenz einer Ausgangszahl, eben 1, sowie eines „Nachfolger"-Operators fordert, der gewisse Eigenschaften erfüllen muß — damit den Übergang von n zu $n+1$ abstrahierend —, um $\mathbb{N}$ eindeutig (bis auf Schreibweisen oder Bezeichnungen) charakterisieren zu können. Und auch die heute gerne gewählte Konstruktion von $\mathbb{N}$ basiert auf jenem Gedankengang: Man beginnt mit der leeren Menge ϕ als Ausgangspunkt und bildet schrittweise Mengen, die jeweils als einziges Element die vorangehende enthalten

$$\phi, \{\phi\}, \{\{\phi\}\}, \{\{\{\phi\}\}\}, \ldots .^{28}$$

Die Zahl 1 ist somit, in welchen Verkleidungen auch immer, Ursprung der natürlichen Zahlen. Bedenkt man, daß sich aus letzteren schrittweise die ganzen, die rationalen, die reellen und komplexen Zahlen ableiten lassen, so ist sie zugleich der Urquell für zumindest einen Großteil der Mathematik. Diese Tatsache wird noch dadurch untermauert, daß seit alters her die Zahl 1 geometrisch durch den Punkt repräsentiert wird. Aus einem Punkt lassen sich durch Bewegung die Geraden gewinnen, aus diesen wiederum die Ebenen, daraus durch projektive Operationen, das sind Verbinden und Schneiden, die ebenen und räumlichen algebraischen Kurven usw., sodaß also die 1 auch hier den Quellpunkt bildet.

Historisch bemerkenswert ist, daß die Zahl 1 in der Frühzeit der Mathematik, nämlich bei den Ägyptern, eine herausragende Stellung innehatte (s. [40], Kap. IV, A). Ergebnisse von Divisionen wurden, soweit sie < 1 waren, stets als Summen von Stammbrüchen geschrieben — eine Ausnahme bildet nur die Zahl $\frac{2}{3}$. Beispielsweise wurde die Division 7 : 29 gelöst durch

$$7 : 29 = \frac{1}{6} + \frac{1}{24} + \frac{1}{58} + \frac{1}{87} + \frac{1}{232}.$$

Sprachlich dagegen waren die sogenannten Komplementbrüche ausgezeichnet, das sind Brüche der Gestalt $\frac{n-1}{n}$, die also gerade den fehlenden Rest eines Stammbruchs $\frac{1}{n}$ auf 1 angeben. Diese Besonderheit findet sich auch in der Bibel. So heißt es in Gen. 47, 24: „Aber vom Ertrage müßt ihr dem Pharao den Fünften geben, die anderen 4 Teile sollen euer sein ... " Hier wie an anderen derartigen Stellen (z.B. Ex. 29, 40; Lev. 5, 11; Ez. 45, 13) gebührt der Komplementbruchanteil dem Menschen, der Stammbruchanteil jedoch dem Höchsten, das ist der Pharao oder Gott, kommt doch das ursprüngliche Ganze, die Einheit, ebenfalls von ihm. Und vieles deutet darauf hin, daß auch bei den Ägyptern der Grund für die besondere Rolle der Stammbrüche der war, daß die Zahl 1 als mathematischer Repräsentant des Gott Gehörenden, ja des Göttlichen selbst angesehen wurde.

Noch konsequenter im Umgang mit der 1 waren die Griechen, für die sie als Symbol der Einheit überhaupt unteilbar war, sodaß Stammbrüche und demzufolge auch Brüche als mathematische Objekte im allgemeinen nicht in Betracht gezogen wurden. Statt dessen entwickelten sie die Lehre von den Zahlenverhältnissen. Zugleich galt ihnen — wie erwähnt — die 1 gar nicht als Zahl, da sie als Ursprung der Reihe der natürlichen Zahlen über diesen stand.

Auch in der Mathematik hat die 1 eine ausgezeichnete Stellung inne. Kommt sie ins Spiel, werden viele Aussagen trivial oder erleiden eine Ausnahme. Letzteres zeigt sich schon an der Definition der Primzahl, zu denen ja die 1 nicht gezählt wird, obwohl sie keine echten Teiler besitzt. Zugleich ist sie als einzige natürliche Zahl Teiler jeder solchen Zahl. Auf der anderen Seite besitzen beispielsweise Gruppen, Ringe, Verbände etc. mit einem einzigen Element automatisch eine Vielzahl von Eigenschaften, ebenso konstante Funktionen, also Funktionen mit nur einem Funktionswert. Durch die Zahl 1 erscheinen bestimmte Eigenschaften gewissermaßen keimhaft zusammengezogen, die sich für größere Zahlen erst unterschiedlich entfalten.

2: Bei den Griechen findet sich neben der fortgesetzten Addition der 1 eine weitere Art der Erzeugung von $\mathbb{N}$, die sogenannte *diairetische*, die auf der Zahl 2 beruht. Sie wird in der „Metaphysik" des Aristoteles im Zusammenhang mit den platonischen Idealzahlen gestreift (1082a, 28–31) und wurde erst 1931 von O. Becker nach Vorarbeiten von J. Stenzel vollständig herausgearbeitet ([3]). Dabei wirkt ein Prinzip, die Zweiheit ($\delta\upsilon\grave{\alpha}\varsigma$), auf den Ausgangspunkt, die Eins, wodurch die Zahl Zwei entsteht. Wendet man darauf wieder die Zweiheit an, so ergibt sich die Vier und gleichzeitig die Drei usw. Im n-ten Schritt werden also alle Zahlen von 1 bis 2^n zugleich erzeugt,[29] wobei die bereits bekannten $1, \ldots, 2^{n-1}$ auf neue Weise erscheinen. Im Gegensatz zur langsam und stereotyp fortschreitenden früheren Methode ist das Vorgehen hier viel dynamischer. Ja, es ist sogar der genaue mathematische Nachvollzug von vielen Erscheinungen des Lebens.[30] Beispielsweise wächst die Mistel derart, daß aus jedem Auge zwei Sprosse wachsen. Man kann also deutlich die Wachstumsstadien verfolgen: In Abbildung 4 erscheinen die paarweise angeordneten Blätter im vierten Schub.

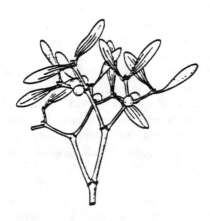

Abb. 4

Ebenso erfolgt die Zellteilung (Abb. 5). Die Entwicklung führt fast immer von der Keimzelle (Zygote) zum 2-Zell-, 4-Zell-, 8-Zell-Stadium usw. Meist erst in späteren Stadien kommt es dann zu Unregelmäßigkeiten. An diesem

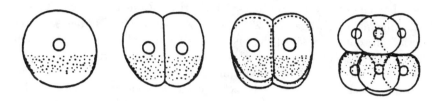

Abb. 5

Beispiel kann man auch gut die platonische Ansicht der Zweiheit als das „Groß–Kleine" nachvollziehen. Zum einen entstehen bei der Teilung zwar mehr Zellen (der „Groß"-Aspekt), zum anderen werden sie selbst aber immer kleiner (der „Klein"-Aspekt).

Bei der Generationenfolge bei zweigeschlechtlicher Vermehrung verläuft die diairetische Erzeugung von N in „entgegengesetzter" Richtung, zum Älteren hin: Auf die erste Generation Mutter – Vater folgen in der 2. Generation deren Eltern, also Mutter der Mutter (MM), Vater der Mutter (VM) usw.

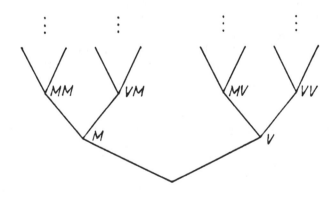

Abb. 6

Dieses Verfahren der Erzeugung von ℕ hat in jüngster Zeit eine Entsprechung gefunden. J. H. Conway entwickelte in seinem 1975 erschienenen Buch „On Numbers and Games" ([13]) eine ähnliche Methode, die zu einem Zahlbereich führt, der neben sämtlichen reellen Zahlen auch unendlich kleine und große Zahlen enthält. Ausgangspunkt ist dabei die Zahl 0, aus der im ersten Schritt zwei neue Zahlen, nämlich -1 und 1 entstehen; aus diesen beiden ergeben sich im nächsten Schritt 4 Zahlen, nämlich -2, $-\frac{1}{2}$, $\frac{1}{2}$, 2. Allgemein kann man die 2^{n+1} neuen Zahlen des $(n+1)$-ten Schrittes so erhalten, daß man sämtliche bislang erzeugten Zahlen auf der Zahlengeraden aufträgt und von den 2^n Zahlen des n-ten Schrittes nach links und rechts den Halbierungspunkt zum nächstliegenden bereits konstruierten Punkt sucht — von n nach rechts und $-n$ nach links gehe man bis $n+1$ bzw. $-(n+1)$. Beispielsweise sind bis zum 3. Schritt die 7 Punkte $0, 1, -1, 2, \frac{1}{2}, -\frac{1}{2}, -2$ markiert (rund). Von den letzten 4 ausgehend, gelangt man weiter zu -3 und 3 und den Halbierungspunkten $-\frac{3}{2}$, $-\frac{3}{4}$, $-\frac{1}{4}$, $\frac{1}{4}$, $\frac{3}{4}$,

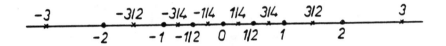

Abb. 7

$\frac{3}{2}$. Diese Beschreibung des Prozesses dient natürlich nur als Veranschaulichung, denn es sollen ja die reellen Zahlen erst „geschaffen" werden, man darf die Zahlengerade also nicht voraussetzen. In Wirklichkeit wird er durch Paare von Mengen induktiv definiert, was bei endlich vielen Schritten genau zum obigen Ergebnis führt, bei unendlich vielen dagegen unter anderem auf unendlich kleine und große Zahlen. So liefert etwa die fortgesetzte Halbierung von 1 in Richtung 0 die Punkte $\frac{1}{2}, \frac{1}{4}, \frac{1}{8}, \frac{1}{16}, \ldots$. Diese Folge konvergiert aber aufgrund des Verfahrens nicht gegen 0 sondern gegen eine unendlich kleine Zahl $\frac{1}{\omega}$.

Der Grundgedanke dieser Methode der Zahlerzeugung ist also derselbe wie bei der diairetischen Erzeugung der platonischen Idealzahlen, der Unterschied besteht in der Benennung des Ausgangspunktes und der jeweils erreichten Zahlen sowie dem Prinzip des Fortschreitens: Ist dort die Zweiheit der Motor, so hier die Paarbildung gewisser Mengen bereits erzeugter Zahlen. Ablesen läßt sich aus beiden, daß die Zahl 2 mit der Entstehung der Zahlen aufs engste verbunden ist und dies eine ihrer herausragenden Qualitäten ausmacht.

Dies wird noch durch die sogenannte Binärdarstellung natürlicher Zahlen unterstrichen, die besagt, daß sich jede solche Zahl eindeutig als Summe von Potenzen der Zahl 2 schreiben läßt, wenn man die 1 als 2^0 unter letztere subsumiert. Sie war schon vor mehr als 3500 Jahren den ägyptischen Mathematikern bekannt. Ihre Vorteile beim Rechnen — sie wird ja deshalb heute bei den Computern verwendet — wurden erstmals von G. W. Leibniz herausgestrichen. Man erhält diese Darstellung, indem man zur gegebenen Zahl n die größte 2er-Potenz $2^\alpha \leq n$ sucht, sodann dasselbe für die Zahl $n - 2^\alpha$ macht usw. Beispielsweise gilt für die Zahl 25: $2^4 \leq 25 < 2^5, 2^3 \leq 25 - 2^4 < 2^4, 2^0 = 25 - 2^4 - 2^3 < 2^1$, woraus

$$25 = 2^0 + 2^3 + 2^4$$

folgt.[31]

In Richtung jener Qualität weist schließlich auch die sogenannte Intervallschachtelung, die unter anderem dazu verwendet wird nachzuweisen, daß es für jede beschränkte unendliche Folge reeller Zahlen stets mindestens eine reelle Zahl gibt, der unendlich viele Glieder der Folge beliebig nahe kommen („Satz von Bolzano-Weierstraß"). Um dies einzusehen, braucht man nur ein endliches Intervall zu wählen, in welchem sämtliche Folgenglieder liegen, und dieses fortgesetzt auf irgendeine Art in zwei echt kleinere Teilintervalle zu zerlegen. Bei jedem Schritt kann man dann immer eines finden, welches unendlich viele Werte der Folge enthält. Alle diese Intervalle haben, da sich die Längen auf 0 zusammenziehen, genau einen Punkt gemeinsam, und das ist der gesuchte.

Eine andere Qualität der Zahl 2 kommt in der euklidischen Geometrie zum Vorschein durch den Begriff der Richtung. Eine Gerade kann in genau zwei Richtungen durchlaufen werden, in einer Ebene gibt es zwei Drehrichtungen (*Drehsinne*) um einen Punkt, im Raum zwei *Windungs-* oder *Schraubungssinne*, darstellbar durch das sogenannte Dreibein[32] (siehe Abbildung 8). Letztere lassen sich durch die bekannte *Dreifingerregel* veranschaulichen: Zeigt im ersten Fall der Daumen der rechten Hand in Richtung a, der Zeigefinger in Richtung b, so der senkrecht zu beiden gestellte Mittelfinger in Richtung c (Rechtsschraube). Im zweiten Fall muß man dazu die linke Hand nehmen (Linksschraube).

Diese jeweiligen zwei Richtungssinne lassen sich stets durch Spiegelung ineinander überführen. Vom mathematischen Gesichtspunkt aus sind sie somit völlig gleichwertig, was jedoch ganz und gar nicht für ihr Auftreten in der Natur gilt. Beispielsweise sind Schneckenhäuser überwiegend Rechtsschrauben, von den für den Aufbau der menschlichen Proteine wesentlichen 20 (α-)Aminosäuren sind alle bis auf eine, das Glycin, optisch links-

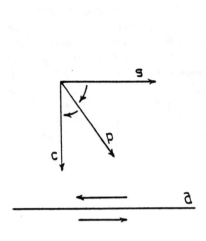
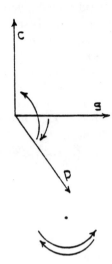

Abb. 8

drehend. Auch ist bekannt, daß gewisse Stoffe, wenn sie vom Menschen in der Nahrung aufgenommen werden, zu schwersten Erkrankungen führen, falls sie eine linksdrehende Form haben, die rechtsdrehende dagegen kaum Komplikationen hervorruft. Diese immer wieder in der Natur aufzufindende Bevorzugung einer „Händigkeit" — im Fachjargon *Chiralität* genannt — gehört seit langer Zeit zu den großen Rätseln der Wissenschaft (vgl. dazu [57] und [74], Kap. 7).

Außer durch den grundlegenden Begriff der Richtung bzw. des Richtungssinnes tritt die Zahl 2 in der Geometrie auch bei der „Seitigkeit" einer Fläche in Erscheinung. Eine solche kann *zweiseitig* sein, wie die meisten anschaulichen Flächen: Flächen der euklidischen Ebene, Oberflächen der platonischen Körper oder der Kugel usw.; oder sie ist *einseitig*, wie beispielsweise das *Möbiusband*.[33] Höchst bemerkenswert ist, daß auch die projektive Ebene zu den einseitigen Flächen gehört. Ihre dadurch vorhandene Verknüpfung mit der Zahl 1 liegt qualitativ gesehen ja fast auf der Hand, stellt sie doch, wie Felix Klein gezeigt hat, den Urquell dar, aus dem sich euklidische und die klassischen nicht-euklidischen Geometrien ableiten lassen. Andererseits drückt ihr aber auch die Zahl 2 auf eine eigenartige Weise den Stempel auf, und zwar durch das sogenannte *Dualitätsgesetz*. Dieses besagt, daß man aus jedem Satz der ebenen projektiven Geometrie durch gegenseitiges Austauschen der Begriffe Punkt und Gerade bzw. Verbinden und Schneiden einen neuen gewinnen kann. (Das Dualitätsgesetz gilt auch im projektiven Raum, wobei aber im Unterschied zu vorher Punkte durch Ebenen, und umgekehrt, ersetzt werden müssen.)

Die Zweiheit tritt in der euklidischen Geometrie aber auch noch an einer weiteren Stelle auf. Nach dem Jordanschen Kurvensatz zerlegt eine geschlossene sogenannte *Jordankurve* (das ist das topologische Bild einer Kreislinie) die Ebene in zwei getrennte Gebiete, das *Innere* und das *Äußere*, und dasselbe gilt für das dreidimensionale Analogon, also das topologische Bild einer Kugelfläche.

In allen genannten Sachverhalten spricht sich mehr oder minder deutlich aus, daß im Gegensatz zur Zahl 1 die 2 den mathematischen Objekten erst Struktur verleiht, daß Eigenschaften, in der Arithmetik zumindest Stufungen erstmals zutage treten und sie dadurch an Lebendigkeit gewinnen. Zugleich ist sie aber noch engstens mit der 1 verbunden, wie die Zahlenbeziehungen zeigen, die eingangs dieses Kapitels besprochen wurden: Die Zahl 1 ist ihre einzige Primitivwurzel, wie für jede Primzahl auch deren Inhalt und schließlich auch die Anzahl der zu $p = 2$ teilerfremden Zahlen unter $0, 1 = p - 1$.

Was das Inhalt-Sein betrifft, steht sie andererseits wieder im krassesten Gegensatz zur 1. War diese als einzige Zahl Inhalt für unendlich viele Zahlen, nämlich die Primzahlen, ist jene mit keiner einzigen Zahl derartig verbunden. Wie erwähnt, dürfte außer der Zahl 5 keine andere Primzahl diese Eigenschaft aufweisen.

3: Im Gegensatz zur ersten Primzahl weist die Zahl 3 bereits vielfältigere Zahlenbeziehungen auf. So wie jede Primzahl p ist auch sie mit der 1 verbunden, des weiteren mit der Zahl 2 als einziger Primitivwurzel und gleichzeitig als Wert von $p - 1$, und schließlich mit der 4, ist doch deren Inhalt gerade $1 + 2 = 3$. Die Wichtigkeit der letzteren Beziehungen wurde schon in Anm. 5 angesprochen. Innnerhalb der Mathematik wird sie dadurch aufgezeigt, daß drei verschiedene Geraden die projektive Ebene in 4 Gebiete unterteilen. Die 3 bildet also eine Brücke zwischen den vorhergehenden Zahlen und der nächstfolgenden.

Zugleich ist die Zahl 3 in vieler Hinsicht der Anfang von Reihen ausgezeichneter Zahlen, beispielsweise der Mersennschen und der Fermatschen Primzahlen. Ersteres besagt, daß sie der Erzeuger einer vollkommenen Zahl, nämlich 6, ist, letzteres, daß sich das regelmäßige Dreieck und damit auch das regelmäßige Sechs-, Zwölf-, Vierundzwanzigeck usw. mit Zirkel und Lineal konstruieren lassen. Daneben ist die Zahl 3 die erste *„figurierte"* Zahl, denn erstmals 3 Punkte lassen sich in einer regelmäßigen ebenen Figur anordnen, eben dem Dreieck. Solchen Zahlen, die eine Brücke von der

Arithmetik zur Geometrie schlagen, kam vor allem in der pythagoräischen Mathematik ein hoher Stellenwert zu. Neben den *Dreieckszahlen* waren dies die *Quadratzahlen* — daher ihr heutiger Name — und *Rechteckszahlen*, die *Fünfeckszahlen* usw., aber auch *räumliche Zahlen*.[34] Die schon früher besprochenen Dreieckszahlen (s. S. 30) bekommt man allgemein dadurch, daß man an das im $(n-1)$-ten Schritt ($n \geq 2$) erhaltene Dreieck als neue

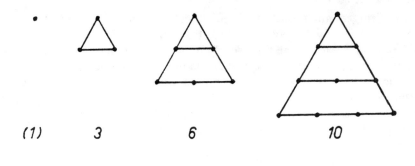

Abb. 9

„Grundlinie" $n+1$ Punkte anfügt. Somit hat die n-te Dreieckszahl den Wert

$$1 + 2 + 3 + \ldots + (n+1) = \frac{(n+1)(n+2)}{2};$$

die Anzahl $n+1$ der neu hinzugekommenen Punkte ist dabei ihre *Basiszahl*. Wie auch damals bereits angemerkt wurde, hatte die dritte mit dem Wert 10 für die Pythagoräer, ja bereits für Pythagoras selbst, eine außergewöhnliche Bedeutung. Und zwar deshalb, weil sie als Summe der ersten 4 Zahlen — der *Tetraktys* — die 4 auf höherer Stufe repräsentierte. Und diese galt ihnen mit den gewissermaßen in ihr verborgenen Zahlen 1, 2, 3 als ganz besondere Zahl. Zum einen kann man nämlich erstmals aus 4 Punkten einen räumlichen Körper, das Tetraeder, bilden, wobei dieses durch Punkte, Strecken und Dreiecke begrenzt wird, die sich aus 1, 2 bzw. 3 Punkten erzeugen lassen. Zum anderen spielen die Zahlen 1, 2, 3, 4 in der Tonlehre eine herausragende Rolle: Verkürzt man eine Saite im Verhältnis 2 : 1, 3 : 2 bzw. 4 : 3, so erhält man Töne, die um eine Oktave, Quinte bzw. Quarte höher sind als der Grundton. Schließlich sind es auch vier Elemente — Erde, Wasser, Luft und Feuer —, die den Urgrund alles Geschaffenen bilden.[35]

In der Geometrie nimmt die Zahl 3 eine ganz ausgezeichnete Stellung ein, schon allein dadurch, daß der Anschauungsraum drei Dimensionen besitzt, weshalb es auch drei Grundelemente, Punkt, Gerade und Ebene, gibt.

Aber auch die Bedeutung des der Zahl 3 entsprechenden geometrischen Gebildes ist kaum zu überschätzen. Wie schon gesagt, ist es die einfachste ebene Figur, das Dreieck. Für Platon stellt es den Grundbaustein der „irdischen" regelmäßigen Körper und damit die Essenz des Geschaffenen dar. Ihm zufolge symbolisieren nämlich Würfel, Ikosaeder, Oktaeder und Tetraeder die 4 Elemente in obiger Reihenfolge; der fünfte, das Pentagondodekaeder, ist Ausdruck für das Weltenganze; und die ersten vier Körper denkt er sich durch zwei Typen von rechtwinkligen Dreiecken erzeugt, das gleichschenkelige und ein ungleichschenkeliges, indem er die beiden auftretenden Randflächen, nämlich regelmäßiges Dreieck und Viereck, daraus aufbaut („Timaios", 53d–55c).[36]

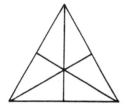 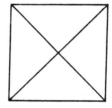

Abb. 10

Auch in der heutigen Mathematik spielt die Zerlegung eines n-Ecks, allgemeiner sogenannter ebener simplizialer Komplexe, in Teildreiecke (beliebiger Form) eine wichtige Rolle, denn aufgrund dessen läßt sich jede „anschauliche" ebene Figur bzw. allgemeiner jede Oberfläche eines „anschaulichen" Körpers *triangulieren*, d.h. in topologische Bilder von Dreiecken zerlegen. Und in der Vermessungslehre war und ist die Triangulation von Gebieten ein unentbehrliches Hilfsmittel zum Ermitteln von Distanzen und Winkeln bzw. Vermessen dieser Gebiete.

Dieser Möglichkeit der Erzeugung von Polygonen bzw. Polyedern im Raum durch Dreiecke stellt sich im Gebiete der Arithmetik an die Seite, daß die Zahl 3 ebenso wie die ersten beiden Zahlen die Reihe der natürlichen Zahlen entstehen lassen kann. Es läßt sich nämlich jede solche Zahl eindeutig als Summe oder Differenz von Potenzen der 3 schreiben, falls man 1 als Potenz 3^0 auffaßt. Diese Darstellung erhält man unter Verwendung der Tatsache, daß für beliebiges $n \in \mathbb{N}$ genau eine der Zahlen $n-1, n, n+1$ durch 3 teilbar ist. Mithin gilt $n = a_0 + 3k_1$, wo a_0 einer der Werte $\pm 1, 0$

ist. Analog läßt sich k_1 schreiben als $k_1 = a_1 + 3k_2$ mit $a_1 \in \{0, \pm 1\}$ usw., sodaß schließlich

$$n = a_0 + 3k_1 = a_0 + 3(a_1 + 3k_2) = a_0 + 3a_1 + 3^2 k_2$$
$$= \ldots = a_0 + 3a_1 + 3^2 a_2 + \ldots + 3^r a_r$$

folgt. Beispielsweise gilt $23 = -3^0 - 3^1 + 3^3$, da

$23 = -1 + 3 \cdot 8$, $8 = -1 + 3 \cdot 3$, also $23 = -1 + 3(-1 + 3 \cdot 3) = -1 - 3 + 3^3$.

Des weiteren beherrscht die Dreizahl die arithmetischen Rechenoperationen. Zum einen gliedern sie sich in drei Steigerungsstufen: Addition, Multiplikation, Potenzierung. Zum anderen gibt es auf jeder dieser Stufen drei zusammengehörige Operationen, nämlich die jeweils genannte und die ihr entsprechenden Umkehroperationen:

1) Addition ($a + b = c$), Vermindern ($c - b = a$), Unterschiedbilden ($c - a = b$),
2) Multiplikation ($ab = c$), Messen ($c : b = a$), Teilen ($c : a = b$),
3) Potenzieren ($a^b = c$), Radizieren ($\sqrt[b]{c} = a$), Logarithmieren ($\log_a c = b$).

Diese Operationen sind qualitativ gänzlich verschieden, werden aber in der Mathematik aufgrund des kommutativen Gesetzes ($a + b = b + a, ab = ba$) zum Teil identifiziert (s. [50]). Vermindern und Unterschiedbilden wird zur Subtraktion, Teilen und Messen zur Division vereinheitlicht. Dadurch ergibt sich die übliche Siebenheit der Rechenoperationen.

Die sich bislang aussprechende schöpferische Kraft der Zahl 3 beschränkt sich aber nicht bloß auf die Hervorbringung klassischer Objekte, sondern sie liefert als erste Zahl auch „pathologische" Gebilde. Am bekanntesten ist vielleicht die Kochsche *Schneeflockenkurve*, die man dadurch erhält, daß man zwei gleichlange, einen Winkel von 60° bildende Strecken drittelt, das mittlere Drittel jeweils durch die beiden anderen Seiten des darüber errichteten gleichseitigen Dreiecks ersetzt und dieses Verfahren immer wieder auf alle erhaltenen Teilstrecken anwendet. Als Grenzgebilde ergibt sich eine stetige, jedoch nirgends differenzierbare Kurve, eben die Schneeflockenkurve. Sie besitzt zugleich die Eigenschaft der Selbstähnlichkeit, d.h. die Figur durchläuft über jeder ausgelassenen Strecke genau dieselben Gestalten wie die Gesamtfigur. Man hat somit eines der einfachsten sogenannten *Fraktale* vor sich, an dem sich schon eine Reihe von deren seltsamen Eigenheiten ablesen lassen (s. [34]).

Abb. 11

Ein anderes kurioses geometrisches Objekt, das durch die Anwendung der Zahl 3 erzeugt wird, ist das Cantorsche *Diskontinuum*. Auch dieses wird schrittweise konstruiert, und zwar faßt man ins Auge, was auf einem der Ausgangsschenkel des vorigen Beispiels geschieht.

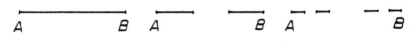

Abb. 12

Es wird also zunächst das mittlere Drittel der Strecke entfernt, von den verbleibenden beiden Strecke wieder das mittlere Drittel usw. Das Grenzgebilde ist eine Menge einzelner Punkte mit sehr merkwürdigen Eigenschaften. Zum einen verhält es sich wie irgendein endliches Intervall der Zahlengeraden, denn es besitzt genauso „viele"[37] Punkte wie ein solches; zugleich liegen ebenso in jeder noch so kleinen Umgebung eines Punktes unendlich viele des Diskontinuums. Zum anderen verhält es sich aber ganz konträr dazu: Es besitzt — im Lebesgue-Maß — die „Länge" 0, während jedes endliche Intervall die Länge Endpunkt–Anfangspunkt hat, und ist zugleich nirgends dicht, d.h. daß in jeder Umgebung eines Punktes der Ausgangsstrecke unendlich viele Punkte liegen, die nicht dem Diskontinuum angehören.

Als letztes Beispiel sei schließlich das Brouwersche Paradoxon erwähnt. Es ist ein Gegenbeispiel zu dem scheinbar evidenten Sachverhalt, daß eine gemeinsame Grenze nur 2 Gebiete der Ebene voneinander trennen kann (was ja gilt, falls die Grenze eine Jordankurve ist (S. 93)). Brouwer zeigte, daß es auch 3 Gebiete — und, wenn man dies einmal eingesehen hat, auch beliebig viele — gibt, die eine gemeinsame Grenze besitzen, d.h. deren (topologische) Randpunkte übereinstimmen. Sowohl die Gebiete selbst als auch der Rand sind natürlich nicht mehr anschaulich vorstellbar und werden wieder durch einen unendlichen Prozeß erhalten (s. [4], S. 589ff.).

1,2,3: Bevor wir zur nächsten Primzahl 5 weiterschreiten, wollen wir noch kurz auf ein interessantes Phänomen eingehen, nämlich daß die ersten drei Zahlen eine gewisse Zusammengehörigkeit zeigen. Ein Beispiel dafür haben wir aufgrund der vorangegangenen Erörterungen ja schon an der Hand: Alle drei Zahlen und nur sie können — jede auf ihre Weise — die natürlichen Zahlen erzeugen. In der Geometrie kommt jenes Phänomen ebenfalls gleich von allem Anfang an zum Vorschein. Im projektiven Raum, der wie erwähnt dem euklidischen zugrunde liegt, erzeugen zwar die drei Grundelemente Punkt, Gerade, Ebene die ganze Vielfalt der projektiven Figuren. Doch sind dabei die Dualität Punkt – Ebene bzw. das Selbstdualsein der Geraden von grundlegender Bedeutung. Jede Figur hat demzufolge nicht nur einen punkthaften, sondern auch einen ebenenhaften Aspekt — darin spricht sich die Zahl 2 aus. Die 1 findet man durch die Geraden ausgedrückt, die als selbstduale den Raum auf besondere Weise gliedern (s. [76]).

Ein weiteres Beispiel liefert die Kristallographie. Jeder Kristall in der Natur besitzt nur 1-, 2-, 3-, 4- oder 6zählige Drehachsen. D.h., dreht man ihn um eine Achse so, daß seine Gestalt mit der der Ausgangslage identisch ist, so beträgt der Drehwinkel $\frac{360°}{n}$, wo n einer der genannten Werte ist oder ein Vielfaches davon. Beispielsweise erlaubt die Würfelform des Steinsalzkristalls eine Drehung um $\frac{360°}{4} = 90°$ sowie um deren Vielfache $180°, 270°, 360°$, falls man die Achse durch die Mittelpunkte zweier gegenüberliegender Randquadrate legt. Aber sie gestattet auch Drehungen um die Verbindungsgeraden gegenüberliegender Eckpunkte mit dem Drehwinkel $\frac{360°}{3} = 120°$ und den Vielfachen $240°, 360°$. Schließlich existieren noch 6 Drehachsen, die durch die Mittelpunkte gegenüberliegender Kanten gehen und Halb- bzw. Volldrehungen, also um $\frac{360°}{2}$ und $360°$ zulassen. Eine Kante des Würfels wäre dagegen eine 1zählige Achse, da man erst nach einer vollen Umdrehung wieder die ursprüngliche Gestalt vor sich hat. Die Kristalle des triklinen Systems, wie Kupfervitriol oder Plagioklas, besitzen überhaupt nur 1zählige Achsen, sie sind also, anders gesagt, total rotationsunsymmetrisch — sie erlauben bloß eine einzige Symmetrieoperation, nämlich die Punktspiegelung am Mittelpunkt. Da die anderen Werte $2, 3, 4, 6$ möglicher Zähligkeit nur die Primteiler 2 und 3 besitzen, beherrschen die ersten drei Zahlen die gesamte Kristallographie.

Genau die gleichen Zahlen, 1, 2, 3, 4, 6, treten übrigens auf, wenn man die Gesamtheit der Primzahlen als Glieder arithmetischer Folgen beschreiben will. So ist jede Primzahl größer 3 einer Zahl $6k, k \in \mathbb{N}$, benachbart, also entweder Element der Folge $6k + 1$ oder $6k - 1$ ($k \in \mathbb{N}$). Doch kann man die Zahl 6 auch durch die Zahlen 4, 3, 2, 1 ersetzen, wobei in den Fällen 2 und 1 die beiden entsprechenden Folgen bis auf ein oder zwei Anfangswerte zusammenfallen. Gerade diese Fälle liefern auch nur triviale Aussagen: Daß jede Primzahl (> 2) Element der Folge $2k + 1, k \in \mathbb{N}$ ist, besagt ja nur, daß sie ungerade ist; daß sie unter den Werten $k + 1, k \in \mathbb{N}$, vorkommt, heißt, daß sie natürliche Zahl ≥ 2 ist. Um für das Gesagte ein Beispiel vor Augen zu haben, wählen wir etwa die Primzahl 41. Sie ist Element der Folgen $6k - 1$ (mit $k = 7$), $4k + 1$ (mit $k = 10$), $3k - 1$ (mit $k = 14$), $2k + 1$ (mit $k = 20$) und $k + 1$ (mit $k = 40$).

Zwei Beispiele für das Zusammenwirken der Zahlen 1, 2, 3 seien noch genannt: erstens die Koordinatisierung der projektiven Geraden, auf der diejenige der projektiven Ebene bzw. des projektiven Raumes aufbaut; zweitens die Erweiterungsstufen der positiven Zahlen. Im ersten Fall wird die Einheit durch die gegebene Gerade repräsentiert, die Dreiheit kommt durch die Auswahl dreier verschiedener Punkte derselben ins Spiel. Diesen gibt man die Koordinaten (0), (1) und (∞). Durch fortgesetztes Aufsuchen 4. harmonischer Punkte — am einfachsten mit Hilfe des sogenannten *Möbiusnetzes* — bekommt man sämtliche Punkte mit Koordinaten $\left(\frac{m}{2^n}\right)$, wobei $m \in \mathbb{Z}$ und $n \in \mathbb{N}$ oder $n = 0$ ist. Hier tritt also die Zahl 2 auf. Da diese Punkte allen anderen Punkten der Geraden beliebig nahe kommen, kann man letztere als Grenzwerte solcher „*dyadischer*" Brüche erhalten (vgl. [36], Kap. V, und [47], Kap. II, 8).

Im zweiten Beispiel entsteht aus dem Ausgangspunkt der positiven (reellen) Zahlen durch Anwenden der 7 (bzw. 9 (S. 96)) Rechenoperationen die Zweiheit der positiven und negativen Zahlen und hieraus durch neuerliches Anwenden die Dreiheit der positiven, negativen und imaginären Zahlen; sie bildet einen Abschluß, kann sie doch auf diese Weise nicht mehr erweitert werden. (Die darüber hinausgehenden Erweiterungsbereiche der überimaginären Zahlen — heute Algebren genannt — sind somit von gänzlich neuer Qualität.)[38]

5: Traten die ersten drei Zahlen in der leblosen Natur auf, so die Zahl 5 in der belebten. Bei den Blütenpflanzen ist 5zählige Symmetrie sehr häufig, etwa bei den meisten Rosengewächsen (z.B. Rose, Erdbeere, Apfel-, Kirsch-, Zwetschkenbaum etc.) und Hahnenfußgewächsen (wie Schneerose, Anemone, Hahnenfuß usw.). In der Tierwelt findet man sie vor allem bei niederen Tieren wie Strahlentierchen (Radiolaria) und Stachelhäutern (Echinodermata), speziell bei den Schlangensternen (Ophiuroiden) und vielen Seesternen (Asteroiden). Und der Mensch wird überhaupt von der 5-Zahl beherrscht. Zum einen besitzt er fünf Extremitäten, zum anderen sind diese wiederum fünffach gegliedert. Bei Händen und Füßen ist dies offensichtlich, beim Kopf erkennt man es an den Schädelknochen. Zwar gibt es nur 4, nämlich das Hinterhauptbein, die beiden Scheitelbeine und das Stirnbein, jedoch ist letzteres aus 2 Knochen verwachsen, wie die rudimentäre Naht oberhalb der Nasenwurzel anzeigt. Aufgrund der Fontanelle ist beim Kleinkind die prinzipielle Zweiteilung noch deutlicher sichtbar.

Der sich hier andeutungsweise aussprechende Zusammenhang der Primzahl 5 ($= p$) mit der Zahl 4 ($= p - 1$) ist uns ja aus unseren eingangs durchgeführten Betrachtungen bekannt. Aus ihnen ergibt sich weiters, daß 5 auch mit den restlichen Zahlen kleiner als 5 eng verknüpft ist. Mit der Zahl 1 als ihrem Inhalt, mit den Zahlen 2, 3, weil dies gerade die Primitivwurzeln bezüglich 5 sind. Da die Zahl 5 als einzige neben der Zahl 2 nicht als Inhalt einer anderen Zahl auftritt, ist sie von diesem Aspekt her mit keiner größeren Zahl verbunden, das Schwergewicht ihrer Beziehungen liegt also bei der Gesamtheit der kleineren Zahlen.

Einzelne jener Zusammenhänge findet man wieder in der Natur. So den der 5 mit der 3 bei der Blüte der Glockenblume, wo die 5 verwachsenen Blütenblätter 3 Staubgefäße umhüllen. Den der 5 mit den Zahlen 1 bis 4 beim Menschen. In Richtung vorne – hinten ist er ganz unsymmetrisch, besitzt also bloß 1zählige Symmetrie. Dagegen ist er bezüglich links – rechts 2seitig symmetrisch. In Richtung oben – unten ist er zwar wieder unsymmetrisch, doch ist er ganz deutlich 3geteilt in Kopf, Rumpf und Gliedmaßen. Anthroposophisch gesehen, ist dies ein Abbild der Dreigliederung des Seelenlebens. Das Denken spiegelt sich im Kopfbereich wider, das Fühlen hängt engstens mit der rhythmischen Organisation des Brustbereichs zusammen, und die dem Wollen entsprechende Stoffwechselorganisation ist vorwiegend im unteren Rumpf- und Gliedmaßenbereich angesiedelt. Aus der anthroposophischen Menschenbetrachtung erkennt man auch den Gesamtmenschen als 4gegliedert: nach physischem Leib, Ätherleib, Astralleib und Ich.

In der Geometrie tritt die Zahl 5 beim regelmäßigen Fünfeck und dem von 12 solchen begrenzten Pentagondodekaeder auf. Ersteres kann, da 5 Fermatsche Primzahl ist, mit Zirkel und Lineal konstruiert werden. Es gibt zwei Formen, das gewöhnliche und das Sternfünfeck oder *Pentagramm*. Von diesen beiden hatte vor allem das zweite eine herausragende Bedeutung. So war das Pentagramm das Erkennungszeichen der Pythagoräer, galt der Drudenfuß als okkultes Symbol, und Agrippa von Nettesheim fügte symbolisch den Menschen darin ein. Mathematisch ist es insofern interessant, als sich an ihm am einfachsten die Teilung nach dem Goldenen Schnitt ablesen läßt:

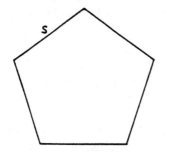 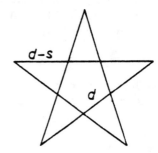

Abb. 13

In Abbildung 13 verhält sich die Diagonale d zur Seite s wie s zur Strecke $d-s$. Und auch $d-s$ teilt s im Verhältnis des Goldenen Schnitts. Dieser ist wiederum arithmetisch mit der Zahl 5 verbunden, ist doch sein Wert $1 : \frac{1}{2}\left(\sqrt{5}-1\right) = \frac{1}{2}\left(\sqrt{5}+1\right) : 1$. Und so ist es kaum zu verwundern, daß wie die 5 auch der Goldene Schnitt in der Natur eine ganz besondere Rolle spielt. Mancherorts wird er sogar als *das* Grundprinzip für den Bauplan der Schöpfung angesehen (vgl. das kürzlich erschienene Buch von W. Bühler [11]). Hier soll als Beispiel nur erwähnt werden, daß die Blattstellungen bei Pflanzen, die sogenannte *Phyllotaxis*, aufs engste mit dem Goldenen Schnitt zusammenhängt (s. [79], S. 79ff.).[39]

Auch in der sphärischen Trigonometrie ist ein (im allgemeinen unregelmäßiges) Pentagramm ausgezeichnet, das sogenannte *pentagramma myrificum*. An ihm lassen sich die grundlegenden Seiten- und Winkelbeziehungen des sphärischen Dreiecks, die Neperschen Regeln, ablesen.

Nicht nur das Fünfeck, auch das Pentagondodekaeder war zeitweise von größter Bedeutung. Am auffälligsten wohl bei Platon, der — wie bei der Zahl 3 erwähnt wurde — die anderen regelmäßigen Körper den 4 Elementen zuordnete, während dieser Körper für ihn das Universum als Ganzes symbolisierte. (Von daher rührt übrigens das Wort Quintessenz, das aus quintum esse — der fünfte (Körper) sein — entstanden ist.) Aber auch mathematisch stand das Pentagondodekaeder oft im Zentrum des Interesses, lassen sich doch an ihm eine Unzahl von geometrischen und arithmetischen Beziehungen auffinden (s. [80]). Beispielsweise kann man ihm fünf regelmäßige Tetraeder einschreiben, wobei die 5mal 4 Ecken gerade die 20 Ecken des Dodekaeders ergeben. Weiters ist die entsprechende Symmetriegruppe — sie stimmt mit der des Ikosaeders überein — der einfachste nicht-kommutative Baustein der endlichen Gruppen; letzteres ist der eigentliche Grund dafür, daß es für Gleichungen 5. und höheren Grades im Gegensatz zu denjenigen der Grade 1, 2, 3, 4 keine Auflösungsformeln mehr gibt (siehe dazu das klassische Werk von F. Klein [37]).

7: Die bisherigen Primzahlen 2, 3, 5 bilden die Pfeiler der Raumesgestaltung dadurch, daß regelmäßige, zugleich mit Zirkel und Lineal konstruierbare 3-, $4 (= 2^2)$- und 5-Ecke die platonischen Körper begrenzen, wobei als Symmetrieoperationen nur Drehungen oder Drehspiegelungen auftreten mit Drehwinkeln von $\frac{360°}{n}$ mit $n = (1), 2, 3, 4, 5, 6$ und deren Vielfachen — und alle diese Werte n lassen sich aus den Primteilern 2, 3, 5 zusammensetzen. Die 7 nun ist die erste Zahl, die diese Verbundheit mit dem Räumlichen überwindet. Weder tritt sie in irgendeiner Form bei den regelmäßigen Körpern — auch nicht im Höherdimensionalen — auf, noch läßt sich das regelmäßige 7-Eck mit Zirkel und Lineal konstruieren, denn 7 ist keine Fermatsche Primzahl.[40] Ähnliches gilt übrigens auch in der Musik, wo die Zahlen 1, 2, 3, 4, 5, 6, 8, 9 die klassischen Intervalle beherrschen und wieder die 7 nicht vorkommt. Sie wirkt jedoch trotzdem in diese beiden Bereiche hinein, gewissermaßen von höherer Warte aus: In der Musik bilden 7 Ganztöne den Ausgangspunkt für die Tonskala, entsprechen 7 Oktaven gerade 12 Quinten — bis auf das sogenannte pythagoräische Komma —, wodurch der Tonumfang des Quintenzirkels bestimmt ist. In der Kristallographie lassen sich, wie erwähnt, die 32 überhaupt möglichen Symmetriegruppen in 7 Kristallsysteme einordnen, sodaß also jede Kristallform, insbesondere die platonischen Körper Tetraeder, Würfel und Oktaeder, einem solchen angehört.

Diese Qualität der Zahl 7, hinter der Ordnung von Ganzheiten zu stehen, in gewissem Sinne also die Zahl der Vollendung zu sein, kommt auch innerhalb der Mathematik deutlich zum Vorschein. So reduzieren sich die ursprünglich 9 Rechenoperationen (s. S. 96) mathematisch auf 7: Addition, Subtraktion, Multiplikation, Division, Potenzieren, Radizieren und Logarithmieren. Auch die Klassifikation der ebenen Geometrien nach Felix Klein führt auf die Zahl 7. Der Grund dafür liegt darin, daß es in der Urgeometrie der projektiven Ebene 5 Typen von Kegelschnitten und ebenso viele Typen von Tangentengebilden an Kegelschnitte gibt, die auf 7 Arten zu sogenannten Kurven 2. Grades kombiniert werden können. Und jede dieser liefert genau eine Geometrie; beispielsweise führt ein reeller Kegelschnitt mitsamt seinen Tangenten zur hyperbolischen, ein imaginärer Kegelschnitt, ebenfalls mit seinen — natürlich imaginären — Tangenten, zur elliptischen Geometrie. Die Ähnlichkeits- und daraus die euklidische Geometrie erhält man im Falle zweier konjugiert imaginärer Punkte, die durch ihre — reelle — Trägergerade verbunden sind. Höchst bemerkenswert ist, daß es auch hier eigentlich 9 Typen von Geometrien gibt, die sich jedoch wieder auf

7 wesentlich verschiedene reduzieren (s. [36], S. 179). Des weiteren wird die angesprochene Qualität der Zahl 7 durch die 7 Symmetriegruppen von Ornamenten, die sogenannten Friesgruppen ([20], S. 24ff.), untermauert, ebenso wie durch die 7 Typen sogenannter Elementarkatastrophen in dem jungen Gebiet der Katastrophentheorie (s. S. 85). Eine davon, die „Falte", tritt etwa bei der Entstehung des Überschallknalls beim Fliegen auf, eine andere, die „Spitze", beim Sieden von Wasser.[41]

Wie erwähnt, ist 7 keine Fermatsche Primzahl, weshalb sich das regelmäßige 7-Eck nicht konstruieren läßt. Dagegen ist sie Mersennesche Primzahl und baut somit eine vollkommene Zahl, nämlich 28, auf. Im Sinne der figurierten Zahlen ist 28 zugleich die Dreieckszahl zur Basiszahl 7, stellt also die 7 auf höherer Stufe dar. (Dies gilt auch allgemein: Jede gerade vollkommene Zahl hat ja nach Kapitel 9 die Form $2^{p-1}(2^p - 1)$ und ist daher die Dreieckszahl zum einzigen ungeraden Primteiler $2^p - 1$, s. S. 94.) In dieser Verkleidung als Zahl 28 ist die 7 schon immer von ganz besonderer Bedeutung gewesen, gibt sie doch die Anzahl der Tage eines Mondmonats an, der in vielen Kulturen als Zeitmaß verwendet wurde und wird. Und dieser wird durch die augenfälligen Erscheinungen Vollmond, Halbmond, Neumond im Siebenerrhythmus gegliedert.[42] Mit der Zeiteinteilung ist die Zahl 7 auch durch die Anzahl der Wochentage seit urdenklichen Zeiten verbunden. Bei deren Namensgebung standen die im Altertum bekannten 7 Wandelsterne Pate, in der Reihenfolge der Tage: Sonne, Mond, Mars, Merkur, Jupiter, Venus, Saturn.

Arithmetisch betrachtet, besitzt die 7 als erste Primzahl nicht mehr die Verbindung zu allen vorangehenden Zahlen. Zwar ist sie mit 1 als ihrem Inhalt, mit 6 als dem Wert $p-1$ (zu $p = 7$) aufs engste verknüpft und ebenso mit den Zahlen 3 und 5 als ihren Primitivwurzeln. Die strukturbildende und -enthüllende Zahl 2 und auch die Zahl 4 haben jedoch keine unmittelbare Beziehung zur 7. Dafür ist sie aber mit der Zahl 8 verbunden, deren Inhalt $1 + 2 + 4 = 7$ ist. Letzterer Zahlenbezug war verschiedentlich von Bedeutung, etwa in der griechischen Astronomie, wo die sieben Planetensphären von einer achten, neuer Qualität, umschlossen waren, der Fixsternsphäre. (Der Erde als einzigem ruhenden Pol wurde noch eine Gegenerde gegenübergestellt, sodaß insgesamt 10 Sphären den Kosmos gliederten.) Oder in der Apokalypse, wo das siebenköpfige Tier, dessen Köpfe zugleich sieben Könige sind, sowohl der 8. König als auch einer von den sieben ist (Offb. 17, 11).

11: Es ist auffällig, wie geringe innermathematische Bedeutung dieser Zahl zukommt. Merkwürdigerweise gilt dasselbe auch in der Zahlensymbolik. Deshalb wird sie dort sogar öfters als stumme Zahl bezeichnet. Auch im Naturgeschehen scheint die 11 nur eine untergeordnete Rolle zu spielen, ist doch einzig der (ungefähre) 11-Jahres-Rhythmus des Sonnenfleckenzyklus bekannter. Und im Neuen Testament wurde die Elfzahl der Apostel nach dem Selbstmord des Judas nicht belassen, ein neuer, Matthias, wurde gewählt, um die Zwölfheit wieder zu vervollständigen (Apg. 1, 15f.).

Mathematisch betrachtet, gehört die 11 als erste Zahl weder zu den Fermatschen noch zu den Mersenneschen Primzahlen (s. auch Anm. 40). Sie tritt auch weder in der Arithmetik noch in der Geometrie auffallend in Erscheinung. Deshalb seien nur die Zahlenbeziehungen, die eingangs dieses Kapitels besprochen wurden, kurz erwähnt: Die Zahl 11 ist außer mit 1 und 10 ($= p - 1$) noch mit ihren Primitivwurzeln $2, 6, 7, 8$ verbunden. Von den Primzahlen steht ihr also 3 und 5 und damit auch deren Qualitäten ferne. Inhalt ist sie von der Zahl 21, der Dreickszahl zur Basis 6.

13: Die im Volksglauben so wichtige Zahl 13 ist mathematisch vor allem in der Geometrie bedeutsam. Und zwar als Anzahl der Elemente der sogenannten *harmonischen Grundfigur* der projektiven Ebene, aus der eine Fülle von Ergebnissen, die harmonische Lage betreffend, ableitbar sind. Sie

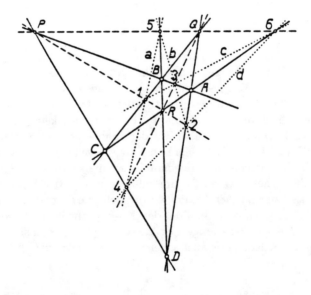

Abb. 14

ist eine selbstduale Konfiguration, die man aus 4 Punkten A, B, C, D — bzw. dual dazu 4 Geraden a, b, c, d — allgemeiner Lage in der Ebene durch fortwährendes Anwenden der projektiven Operationen Schneiden und Verbinden erhält. Zunächst gibt es zu den 4 Ausgangspunkten 6 Verbindungsgeraden, die sich in weiteren 3 Punkten, den Nebenecken P, Q, R, schneiden. Die 3 durch sie gehenden Geraden besitzen mit den bisherigen 6 neue Schnittpunkte $1, 2, \ldots, 6$, die auf 4 weiteren Geraden a, b, c, d liegen. Damit endet der Erzeugungsprozeß, der — wie erwähnt — auch umgekehrt durchlaufen werden kann.

Die Figur enthält genau 13 Punkte und 13 Geraden, wobei stets die Punkte einer Geraden bzw. die Geraden durch einen Punkt harmonisch liegen. Sie steht in engstem Zusammenhang mit den 13 Symmetrieachsen eines Würfels (s. S. 98), schneiden doch diese die uneigentliche Ebene in 13 Punkten, die als die Punkte einer harmonischen Grundfigur angesehen werden können. (Der Vollständigkeit halber sei erwähnt, daß die Anzahl der Symmetrieachsen der anderen platonischen Körper ebenfalls Primzahlen sind: Das Tetraeder besitzt 7, das Pentagondodekaeder 31; Oktaeder und Ikosaeder liefern als duale Körper von Würfel bzw. Pentagondodekaeder keine neuen Werte.)

Die Bedeutsamkeit der Zahl 13 in der Geometrie zeigt sich auch darin, daß es neben zwei unendlichen Serien 13 *halbregelmäßige Körper*, auch *Archimedische Körper* genannt, gibt.[43] Darunter versteht man räumliche Polyeder, die von regelmäßigen n-Ecken nicht nur einer fixen Seitenzahl n begrenzt werden und deren Ecken gleichartig sind. Letzteres heißt, daß von jeder Ecke gleich viele Kanten ausgehen und daselbst stets dieselbe Anzahl von Flächen mit bestimmter Seitenzahl zusammenkommen. Zu diesen Körpern zählen die beiden unendlichen Reihen der regelmäßigen Prismen und Antiprismen (Abb. 15, I, II) sowie als bekanntere Einzelfälle das Kubooktaeder (Abb. 15, III) und gewisse abgestumpfte platonische Körper. (Übrigens wurde erst 1930, also mehr als 2000 Jahre nach deren vollständiger Klassifizierung, entdeckt, daß es von einem, dem Rhombokubooktaeder zwei Typen gibt (Abb. 15, IV, V).)

Arithmetisch ist die Zahl 13 weniger bedeutsam. Nur ihre Verwandtschaft mit der 11 ist auffallend. Nicht nur ist diese Primitivwurzel für 13, sind beide weder Fermatsche noch Mersennesche Primzahlen, auch die Mehrheit der Zahlen bei den von uns betrachteten Zahlenbeziehungen stimmt überein. Neben 1 als ihrem Inhalt sind $2, 6, 7$ für beide Primitivwurzeln, sind somit beide mit den Zahlen 3 und 5 nicht verbunden. Zugleich sind auch 11 und 13 die zwei einzigen Primzahlen, die 4 Primitivwurzeln besitzen. Schließlich steht 13 — im Gegensatz zur 11 — noch mit den Zahlen 12 als Wert $p - 1$ sowie 27 und 35, deren Inhalt sie ist, im Zusammenhang. Wie schon eingangs dieses Kapitels erwähnt wurde, lassen sich für uns daraus keine qualitativen Schlüsse mehr ziehen.

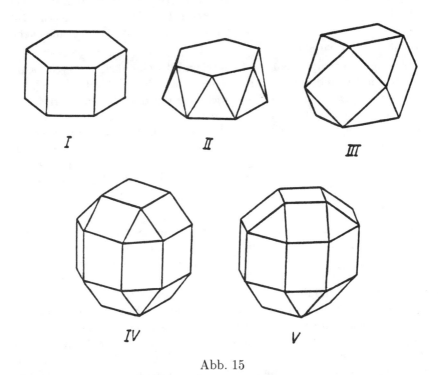

Abb. 15

17: Auf die nächste Primzahl 17 hatten wir schon einmal kurz hingewiesen, insofern als sie die Basiszahl der in der Bibel angesprochenen Dreieckszahl 153 ist (S. 30). Das Verwenden gerade dieser Zahl wird schon seit Augustinus dadurch erklärt, daß sich 17 in die Summanden 10 und 7 zerlegen läßt. Für ihn bedeutet dies die Erfüllung des Alten Testaments, repräsentiert durch die 10 Gebote, durch das Neue Testament aufgrund der 7 Gaben des Heiligen Geistes ([52], S. 151). Für Thomas von Aquin dagegen drückt sich hierin die Verbindung des Irdisch–Menschlichen (10-Zahl) mit dem Himmlischen (die 7 Planeten der Antike) aus ([33]).

Geometrisch ist die Zahl 17 unter anderem deshalb von Bedeutung, als es gerade 17 Typen von Flächenornamenten gibt (s. [66], § 29). Sie waren sämtlich bereits den mittelalterlichen arabischen Künstlern bekannt, wie die beeindruckenden Ornamente der Alhambra in Granada zeigen.

Die wohl herausragendste Eigenschaft der 17 ist aber, daß sie zu den fünf bislang bekannten Fermatprimzahlen zählt. Wie früher erwähnt wurde, folgt daraus die Konstruierbarkeit des regulären 17-Ecks mit Zirkel und Lineal (s. Kap. 9 und Anm. 19). Aufgrund dieser Besonderheit ist also die Zahl 17 geometrisch in harmonischster Weise konkretisierbar und damit als eine der wenigen Primzahlen sowohl in der Arithmetik als auch in der Geometrie gleichermaßen beheimatet.

Arithmetisch weist die 17 eine Vielfalt von Beziehungen zu anderen Zahlen auf: Als erste Primzahl größer 5 — und bis 257 einzige — besitzt sie die maximal mögliche Anzahl von Primitivwurzeln, nämlich $\frac{p-1}{2}$ — in unserem Fall also 8 —, was seinen Grund ebenfalls darin hat, daß sie Fermatsche Primzahl ist. Es sind dies $3, 5, 6, 7, 10, 11, 12, 14$. Bemerkenswerterweise sind die ersten 3 Zahlen zusammen mit der 1 genau die mit der Zahl 7 verbundenen Größen. Die 17 kann somit von diesem Standpunkt aus wirklich als Erweiterung der 7 angesehen werden, wie dies in der Zahlensymbolik zuweilen geschieht, etwa in dem zu Beginn dargestellten Beispiel (s. auch [18], S. 238).

Des weiteren ist die Zahl 17 mit 39 und 55 verbunden, deren Inhalt sie ist. Rechnet man noch die 1 und $p - 1 = 16$ hinzu, so steht sie mit zwölf Zahlen in Beziehung. Unter den Primzahlen > 7 dürfte es keine mehr geben, die derart „gesellig" ist, für die also der Anteil an verbundenen Zahlen derart hoch — hier $\frac{12}{17}$ — ist.

19: Ganz im Gegensatz zur Zahl 17 zeigt die 19 ein ziemlich „unsoziales" Verhalten gegenüber anderen Zahlen. Zu den üblichen Werten 1 und $p - 1 = 18$, zu denen sie in Beziehung steht, gesellen sich bloß die sechs Primitivwurzeln $2, 3, 10, 13, 14, 15$ sowie die Zahlen 65 und 77, deren Inhalt die 19 ist. Überhaupt ist diese Zahl — ähnlich wie die 11 — mathematisch gesehen sehr zurückhaltend. Weder in der Arithmetik noch in der Geometrie scheint sie eine besondere Rolle zu spielen. Einzig die Bausteine der endlichen Gruppen, die einfachen Gruppen, kann man mit ihr in Verbindung bringen, gehören doch diese 18 unendlichen und einer endlichen Reihe von 26 Ausnahmegruppen an (s. Anm. 43).

Umso auffallender ist, daß die Zahl 19 in der Natur anscheinend eine bevorzugte Stellung einnimmt. So gibt es unter den chemischen Elementen genau 20 Reinisotope, wovon bis auf eine Ausnahme, das Beryllium, alle eine ungerade Ordnungszahl besitzen. Auch die schon früher erwähnten, für den Menschen bedeutsamen 20 Aminosäuren sind in 19 optisch aktive — sämtlich linksdrehend — und eine optisch inaktive gegliedert.[44] Daß die Ägypter als Maß des Menschen das 19fache der Handbreite ansahen (18 volle Breiten bis zum Haaransatz und 1 oft unvollständige, daran anschließende), erscheint vor diesem Hintergrund vielleicht weniger merkwürdig (s. [16], S. 9ff.).

23: Mit der nächsten Primzahl 23 wollen wir unsere Liste beenden. Der Grund dafür liegt darin, daß sie gewissermaßen als Zahl des Menschen angesehen werden kann — natürlich in einem anderen Sinn als aufgrund der mehrfachen 5-Gliederung des Körpers die Zahl 5 (s. S. 100) — und alle größeren Zahlen sozusagen über ihn hinausgehen. Zum einen besitzt nämlich der Mensch 23 Paare von Chromosomen (22 Paare von sogenannten Autosomen und 1 Paar Geschlechtschromosomen) als stoffliche Träger der Vererbungsvorgänge, zum anderen weist die anthroposophische Betrachtung des Menschen auf diesen Bezug hin: Die 4 Glieder seiner Wesenheit, physischer, ätherischer, astralischer Leib und Ich, stehen in einem Verhältnis zueinander, welches zahlenmäßig durch 12 : 7 : 3 : 1 wiedergegeben werden kann ([68]). Summiert man diese Zahlen, so erhält man die Zahl 23 als Repräsentant der Ganzheit, eben des Menschen. Schließlich wird jene Feststellung auch durch die Rettung der 276 Menschen beim Schiffbruch des Paulus (Apg., Kap. 27), zugleich eine Metapher für die Errettung des Menschen durch Christus, bestätigt. Die Zahl 276 ist nämlich die Dreieckszahl von 23, stellt sie also gewissermaßen vollendet dar (s. dazu [33]).

Vom mathematischen Standpunkt aus betrachtet, ist die Zahl 23 ebenfalls eine Grenzzahl. So ist sie die erste Primzahl ($\neq 2$), die keinen „Zwilling" besitzt, bei der also die um 2 vermehrte oder verminderte Zahl erstmals keine Primzahl ist. Sie eröffnet also den Reigen der unregelmäßig verteilten Primzahlen. Zugleich ist sie die erste Zahl, für die weder 2 noch 3 Primitivwurzel ist. Es sind dies nämlich 5, 7, 10, 11, 14, 15, 17, 19, 20, 21. (Der Vollständigkeit halber seien die weiteren Zahlen erwähnt, die mit der 23 in einer der von uns besprochenen Beziehungen stehen. Neben 1 und $p-1 = 22$ sind dies noch 57 und 85, deren Inhalt 23 ist.) Des weiteren ist das kleinste prime d, für welches der in Anhang 4 behandelte Bereich $O_{\sqrt{d}}$ nicht normeuklidisch (s. S. 117) ist, $d = 23$. Und auch bei den wichtigen Bereichen O_{ζ_n} (S. 127) tritt derselbe Wert $n = 23$ auf, wobei er hier die erste Primzahl angibt, sodaß die eindeutige Primfaktorzerlegung nicht mehr gültig ist.

Nach all diesen Besonderheiten der Zahl 23 ist es umso auffälliger, daß sie gleichzeitig die erste Zahl zu sein scheint, zu der die Numerologen nichts zu sagen haben (zumindest in [18] und [5]). Das deutet auf die Schwächen dieser Art der Zahlerkenntnis.

Epilog

Läßt man die im vorangegangenen Kapitel ansatzweise begonnene Besprechung der einzelnen Primzahlen auf sich wirken, so kann man empfinden, daß sich — mehr oder weniger deutlich — individuelle Eigenschaften zu offenbaren beginnen. Zugleich fühlt man aber schmerzlich, daß die Mathematik allein kaum zu endgültigen Aussagen gelangen kann. In ihr ist nur eine eingeschränkte Möglichkeit für die Zahlen vorhanden, sich auszusprechen, und so mußte schon des öfteren auf ihr Auftreten in außermathematischen Zusammenhängen Bezug genommen werden. In ihnen entfaltet sich das Wesen der Zahlen erst voll. Gerade diese sind es auch, welche verschiedene Denker zur Ansicht führten, daß einzelne Zahlen, vor anderen ausgezeichnet, die Welt beherrschen: die 3 bei dem amerikanischen Philosophen und Mathematiker Charles Saunders Peirce ([22], chap. 4), die 4 in der Verkleidung der 10 bei den Pythagoräern, die 5 als quincunx bei Thomas Browne, einem englischen Gelehrten und Dichter des 17. Jahrhunderts ([18], S. 121f.)

Und ein Spruch wie der folgende kann nur aus einem allumfassenden Nachsinnen, nicht aus der Mathematik allein, fließen:

> Der SINN (Tao) erzeugt die Eins.
> Die Eins erzeugt die Zwei.
> Die Zwei erzeugt die Drei.
> Die Drei erzeugt alle Dinge.
> Alle Dinge haben im Rücken das Dunkle
> und streben nach dem Licht,
> und die strömende Kraft gibt ihnen Harmonie. ([45], Spruch 42)

Trotzdem läßt sich schon aus unserer rein mathematischen Darstellung Bedeutsames ablesen, z.B. die Sinnhaftigkeit der Frage nach dem Wesen der Zahlen. Wird man beim Studium der Natur beispielsweise auf die Fragen geführt, warum gerade 4 Aminosäuren als Basen der DNS in den Chromosomen auftreten und jeweils genau 3 davon ein Codewort des genetischen Codes bilden (s. Anm. 5), warum der Mensch gerade nach der Fünfzahl gegliedert ist, so in der Mathematik darauf, warum es gerade 7 Holoedrien (das sind maximale Gruppen) unter den translationsfreien Symmetriegruppen eines dreidimensionalen Gitters und dementsprechend in der Natur genau 7 Kristallsysteme gibt, warum gerade 5 regelmäßige Körper existieren etc. Die Antworten „das ist bedeutungslos" oder „das ist Zufall" sind in keiner Weise befriedigend, denn unsere Welt wäre eine völlig andere, wenn diese Zahlen nicht auftreten würden. Zugleich lassen sie auch gänzlich offen, warum wir Zahlen völlig unterschiedlich empfinden können, etwa einen Rhythmus im $\frac{2}{4}$- oder $\frac{3}{4}$-Takt.

Auch gewisse Aussagen okkulter Lehren (s. z.B. [68] und [84]) finden bereits in der Mathematik ein sprechendes Abbild. So gilt die Zwei dort als Zahl der Offenbarung in der physischen Welt, weil sich vieles in der Welt in der Zweiheit manifestiert: Licht – Finsternis, Tag – Nacht, Himmel – Erde, Frau – Mann, Gut – Böse etc. Dies spiegelt sich hier in den Gegensätzen Inneres – Äußeres, Linksschraubung – Rechtsschraubung etc. wider. Ja das Dualitätsgesetz der projektiven Geometrie geht wohl schon in Richtung einer ideellen Begründung jener Tatsache. Ebenso findet die Dreizahl als Zahl des Göttlichen ihren Niederschlag darin, daß es unter allen reellen Zahlen genau drei gibt, die nicht in einer speziellen Basis dargestellt werden müssen, nämlich 0, −1 und +1. Zugleich bestätigt dieser Sachverhalt auch den okkulten Satz, daß hinter jeder Zweiheit (hier −1, +1) ein sie erst zu einer Ganzheit bildendes Drittes steht.

Schließlich enthüllt unsere mathematische Betrachtung an einigen Stellen auch Neuartiges: so bei der Zahl 3, deren schöpferische Qualität sich auch in der Erzeugung chaotischer Formen ausdrückt; oder bei der Zahl 23, die als Schwelle zu Neuem, Unbekanntem angesehen werden kann.

Insgesamt erweisen sich somit unsere Ausführungen als Bekräftigung, ja Bestätigung von Novalis' ahnungsvoller Notiz ([54], S. 665): „Es ist sehr wahrscheinlich, daß in der Natur auch eine wunderbare Zahlenmystik statt finde. Auch in der Geschichte — Ist nicht alles von Bedeutung, Symmetrie, Anspielung und seltsamen Zusammenhang? Kann sich Gott nicht auch in der Mathematik offenbaren, wie in jeder anderen Wissenschaft? "

Anhang

1. Die Bestimmung des größten gemeinsamen Teilers mittels des euklidischen Algorithmus

Die praktische Ermittlung des größten gemeinsamen Teilers zweier natürlicher Zahlen a, b geschieht am vorteilhaftesten mit Hilfe des sogenannten *euklidischen Algorithmus*. Ausgangspunkt dafür ist die Division mit Rest: $a = bq + r$ mit $0 \leq r < b$. Diesbezüglich zeigt eine kurze Überlegung, daß $(a, b) = (b, r)$ ist, wobei wir, da ja $r = 0$ sein kann, zusätzlich zu und in Übereinstimmung mit unserer früheren Erklärung $(b, 0) = b$ definieren. Es gilt nämlich nach Satz 6 (S. 21): $(a, b) = ax + by$ mit geeigneten $x, y \in \mathbb{Z}$, was, wenn man für a einsetzt, auf $(a, b) = b(qx + y) + rx$, also auf $(a, b) = b\bar{x} + r\bar{y}$ mit $\bar{x}, \bar{y} \in \mathbb{Z}$ führt. Hier kann man wiederum Satz 6 anwenden und erhält $(b, r) | (a, b)$, also insbesondere $(b, r) \leq (a, b)$. Vertauscht man bei diesem Argument die Rollen von (a, b) und (b, r), so ergibt sich analog $(a, b) \leq (b, r)$, zusammen daher wirklich $(a, b) = (b, r)$.

Diese Überlegung zeigt, daß man die Division mit Rest wiederholt ausführen kann, ohne daß sich der größte gemeinsame Teiler je ändert. Und genau darauf baut der euklidische Algorithmus auf. Will man etwa $(527, 238)$ bestimmen, so dividiert man zunächst, $527 = 2 \cdot 238 + 51$, und weiß somit $(527, 238) = (238, 51)$. Man ist also bei einem kleineren Dividenden angelangt und kann das Verfahren neuerlich anwenden: $238 = 4 \cdot 51 + 34$. Jetzt gilt $(238, 51) = (51, 34)$. Ein nochmaliger Schritt liefert (obwohl man den größten gemeinsamen Teiler bereits „sieht") $51 = 1 \cdot 34 + 17$, daher $(51, 34) = (34, 17)$. Schließlich führt $34 = 2 \cdot 17 + 0$ zu $(34, 17) = (17, 0)$, und der letzte Wert ist gerade 17. Insgesamt folgt somit:

$$(527, 238) = (238, 51) = (51, 34) = (34, 17) = (17, 0) = 17.$$

Allgemein läßt sich der euklidische Algorithmus folgendermaßen anschreiben:

$$a = bq_1 + r_1 \quad \text{mit} \quad 0 \leq r_1 < b,$$
$$\text{falls } r_1 \neq 0 \quad b = r_1 q_2 + r_2 \quad \text{mit} \quad 0 \leq r_2 < r_1,$$
$$\text{falls } r_2 \neq 0 \quad r_1 = r_2 q_3 + r_3 \quad \text{mit} \quad 0 \leq r_3 < r_2,$$
$$\vdots$$

Das Verfahren muß ersichtlich abbrechen, und der letzte nicht verschwindende Rest ist gerade der gesuchte größte gemeinsame Teiler (a, b). (Schneller zum Ziel kommt man oft, wenn man statt der üblichen Division mit kleinstem nicht negativen Rest die Division mit absolut kleinstem Rest heranzieht und stets mit den Absolutbeträgen der Zahlen weiterrechnet. Das Beispiel würde dann so verlaufen:

$$527 = 2 \cdot 238 + 51, \quad 238 = 5 \cdot 51 - 17, \quad 51 = 3 \cdot 17 + 0;$$

$|-17| = 17$ ist also der größte gemeinsame Teiler.)

Der euklidische Algorithmus erlaubt es auch auf einfache Weise, den größten gemeinsamen Teiler d zweier Zahlen a, b gemäß Satz 6 als Linearkombination von a und b zu schreiben. Aus der ersten Zeile der allgemeinen Formulierung folgt ja zunächst, daß dies für r_1 gilt:

$$r_1 = a - bq_1 = a \cdot 1 + b(-q_1).$$

Setzt man in die zweite ein, erhält man ebenso r_2 dargestellt:

$$r_2 = b - r_1 q_2 = b - (a - bq_1)q_2 = a(-q_2) + b(1 + q_1 q_2).$$

So fortfahrend, ergibt sich auch der letzte nicht verschwindende Rest, eben der größte gemeinsame Teiler von a und b, als deren Linearkombination.

Um dies auch am Beispiel $17 = (527, 238)$ vorzuführen, schreiben wir die Kette der Divisionen an:

$$527 = 2 \cdot 238 + 51$$
$$238 = 4 \cdot 51 + 34$$
$$51 = 1 \cdot 34 + 17$$
$$34 = 2 \cdot 17 + 0.$$

Mithin gilt $51 = 527 - 2 \cdot 238$, woraus

$$34 = 238 - 4 \cdot 51 = 238 - 4(527 - 2 \cdot 238) = (-4) \cdot 527 + 9 \cdot 238$$

und schließlich

$$17 = 51 - 34 = (527 - 2 \cdot 238) - ((-4) \cdot 527 + 9 \cdot 238) = 5 \cdot 527 + (-11) \cdot 238$$

folgt.

Geschichtlich erwähnenswert ist, daß der euklidische Algorithmus eine Kurzfassung der bereits in der Frühzeit der griechischen Mathematik bekannten *Wechselwegnahme* ist, mittels derer das größte gemeinsame Maß zweier beliebiger vergleichbarer Größen bestimmt wurde. Hierbei wird von diesen ausgehend schrittweise jeweils die kleinere von der größeren Größe abgezogen. Endet der Prozeß bei zwei gleichen Größen, ist diese das gesuchte Maß, andernfalls gibt es keines. Beispielsweise wurde die Wechselwegnahme dazu verwendet, die Inkommensurabilität der Diagonale und der Seite eines Quadrates — der Irrationalität von $\sqrt{2}$ in heutiger Sprechweise — zu beweisen (s. [40], S. 98f.).

2. Zermelos Beweis für die eindeutige Primfaktorzerlegung natürlicher Zahlen

In der Grundidee gleicht der Beweis von Zermelo betreffend Satz 7 dem Euklids. Der Unterschied besteht darin, daß Zermelo den Rückgriff auf dessen Satz VII, 30 vermeidet, was, da dieser heute fast ausschließlich mittels der Beweisvariante C gezeigt wird, zur Folge hat, daß er auch nicht den Begriff des größten gemeinsamen Teilers benötigt.

Wie der im Text gegebene Beweis gliedert sich auch der von Zermelo in zwei Schritte: in den Nachweis der Existenz der Primfaktorzerlegung und daran anschließend der Eindeutigkeit, wobei ersterer völlig gleichlautend ist. Um den zweiten zu führen, beachten wir zunächst, daß die Behauptung für kleine Zahlen offenbar gültig ist. Die Zahlen 2, 3, 5 lassen sich als Primzahlen nicht weiter zerlegen, ihre Darstellung als Produkt ist also eindeutig. Ebenso erlauben 4 bzw. 6 ersichtlich nur die Zerlegung $2 \cdot 2$ bzw. $2 \cdot 3$ ($= 3 \cdot 2$). Nehmen wir nun indirekt an, daß die Zahl n ein kleinstes Gegenbeispiel sei, also erstmals zwei wesentlich verschiedene, d.h. nicht bloß durch die Reihenfolge unterschiedene, Darstellungen als Produkt von Primfaktoren hätte: $n = p_1 \cdot \ldots \cdot p_r = q_1 \cdot \ldots \cdot q_s$. Dabei können wir annehmen, daß p_1 der kleinste Teiler $\neq 1$ von n ist, denn dieser ist ja aufgrund des Beweises von Satz 2 Primzahl. Insbesondere muß $q_i > p_1$ für $i = 1, \ldots, s$ sein, denn aus $q_i = p_1$ würden sich zwei verschiedene Darstellungen für $\frac{n}{p_1}$ ergeben: $\frac{n}{p_1} = p_2 \cdot \ldots \cdot p_r = q_1 \cdot \ldots \cdot q_{i-1} \cdot q_{i+1} \cdot \ldots \cdot q_s$, im Widerspruch zur vorausgesetzten Minimalität von n.

Wir setzen im weiteren zur Abkürzung $a = p_2 \cdot \ldots \cdot p_r$ und $b = q_2 \cdot \ldots \cdot q_s$, sodaß also die Beziehungen gelten $n = p_1 a = q_1 b$, wobei jedenfalls $q_1 > p_1$ ist. Nun bilden wir die neue Zahl

$$m = q_1 b - p_1 b = (q_1 - p_1)b$$
$$= p_1 a - p_1 b = p_1(a - b).$$

Wegen $q_1 > p_1$ liegt $q_1 - p_1$ in $\mathbb{N}$ und daher auch m und $a - b$. Klarerweise ist $1 < m < n$. Aufgrund der Minimalität von n besitzt daher m eine bis auf die Reihenfolge eindeutige Primfaktorzerlegung. Die zweite Zeile zeigt, daß in dieser jedenfalls p_1 vorkommt, also muß es auch in $m = (q_1 - p_1)b = (q_1 - p_1)q_2 \cdot \ldots \cdot q_s$ auftreten. Da die q_i, $i \geq 2$, selbst Primzahlen sind, die zusätzlich $q_i > p_1$ erfüllen, kann p_1 aber nur Primfaktor von $q_1 - p_1$ sein. Das hieße jedoch $q_1 - p_1 = p_1 t$ mit einem geeigneten $t \in \mathbb{N}$, was den Widerspruch $q_1 = p_1(t + 1)$ nach sich zieht, da q_1 als Primzahl unzerlegbar ist.

3. Der euklidische Algorithmus und die Eindeutigkeit der Primfaktorzerlegung in $\mathbb{Z}[i]$

Im ersten Teil des Anhangs wurde der euklidische Algorithmus in $\mathbb{N}$ dargestellt, mittels dessen es möglich war, den größten gemeinsamen Teiler zweier natürlichen Zahlen a, b zu bestimmen. Da dieser das entscheidende Hilfsmittel bei unserem Beweis der Eindeutigkeit der Primfaktorzerlegung darstellte, ist es naheliegend, diesen Zugang zu parallelisieren, um das analoge Resultat für $\mathbb{Z}[i]$ abzuleiten.

Nun ist der euklidische Algorithmus ja nichts anderes als eine wiederholte Division mit Rest. Wir müssen somit zunächst diese übertragen. Dazu gehen wir von zwei gegebenen Zahlen $\alpha, \beta \in \mathbb{Z}[i]$, $\beta \neq 0$, aus und bezeichnen die komplexe Zahl $\alpha\beta^{-1}$ — sie liegt im allgemeinen nicht wieder in $\mathbb{Z}[i]$ — mit $\alpha\beta^{-1} = r + si$ ($r, s \in \mathbb{Q}$). Sei a bzw. b die nächste ganze Zahl an r bzw. s, d.h. es gelte $|r - a| \leq \frac{1}{2}$ und $a \in \mathbb{Z}$; analog für b und s. Falls $r = k + \frac{1}{2}$ ist mit $k \in \mathbb{Z}$ ist es gleichgültig, ob man $a = k$ oder $a = k + 1$ wählt. Die Zahl $\kappa = a + bi$ liegt somit in $\mathbb{Z}[i]$. Da $\mathbb{Z}[i]$ Integritätsring ist, folgt auch $\varrho \in \mathbb{Z}[i]$, wobei ϱ durch $\alpha = \kappa\beta + \varrho$ definiert sei. Letztere Gleichung, in der somit sämtliche Größen Elemente von $\mathbb{Z}[i]$ sind, stellt nun bereits die gesuchte Division von α durch β mit Rest ϱ dar. Um die Beziehung von ϱ

zum Divisor β zu erkennen, formen wir um und setzen ein

$$\varrho = \alpha - \kappa\beta = \alpha\beta^{-1}\beta - \kappa\beta = (\alpha\beta^{-1} - \kappa)\beta =$$
$$= (r + si - (a + bi))\beta = ((r - a) + (s - b)i)\beta.$$

Bilden wir von den äußeren Werten die Norm, so folgt wegen deren Multiplikativität

$$N(\varrho) = N\big((r - a) + (s - b)i\big)N(\beta) = \big((r - a)^2 + (s - b)^2\big)N(\beta).$$

Aufgrund der Bedingungen $|r - a| \leq \tfrac{1}{2}$ und $|s - b| \leq \tfrac{1}{2}$ ergibt sich

$$(r - a)^2 + (s - b)^2 \leq \frac{1}{4} + \frac{1}{4} = \frac{1}{2},$$

daher insgesamt: $N(\varrho) \leq \tfrac{1}{2}N(\beta)$. Die Norm des Restes ist also sicherlich kleiner als die Norm des Divisors, ja höchstens gleich der Hälfte der letzteren. Dem Größenvergleich $r < b$ bei der Division mit Rest $a = bq + r$ in $\mathbb{N}$, der ja, wie im Text erwähnt wurde, für komplexe Zahlen nicht möglich ist, entspricht in $\mathbb{Z}[i]$ somit der Größenvergleich der Normen.

Diese Art der Division mit Rest sichert nun, daß der darauf beruhende euklidische Algorithmus abbrechen muß:

$$\begin{array}{lllll}
 & \alpha = \beta\kappa_1 + \varrho_1 & \text{mit} & 0 \leq N(\varrho_1) < N(\beta), \\
\text{falls } N(\varrho_1) \neq 0 & \beta = \varrho_1\kappa_2 + \varrho_2 & \text{mit} & 0 \leq N(\varrho_2) < N(\varrho_1), \\
\text{falls } N(\varrho_2) \neq 0 & \varrho_1 = \varrho_2\kappa_3 + \varrho_3 & \text{mit} & 0 \leq N(\varrho_3) < N(\varrho_2), \\
& \vdots
\end{array}$$

Nehmen wir an, der k-te Schritt sei der letzte, sodaß also die letzten beiden Zeilen die Gestalt

$$\varrho_{k-2} = \varrho_{k-1}\kappa_k + \varrho_k \quad \text{mit} \quad 0 \lneq N(\varrho_k) < N(\varrho_{k-1})$$
$$\varrho_{k-1} = \varrho_k\kappa_{k+1}$$

haben, dann besitzt ϱ_k die in Satz 6 (S. 21) beschriebenen charakteristischen Eigenschaften des größten gemeinsamen Teilers. Einerseits ist nämlich ϱ_k Teiler von α und β, denn wegen der letzten Gleichung ist ϱ_{k-1} Vielfaches von ϱ_k, was in der vorletzten Zeile verwendet ϱ_{k-2} als Vielfaches von ϱ_k ausweist. So fortfahrend, liefert die zweite Zeile $\varrho_k|\beta$ und die erste $\varrho_k|\alpha$. Andererseits läßt sich ϱ_k in der Gestalt $\alpha\xi + \beta\eta$ schreiben, folgt doch zunächst aus der ersten Zeile, daß dies für ϱ_1 gilt: $\varrho_1 = \alpha \cdot 1 + \beta(-\kappa_1)$. Eingesetzt in die zweite Zeile ergibt das:

$$\varrho_2 = \beta - \varrho_1\kappa_2 = \beta - \big(\alpha + \beta(-\kappa_1)\big)\kappa_2 = \alpha(-\kappa_2) + \beta(1 + \kappa_1\kappa_2).$$

Wendet man diese Methode schrittweise bei den weiteren Zahlen an, erhält man das gewünschte Resultat. Daß schließlich jede Zahl der Form $\alpha\xi + \beta\eta$ Vielfaches von ϱ_k sein muß, ist wegen $\varrho_k|\alpha$ und $\varrho_k|\beta$ unmittelbar klar. ϱ_k erfüllt also wirklich sämtliche Eigenschaften der Zahl d in Satz 6, weshalb es auch als *größter gemeinsamer Teiler* von α und β bezeichnet wird. (Nur das Wort „kleinste" in Satz 6 macht — wie schon öfter erwähnt — für komplexe Zahlen keinen Sinn. Doch läßt sich leicht einsehen, daß es durch norm-kleinste ersetzbar ist.)

Ohne auf diesen neuen Begriff genauer einzugehen, wenden wir uns endlich der Eindeutigkeit der Primfaktorzerlegung in $\mathbb{Z}[i]$ zu. Wir gehen dabei analog zum Beweis für natürliche Zahlen vor (s. S. 25f.). Sei dazu eine Zahl $\alpha \in \mathbb{Z}[i]$, $\alpha \neq 0$ und keine Einheit, gegeben, welche zwei Darstellungen als Produkt von primen Elementen besitzt

$$\alpha = \pi_1 \cdot \ldots \cdot \pi_r = \sigma_1 \cdot \ldots \cdot \sigma_s.$$

π_1 muß dann jedenfalls ein Teiler von $\sigma_1 \cdot \ldots \cdot \sigma_s$ sein. Zunächst zeigen wir, daß π_1 einen der Faktoren σ_i teilt. Gilt $\pi_1|\sigma_1$, so sind wir fertig. Andernfalls benützen wir den Endterm δ beim euklidischen Algorithmus (= den größten gemeinsamen Teiler), angewandt auf π_1 und σ_1. Er erfüllt $\delta|\pi_1$ und $\delta|\sigma_1$. Da π_1 prim ist, folgt $\delta = \varepsilon$ oder $\delta = \varepsilon\pi_1$ mit einer Einheit ε. Der zweite Fall kann jedoch nicht eintreten, weil sonst $\pi_1|\delta, \delta|\sigma_1$, also $\pi_1|\sigma_1$ gelten würde, was wir ausgeschlossen hatten. Daher muß $\delta = \varepsilon$ sein, und wir erhalten aufgrund der obigen Überlegungen $\varepsilon = \pi_1\xi + \sigma_1\eta$ mit geeigneten $\xi, \eta \in \mathbb{Z}[i]$. Multipliziert man diese Gleichung mit $\sigma_2 \cdot \ldots \cdot \sigma_s$, so folgt:

$$\sigma_2 \cdot \ldots \cdot \sigma_s = \pi_1(\sigma_2 \cdot \ldots \cdot \sigma_s \xi) + (\sigma_1 \cdot \ldots \cdot \sigma_s)\eta =$$
$$\pi_1(\sigma_2 \cdot \ldots \cdot \sigma_s \xi + \pi_2 \cdot \ldots \cdot \pi_r \eta).$$

Somit teilt π_1 die Zahl $\sigma_2 \cdot \ldots \cdot \sigma_s$, und wir haben gegenüber der Ausgangssituation einen Faktor weniger. Geht man wieder genauso vor, ergeben sich analog die beiden Möglichkeiten $\pi_1|\sigma_2$ oder $\pi_1|\sigma_3 \cdot \ldots \cdot \sigma_s$. So fortfahrend, findet man also sicherlich einen Faktor σ_j mit $\pi_1|\sigma_j$. Nun ist aber σ_j prim, weshalb $\sigma_j = \varepsilon\pi_1$ gelten muß mit einer Einheit ε. Daher kann man in der Beziehung

$$\pi_1 \cdot \ldots \cdot \pi_r = \sigma_1 \cdot \ldots \cdot \sigma_s$$

π kürzen und erhält

$$\frac{\alpha}{\pi_1} = \pi_2 \cdot \ldots \cdot \pi_r = \sigma_1 \cdot \ldots \cdot \sigma_{j-1}\varepsilon\sigma_{j+1} \cdot \ldots \cdot \sigma_s.$$

Da $\varepsilon\sigma_{j+1}$ als zu σ_{j+1} assoziierte Zahl wieder prim ist, hat man somit für die Zahl $\frac{\alpha}{\pi_1}$ zwei Darstellungen mit $r-1$ bzw. $s-1$ Faktoren gefunden.

Dieselbe Methode — falls nötig — darauf angewandt, liefert $\sigma_k = \bar{\varepsilon}\pi_2$ mit einer Einheit $\bar{\varepsilon}$ für einen geeigneten Index k sowie zwei Darstellungen für $\frac{\alpha}{\pi_1 \pi_2}$ mit $r-2$ bzw. $s-2$ Faktoren. Da dieses Verfahren abbricht, folgt die Eindeutigkeit der Primfaktorzerlegung.

Das in diesem Teil des Anhangs dargestellte Prinzip der Ableitung der eindeutigen Primfaktorzerlegung läßt sich in allen Integritätsringen anwenden, in denen sich der euklidische Algorithmus von $\mathbb{N}$ parallelisieren läßt. Sie werden deshalb *euklidische Ringe* genannt. Genaueres hierüber findet man in jedem Algebrabuch, beispielsweise in [83]. Allgemeine Zahlbereiche (s. Anhang 4) werden meist etwas spezieller dahingehend untersucht, ob sie *norm-euklidisch* sind, d.h. einen euklidischen Algorithmus bezüglich einer *Norm* gestatten, wobei letztere eine naheliegende Verallgemeinerung der hier verwendeten ist. Es ist unbekannt, ob dies wirklich eine Einschränkung bedeutet, da bislang kein euklidischer, nicht norm-euklidischer Bereich gefunden wurde.

4. Die Zerlegung in unzerlegbare Elemente in allgemeinen Zahlbereichen

Zunächst sei an einem Beispiel klargemacht, daß sich die Primfaktorzerlegung der im Text behandelten Zahlbereiche $\mathbb{N}, \mathbb{Z}, \mathbb{Z}[i]$ nicht einfach auf andere übertragen läßt. Dazu betrachten wir $\mathbb{Z}[\sqrt{-5}] = \{a + b\sqrt{-5}; a, b \in \mathbb{Z}\}$, also einen Bereich, dessen Elemente ganz analog wie die von $\mathbb{Z}[i]$ gebaut sind und der sich auch bezüglich Addition, Subtraktion und Multiplikation genau wie $\mathbb{Z}[i]$ verhält, insbesondere ebenfalls ein Integritätsring ist. Hier gilt ersichtlich die Zerlegung

$$21 = 3 \cdot 7 = \left(1 + 2\sqrt{-5}\right)\left(1 - 2\sqrt{-5}\right),$$

wobei — wie wir zeigen werden — alle auftretenden Faktoren unzerlegbar sind, d.h. nur triviale Teiler besitzen. Ist α ein beliebiges Element von $\mathbb{Z}[\sqrt{-5}]$, so sind diese wie in $\mathbb{Z}[i]$ durch die Einheiten ε, für die also $\varepsilon|1$ gilt, und $\varepsilon\alpha$ gegeben. Die Einheiten lassen sich wie für jenen Bereich bestimmen (S. 32): Teilt $\varepsilon = a + b\sqrt{-5}$ die 1, so folgt nach Anwendung der Norm: $N(\varepsilon) = a^2 + 5b^2 | 1$. Nun ist ganz allgemein $N(\varepsilon) \in \mathbb{N}$ oder $N(\varepsilon) = 0$, sodaß demnach $N(\varepsilon) = a^2 + 5b^2 = 1$ gelten muß. Diese Beziehung ist in $\mathbb{Z}$ aber nur für $a = \pm 1, b = 0$ erfüllt, weshalb die einzigen Einheiten $\varepsilon = \pm 1$ sind.

Die Unzerlegbarkeit der obigen Faktoren der Zahl 21 zeigen wir am Beispiel $\alpha = 1 + 2\sqrt{-5}$; die anderen Zahlen kann man ganz genauso überprüfen.

Wäre $\beta = c + d\sqrt{-5}$ ein Teiler von α, d.h. gäbe es ein $\gamma \in \mathbb{Z}[\sqrt{-5}]$ mit $\beta\gamma = \alpha$, dann würde wie in $\mathbb{Z}[i]$ folgen: $N(\beta)N(\gamma) = N(\alpha)$. Man hätte somit in $\mathbb{N}$ die Beziehung $N(\beta)|N(\alpha)$. Da $N(\alpha) = 21$ ist, kann $N(\beta)$ nur die Werte $1, 3, 7, 21$ annehmen. Falls $N(\beta) = 1$ ist, ist β nach dem soeben Bewiesenen gleich ± 1, also Einheit; falls $N(\beta) = 21$ gilt, folgt $N(\gamma) = 1$, somit $\gamma = \pm 1$ und weiter $\beta = \pm\alpha$. In diesen beiden Fällen ergibt sich also, daß β trivialer Teiler von α ist. Andererseits kann $N(\beta) = 3$ oder 7 gar nicht eintreten, da die Gleichungen $c^2 + 5d^2 = 3$ bzw. $c^2 + 5d^2 = 7$ nicht ganzzahlig lösbar sind. Mithin haben wir bewiesen, daß α wirklich nicht weiter echt zerlegt werden kann, und dies gilt, wie gesagt, auch für die anderen Faktoren. Der Unterschied zwischen ihnen besteht auch nicht nur aus Einheiten — ± 1 sind ja die einzigen —, sodaß zwar die Zahl 21 in $\mathbb{Z}[\sqrt{-5}]$ sich als Produkt unzerlegbarer Elemente darstellen läßt, aber dies auf mehrere Arten möglich ist. Die Eindeutigkeit der Zerlegung ist also verletzt.

Dieses Beispiel zeigt zugleich auch, daß die in den Zahlbereichen $\mathbb{N}, \mathbb{Z}$ und $\mathbb{Z}[i]$ mögliche Charakterisierung der Primzahlen nicht allgemein gültig ist. Einerseits wurden diese ja definiert als solche Zahlen, die nur die trivialen Teiler besitzen, andererseits sind es nach Euklids Aussage VII, 30 (Satz 1) und unserer Bemerkung dazu (S. 16) genau diejenigen Zahlen, für die gilt: Teilen sie ein Produkt, so mindestens auch einen Faktor. Hier dagegen teilt die Zahl $\alpha = 1 + 2\sqrt{-5}$, die ja nur die trivialen Teiler ± 1, $\pm(1 + 2\sqrt{-5})$ hat, das Produkt $3 \cdot 7$, aber natürlich keinen der Faktoren 3 bzw. 7 — sonst wären diese ja nicht unzerlegbar. Man wird aufgrund dieser Tatsache dahin geführt, zwei Arten von Zahlen in allgemeinen, zu $\mathbb{Z}$ bzw. $\mathbb{Z}[i]$ analogen Zahlbereichen zu unterscheiden, nämlich solche, die nur die trivialen Teiler besitzen — sie werden *unzerlegbar* oder *irreduzibel* genannt —, und solche, die notwendigerweise einen Faktor teilen, falls sie ein Produkt teilen — sie heißen *prim*. Nur für wenige spezielle Bereiche wie $\mathbb{Z}$ und $\mathbb{Z}[i]$ fallen diese beiden Begriffsbildungen zusammen.

Man sieht leicht ein, daß sicherlich jedes prime Element π auch unzerlegbar sein muß, denn wäre $\pi = \alpha\beta$, so gilt ja insbesondere $\pi|\alpha\beta$. Aus der Eigenschaft von π, prim zu sein, folgt dann $\pi|\alpha$ oder $\pi|\beta$. Im ersten Fall gilt $\alpha = \pi\gamma$, was eingesetzt $\pi = \pi\gamma\beta$ nach sich zieht. Da der Zahlbereich dieselben Eigenschaften wie $\mathbb{Z}$ bzw. $\mathbb{Z}[i]$ besitzt, also ein Integritätsring aus gewissen komplexen Zahlen sein soll, kann man durch π kürzen, und es bleibt die Gleichung $1 = \gamma\beta$ stehen. Diese besagt, daß $\beta|1$, also β Einheit ist. Analog schließt man im Fall $\pi|\beta$, daß α Einheit sein muß. Beides zusammen ergibt, daß π, falls es prim ist, nur die trivialen Teiler besitzen kann, mithin unzerlegbar ist.

Am Zahlbereich $\mathbb{Z}[\sqrt{-5}]$ bzw. dem Beispiel $21 = 3 \cdot 7 = (1 + 2\sqrt{-5})(1 - 2\sqrt{-5})$ soll im weiteren der Gedankengang E. E. Kummers erläutert werden, der zur Auflösung des Problems der mehrfachen Zerlegung in unzerlegbare Faktoren führte. Dabei lassen wir unverkürzt — aber der modernen Schreibweise angepaßt — Dedekinds Ausführungen hierzu in seinen berühmten Zusätzen zu Dirichlets „Vorlesungen über Zahlentheorie" ([17], Supplement XI, S. 545ff.) sprechen, denn in ihnen wird in auch heute noch beeindruckender Klarheit und Prägnanz der entscheidende Gesichtspunkt herausgearbeitet. Die hierin verwendete Symbolik $a \equiv b \pmod{m}$, gelesen als: a ist kongruent b modulo m, bedeutet $m|a-b$. Auf die Bedeutung und die Eigenschaften des dadurch definierten Begriffs der Kongruenz wird in Teil 7 des Anhangs genauer eingegangen.

Vorausgeschickt sei aber noch, daß eine Zerlegung eines beliebigen Elementes $\alpha \in \mathbb{Z}[\sqrt{-5}]$, $\alpha \neq 0$ und keine Einheit, in unzerlegbare Elemente stets möglich ist, wie man, wortwörtlich dem entsprechenden Beweis in $\mathbb{Z}[i]$ folgend, erkennt. Der eigentliche Grund dafür, daß diese Zerlegung im allgemeinen auf mehrere wesentlich verschiedene Arten erfolgen kann, liegt im Auseinanderklaffen von primen und unzerlegbaren Elementen.

„Sobald aber eine unzerlegbare Zahl μ existiert, welche keine Primzahl, also eine zusammengesetzte Zahl ist, so gibt es zwei durch μ nicht teilbare Zahlen α, β, deren Produkt γ durch μ teilbar, also von der Form $\mu\nu$ ist; mag man nun die Zahlen α, β, ν, wenn sie zerlegbar sind, auf irgendwelche Weise in unzerlegbare Faktoren aufgelöst haben, so entspringen aus den Gleichungen
$$\gamma = \alpha\beta \quad \text{und} \quad \gamma = \mu\nu$$
zwei Zerlegungen derselben Zahl γ in unzerlegbare Faktoren, und diese beiden Zerlegungen sind *wesentlich verschieden*, weil unter den Faktoren der durch μ nicht teilbaren Zahlen α und β kein einziger mit μ assoziiert sein kann.

Auf eine solche Erscheinung ist *Kummer* bei seinen Untersuchungen über diejenigen Zahlengebiete o gestoßen, welche aus dem Problem der Kreisteilung [d.h. $o = \mathbb{Z}[\zeta_n]$, s. S. 37; unserem Beispiel entsprechend denke man sich $o = \mathbb{Z}[\sqrt{-5}]$ gewählt] entspringen; aber durch die Einführung seiner *idealen Zahlen* ist es ihm gelungen, die hiermit zusammenhängenden großen Schwierigkeiten zu überwinden. Diese Schöpfung neuer Zahlen[45] beruht auf einem Gedanken, welcher für unseren obigen Fall sich etwa in folgender Weise darstellen läßt. Wären die Zahlen α, β, μ, ν, welche durch die Gleichung
$$\alpha\beta = \mu\nu \tag{6}$$
miteinander verbunden sind, ganze *rationale* Zahlen, und zwar ohne gemeinschaftlichen Teiler [> 1], so würde hieraus nach den in $\mathbb{Z}$ herrschenden Gesetzen der Teilbarkeit eine *Zerlegung* dieser Zahlen in rationale Faktoren folgen, nämlich
$$\alpha = \alpha_1\alpha_2, \quad \beta = \beta_1\beta_2, \quad \mu = \alpha_1\beta_2, \quad \nu = \beta_1\alpha_2, \tag{7}$$

und zwar würde α_1 relative Primzahl zu β_1, und ebenso α_2 relative Primzahl zu β_2 sein; selbst wenn man nun diese Zerlegung nicht wirklich ausgeführt hätte, wenn man also die vier ganzen rationalen Zahlen $\alpha_1, \alpha_2, \beta_1, \beta_2$ noch nicht kennte, so wären dieselben doch *wesentlich* bestimmt, und, was das Wichtigste ist, man wäre mit alleiniger Hilfe der *gegebenen* Zahlen α, β, μ, ν völlig imstande zu entscheiden, ob eine beliebige ganze rationale Zahl ω durch eine der unbekannten Zahlen, z.B. durch α_1, *teilbar* ist oder nicht; denn offenbar ist die Kongruenz

$$\omega \equiv 0 \pmod{\alpha_1} \tag{8}$$

völlig gleichbedeutend mit jeder der beiden Kongruenzen

$$\beta\omega \equiv 0 \pmod{\mu}, \quad \nu\omega \equiv 0 \pmod{\alpha}. \tag{9}$$

Wir haben es nun in Wahrheit nicht mit rationalen, sondern mit Zahlen α, β, μ, ν zu tun, welche dem Gebiete o angehören, und da die Zahl μ unzerlegbar, und keine der Zahlen α, β durch μ teilbar ist, so existiert innerhalb o eine Zerlegung von der Form (7) in Wirklichkeit nicht; aber obgleich eine Zahl wie α_1 nicht in o vorhanden ist, so kann man mit *Kummer* doch eine solche Zahl α_1 als einen *idealen* Faktor der *wirklichen* Zahl μ in die Untersuchung einführen; diese ideale Zahl α_1 tritt zwar niemals isoliert auf, aber in Verbindung mit anderen, ebenfalls idealen Zahlen α_2, β_2 kann sie wirkliche Zahlen α, μ des Gebietes o erzeugen, und vor allen Dingen läßt sich die *Teilbarkeit* einer beliebigen wirklichen Zahl ω durch die ideale Zahl α_1 mit voller Klarheit, nämlich durch jede der beiden obigen Kongruenzen (9) definieren.

Eine solche fingierte Zahl α_1 wird man eine *ideale Primzahl* nennen, wenn je zwei durch α_1 nicht teilbare Zahlen ein Produkt geben, welches ebenfalls durch α_1 nicht teilbar ist; man kann auch *Potenzen* solcher Primzahlen einführen und die Teilbarkeit einer beliebigen wirklichen Zahl ω durch α_1^r so definieren, daß die Kongruenz

$$\omega \equiv 0 \pmod{\alpha_1^r}$$

als gleichbedeutend mit jeder der beiden Kongruenzen

$$\beta^r\omega \equiv 0 \pmod{\mu^r}, \quad \nu^r\omega \equiv 0 \pmod{\alpha^r}$$

angesehen wird."

Im weiteren erläutert Dedekind diese theoretischen Überlegungen am obigen Beispiel $21 = 3 \cdot 7 = (1 + 2\sqrt{-5})(1 - 2\sqrt{-5})$. Dabei bezeichnet er $\sqrt{-5}$ mit θ und setzt

$$\omega = x + y\theta \tag{10}$$

sowie gemäß (6)

$$\alpha = 3, \quad \beta = 7, \quad \mu = 1 + 2\theta, \quad \nu = 1 - 2\theta. \qquad (11)$$

„Man wird daher vier *ideale* Zahlen α_1, α_2, β_1, β_2 einführen und so definieren, daß eine beliebige Zahl ω *teilbar* durch α_1, α_2, β_1, β_2 heißt, wenn die entsprechende Kongruenz

$$\nu\omega \equiv 0 \pmod 3 \qquad (\alpha_1)$$
$$\mu\omega \equiv 0 \pmod 3 \qquad (\alpha_2)$$
$$\mu\omega \equiv 0 \pmod 7 \qquad (\beta_1)$$
$$\nu\omega \equiv 0 \pmod 7 \qquad (\beta_2)$$

erfüllt ist. Zufolge (10) und (11) ist aber

$$\nu\omega = (x + 10y) + (y - 2x)\theta, \quad \mu\omega = (x - 10y) + (y + 2x)\theta, \qquad (12)$$

und die vorstehenden Kongruenzen gehen über in[46]

$$x + y \equiv 0 \pmod 3 \qquad (\alpha_1)$$
$$x - y \equiv 0 \pmod 3 \qquad (\alpha_2)$$
$$x - 3y \equiv 0 \pmod 7 \qquad (\beta_1)$$
$$x + 3y \equiv 0 \pmod 7. \qquad (\beta_2)$$

Setzt man ferner $\omega_1 = x_1 + y_1\theta$, so wird $\omega\omega_1 = x_2 + y_2\theta$, wo $x_2 = xx_1 - 5yy_1$, $y_2 = xy_1 + yx_1$, mithin z.B.:

$$x_2 + y_2 \equiv (x + y)(x_1 + y_1) \pmod 3;$$

hieraus folgt mit Rücksicht auf (α_1), daß das Produkt $\omega\omega_1$ dann und nur dann durch die ideale Zahl α_1 teilbar ist, wenn mindestens einer der beiden Faktoren ω, ω_1 durch α_1 teilbar ist, und folglich werden wir α_1 eine ideale *Primzahl* nennen; ganz dasselbe gilt, wie man leicht findet, auch für die drei anderen idealen Zahlen $\alpha_2, \beta_1, \beta_2$. Da ferner die Zahl μ teilbar durch α_1, unteilbar durch α_2, und ebenso die Zahl ν teilbar durch α_2, unteilbar durch α_1 ist, so sind die beiden idealen Primzahlen α_1, α_2 als *verschieden* anzusehen, und in demselben Sinne sind die Zahlen β_1, β_2 voneinander und von α_1, α_2 verschieden. Nun geht aus (α_1) und (α_2) hervor, daß eine Zahl ω dann und nur dann durch die Zahl $\alpha = 3$ teilbar ist, wenn sie sowohl durch α_1, als auch durch α_2 teilbar ist, und da α_1, α_2 für zwei verschiedene ideale Primzahlen zu halten sind, so wird man nach Analogie der Theorie der rationalen Zahlen die Zahl $\alpha = 3$ als *wesentlich* identisch mit dem *Produkte* dieser Zahlen α_1, α_2 ansehen, also in diesem Sinne $\alpha = \alpha_1 \alpha_2$ setzen; ebenso würden sich die drei anderen Gleichungen in (7) rechtfertigen lassen, und diese Zerlegungen der Zahlen α, β, μ, ν in ideale *Faktoren* $\alpha_1, \alpha_2, \beta_1, \beta_2$ würden in (6) eine schöne *Bestätigung* finden.

Durch die Einführung dieser und unendlich vieler anderer idealen Primzahlen, sowie ihrer Potenzen, gewinnt nun die Theorie dieses Zahlengebietes o eine bewunderungswürdige Einfachheit;[47] in der Tat gelangt man auf diese Weise zu dem überraschenden Resultate, daß die in der Theorie der rationalen (ebenso der komplexen) Zahlen herrschenden allgemeinen Gesetze der Teilbarkeit, welche in unserem Gebiete o ihre Geltung zu verlieren drohten, nun vollständig wiederhergestellt werden; jede Zahl ω des Gebietes o kann wie ein Produkt von völlig bestimmten Potenzen von wirklichen oder idealen Primzahlen angesehen werden, und sie geht dann und nur dann in einer zweiten Zahl auf, wenn diese durch jede solche Potenz teilbar ist."

Von diesen idealen Zahlen kann man sich sogar eine zahlenmäßige Vorstellung machen, wenn man über den Bereich $\mathbb{Z}[\sqrt{-5}]$ hinausgeht. Setzt man nämlich $\lambda = 2 + \sqrt{-5}, \kappa = 2 + 3\sqrt{-5}$, so erhält man $\left(1 + 2\sqrt{-5}\right)^2 = -19 + 4\sqrt{-5} = \lambda(-\bar{\kappa})$ und $\left(1 - 2\sqrt{-5}\right)^2 = -19 - 4\sqrt{-5} = \bar{\lambda}(-\kappa)$ (wie üblich bezeichnet dabei eine mit einem Querstrich versehene komplexe Zahl die dazu konjugierte). Mithin gilt

$$21 = \left(1 + 2\sqrt{-5}\right)\left(1 - 2\sqrt{-5}\right) = \sqrt{\lambda} \cdot \sqrt{-\bar{\kappa}} \cdot \sqrt{\bar{\lambda}} \cdot \sqrt{-\kappa}.$$

Andererseits ist $3 = \sqrt{\lambda} \cdot \sqrt{\bar{\lambda}}$ und $7 = \sqrt{-\kappa} \cdot \sqrt{-\bar{\kappa}}$, sodaß die verschiedenartigen Zerlegungen von 21 in $\mathbb{Z}[\sqrt{-5}]$ aus unterschiedlichen Zusammenfassungen von je zwei der 4 Faktoren resultieren. (Die dritte mögliche Variante $\sqrt{\lambda} \cdot \sqrt{-\kappa}$ und $\sqrt{\bar{\lambda}} \cdot \sqrt{-\bar{\kappa}}$ liefert eine neue Zerlegung von 21 in unzerlegbare Faktoren, nämlich $21 = (4 - \sqrt{-5})(4 + \sqrt{-5})$.) Die Zahlen $\alpha_1 = \sqrt{\lambda}, \alpha_2 = \sqrt{\bar{\lambda}}, \beta_1 = \sqrt{-\kappa}, \beta_2 = \sqrt{-\bar{\kappa}}$ stellen also die idealen Bausteine der Zahl 21 dar, die deren verschiedene Zerlegungen in $\mathbb{Z}[\sqrt{-5}]$ bestimmen. Sie selbst gehören also einem umfassenderen Bereich an, wobei dieser von der Ausgangszahl — bei uns 21 — abhängt.

Erlangt man mittels des bahnbrechenden Begriffs der idealen Primzahlen zumindest im Prinzip ein tieferes Verständnis der verschiedenen Faktorzerlegungen einer Zahl, so birgt die konkrete Ausführung besonders für kompliziertere Zahlbereiche (s. S. 125f.) eine Vielzahl an Schwierigkeiten. Aus diesem Grunde suchte man Kummers Gedankengang weiterzuentwickeln, und bereits Dedekind fand eine folgenreiche Lösung. (Ein anderer, von einem höheren Standpunkt aus sogar vorzuziehender Weg wurde von L. Kronecker eingeschlagen; s. [85], II. 2 und II. 11.)

Sein Vorgehen beruht darauf, doch innerhalb des Zahlbereiches R — in unserem Beispiel ist $R = \mathbb{Z}[\sqrt{-5}]$ — Repräsentanten der idealen Primzahlen zu finden, die stellvertretend für sie sein können. Einzelne Zahlen sind dafür natürlich nicht geeignet, denn sie können ja nicht zur Eindeutigkeit der Zerlegung führen. Doch zeigt sich, daß gewisse Mengen von Zahlen sich dafür eignen. Genauer ist der Repräsentant einer idealen Primzahl π die Gesamtheit derjenigen Zahlen des Bereiches R, die durch π teilbar sind — man nennt sie nach Dedekind ein *Ideal*. In $\mathbb{Z}$ würde dies dem entsprechen, daß man eine Zahl m durch die Menge ihrer Vielfachen beschreibt. In unserem Beispiel $\mathbb{Z}[\sqrt{-5}]$ erhält man etwa für $\alpha_1 = \sqrt{\lambda}$ das zugehörige Ideal auf folgende Weise: Nach (12) ist

$$\nu\omega = (x + 10y) + (y - 2x)\sqrt{-5} \equiv 0 \pmod{3}$$

die Bedingung dafür, daß eine beliebige Zahl $\omega \in \mathbb{Z}[\sqrt{-5}]$ durch α_1 teilbar ist. Da diese Kongruenz bedeutet, daß

$$(x + 10y) + (y - 2x)\sqrt{-5} = 3\left(a + b\sqrt{-5}\right)$$

für geeignete $a, b \in \mathbb{Z}$ ist, folgt durch Koeffizientenvergleich $x + 10y = 3a$ und $y - 2x = 3b$, d.h. $3 | x + 10y$, $3 | y - 2x$ (in $\mathbb{Z}$). Erstere Beziehung ist wegen $3 | 12y$ äquivalent zu $3 | x + 10y - 12y = x - 2y$, ebenso aber auch wegen $3 | 3x - 3y$ die zweite: $3 | y - 2x + 3x - 3y = x - 2y$. Somit ist die Bedingung $\alpha_1 | \omega$, $\omega = x + y\sqrt{-5}$, gleichbedeutend mit $3 | x - 2y$. Es folgt also $3z = x - 2y$ bzw. eingesetzt $\omega = (3z + 2y) + y\sqrt{-5}$, wobei $z, y \in \mathbb{Z}$ sind. Gilt umgekehrt $\omega = x + y\sqrt{-5} = (3z + 2y) + y\sqrt{-5}$ mit beliebigen $y, z \in \mathbb{Z}$, so ist $x = 3z + 2y$, sodaß die Bedingung $3 | x - 2y$ erfüllt und damit ω Vielfaches von α_1 ist. Der Dedekindschen Idee gemäß wird daher die ideale Zahl $\alpha_1 = \sqrt{\lambda}$ durch die Gesamtheit der Zahlen

$$(3z + 2y) + y\sqrt{-5} = 3z + (2 + \sqrt{-5})y = 3z + \lambda y, \quad y, z \in \mathbb{Z} \text{ beliebig},$$

repräsentiert.

Da ein Ideal I gerade die Vielfachen in R einer Zahl π enthält, erfüllt es einerseits, daß mit $\varrho, \sigma \in I$ auch $\varrho + \sigma \in I$ gilt, und andererseits, daß $\varrho \in I$, $\tau \in R$ $\varrho\tau \in I$ nach sich zieht. Hat man umgekehrt eine Teilmenge I des Zahlbereichs R gegeben, die diesen beiden Eigenschaften genügt, so sind — wie man zeigen kann (s. etwa [58], S. 124) — alle ihre Elemente Vielfache einer Zahl, die entweder schon in R liegt oder außerhalb von R zu suchen ist, mithin dann eine *ideale* Zahl ist. Somit lassen sich die Ideale in R gerade durch jene zwei Bedingungen charakterisieren.

Um nun das Vorgehen Kummers bezüglich der Faktorisierung der Elemente von R idealtheoretisch zu deuten, beschreibt man nicht nur die idealen Primfaktoren durch Ideale, sondern auch auf genau dieselbe Weise die primen Elemente, die in R liegen — dies wird ja durch das zuletzt genannte Ergebnis nahegelegt. Gilt also für $\alpha \in R$, $\alpha \neq 0$ und keine Einheit,

$\alpha = \pi_1 \cdot \ldots \cdot \pi_r$ mit idealen Primzahlen oder Primzahlen in R, dann ordnet man zunächst jedem der vorkommenden Elemente das entsprechende Ideal zu, nämlich die Gesamtheit der in R liegenden Vielfachen; wir schreiben $I_\alpha, P_1, \ldots, P_r$ für die zu $\alpha, \pi_1, \ldots, \pi_r$ gehörigen Ideale. Nun fehlt nur noch die Übertragung des Produktes. Dafür gilt folgendes: Entsprechen ganz allgemein den Zahlen γ, δ — sie mögen ideal sein oder nicht — die Ideale I_γ, I_δ, so ist, wie man unschwer einsieht, das das Produkt $\gamma\delta$ repräsentierende Ideal $I_{\gamma\delta}$ gleich der Menge $\{ \sum_{\text{endlich}} \varphi_i \psi_i ; \varphi_i \in I_\gamma, \psi_i \in I_\delta \}$. Nennt man für zwei Ideale I, J das Ideal $\{ \sum_{\text{endlich}} \alpha_i \beta_i ; \alpha_i \in I, \beta_i \in J \}$ deren *Produkt* IJ, so gilt also $I_{\gamma\delta} = I_\gamma I_\delta$. Mithin wird aus der Aussage $\alpha = \pi_1 \cdot \ldots \cdot \pi_r$ im idealtheoretischen Sinne die Beziehung $I_\alpha = P_1 \cdot \ldots \cdot P_r$. Dabei besitzen die Ideale P_i, da sie zu primen Elementen gehören, die Eigenschaft, selbst *prim* zu sein, d.h. P_i teilt ein Produkt von Idealen genau dann, wenn es einen Faktor teilt. Wie für Zahlen kann man daraus auch schließen, daß sie unzerlegbar sind, d.h. ist P_i ein Produkt zweier Ideale I, J, also $P = IJ$, so folgt $I = P_i, J = R$ oder $J = P_i, I = R$ — dabei entspricht das Ideal R, also der ganze Bereich, vom Standpunkt der Zahlen aus den Einheiten, denn die Gesamtheit der Vielfachen einer Einheit ε ist gerade R. (Gilt $\varepsilon\eta = 1$, so folgt ja $\alpha = \varepsilon(\eta\alpha)$ für jedes $\alpha \in R$.) Beachtet man noch, daß das der Zahl 0 zugeordnete Ideal allein aus 0 besteht, so führt die Kummersche Idee der Einführung idealer Primfaktoren, idealtheoretisch interpretiert und weiterentwickelt, zu folgendem

Satz 9: *Jedes Ideal I_α eines Zahlenbereiches R, $I_\alpha \neq \{0\}, R$, läßt sich bis auf die Reihenfolge eindeutig als Produkt von Primidealen P_i ($i = 1, \ldots, r$) schreiben: $I_\alpha = P_1 \cdot \ldots \cdot P_r$.*

Dabei kann man zusätzlich zeigen, daß dieses Ergebnis nicht nur für Ideale I_α, die also einem Element $\alpha \in R$ entsprechen, gilt, sondern für jedes beliebige Ideal I von R mit $I \neq \{0\}, R$.[48]

Unser Gedankengang zur Ableitung dieses Satzes aus Kummers Resultat ist noch nicht ganz vollständig. Es fehlt noch der Nachweis, daß sich nur um Einheiten unterscheidende Elemente durch dasselbe Ideal repräsentiert werden. Dies ist aber sofort einsichtig, da γ und $\varepsilon\gamma$, γ beliebig aus R und ε Einheit, dieselben Vielfachen besitzen: $\kappa\gamma = (\kappa\eta)(\varepsilon\gamma)$ und $\kappa(\varepsilon\gamma) = (\kappa\varepsilon)\gamma$ für $\kappa \in R$, wobei sich η wie oben aus $\varepsilon\eta = 1$ bestimmt. Die Gesamtheit dieser Vielfachen ist somit gleich.

Die Bedeutung von Dedekinds Ergebnis besteht nun nicht allein darin, daß Kummers Ideen zu einem würdigen Abschluß von beeindruckender Schönheit gebracht werden, sondern auch darin, daß dadurch Bedingungen dafür abgeleitet werden können, wann in einem Bereich eine eindeutige

Primfaktorzerlegung wie in $\mathbb{Z}$ oder $\mathbb{Z}[i]$ möglich ist. Wie schon erwähnt, läßt sich nämlich jedes Ideal I durch eine Zahl beschreiben, die entweder in R liegt oder ideal ist, derart, daß ihre in R liegenden Vielfachen gerade I ausmachen. Diese Zahl ist zwar nicht eindeutig bestimmt, doch unterscheiden sich je zwei von ihnen — zumindest wenn sie in R liegen — nur um eine Einheit $\varepsilon \in R$. Ist nämlich jedes Element aus I sowohl Vielfaches von $\alpha \in R$ als auch von $\beta \in R$, so gilt insbesondere $\alpha = \beta\kappa$ und $\beta = \alpha\lambda$, woraus $\alpha = \alpha\lambda\kappa$ bzw. nach Kürzen von α $1 = \lambda\kappa$ folgt; λ und κ sind somit wirklich Einheiten. Man kann also jedem Ideal $I \subseteq R$ jene Zahl zuordnen, die, falls sie in R liegt, eindeutig bis auf Einheiten bestimmt ist. Zusätzlich gilt, daß diese Zahl, sei sie ideal oder nicht, prim genau dann ist, wenn I Primideal ist. Angewandt auf Dedekinds Satz, läßt sich daraus Kummers Resultat folgern, daß sich jedes Element $\alpha \in R$, $\alpha \neq 0$ und keine Einheit, in der Gestalt $\alpha = \pi_1 \cdot \ldots \cdot \pi_r$ schreiben läßt, wo α dem I_α zugeordnet ist und die π_i prime, eventuell ideale Elemente sind, die den Idealen P_i entsprechen. Liegt dabei π_i stets in R, so gilt in diesem Bereich sogar die (bis auf Einheiten) eindeutige Primfaktorzerlegung.

Damit besitzt man ein geeignetes Hilfsmittel, um festzustellen, ob ein vorgegebener Zahlbereich diese Zerlegung stets erlaubt oder nicht. Man muß bloß nachprüfen, ob sich die Elemente jedes Primideals als die Vielfachen eines darinnen liegenden Elementes schreiben lassen. Es läßt sich unschwer einsehen, daß das gleichwertig ist damit, ob jedes Ideal diese Eigenschaft besitzt. Ist sie erfüllt, so nennt man R einen *Hauptidealring* — aus dem Grund, weil die einfachsten Ideale, nämlich diejenigen, deren Elemente sämtlich Vielfache eines einzigen Elementes in R sind, als *Hauptideale* bezeichnet werden. Insgesamt ergibt sich somit, daß der Satz der eindeutigen Primfaktorzerlegung genau dann in einem Zahlbereich gilt, wenn R ein Hauptidealring ist.[49] Im Unterschied zu Kummers Ergebnis läßt sich dieses auch in komplizierteren Zahlbereichen oftmals anwenden, wodurch es möglich wurde, eine ganze Reihe von Resultaten, die eindeutige Primfaktorzerlegung betreffend, abzuleiten. Einige davon werden zum Abschluß dieses Teils des Anhangs angeführt.

Zuvor sei aber noch etwas genauer auf die Zahlbereiche R eingegangen, in denen Dedekinds Satz, also die eindeutige Prim*ideal*zerlegung gültig ist. Dabei beschränken wir uns auf solche, die eine den bisher behandelten Bereichen $\mathbb{Z}$, $\mathbb{Z}[i]$ und $\mathbb{Z}[\sqrt{-5}]$ möglichst ähnliche Bauart aufweisen. Diese drei sind jedenfalls Integritätsringe. Nimmt man die Inversen der Elemente und sämtliche Produkte der ursprünglichen Elemente mit den neuen hinzu, so gelangt man stets zu einem *Körper* (s. auch S. 76), d.h. zu einem Bereich, in welchem alle 4 Rechenoperationen Addition, Subtraktion, Multiplikation und Division (außer durch 0) unbeschränkt ausführbar sind. Und zwar sind es der Körper $\mathbb{Q}$ der rationalen Zahlen, $\mathbb{Q}(i) = \{a + bi; a, b \in \mathbb{Q}\}$ und

$\mathbb{Q}\left(\sqrt{-5}\right) = \{a + b\sqrt{-5}; a, b \in \mathbb{Q}\}$. Die beiden letzten kann man auch so beschreiben, daß man zu $\mathbb{Q}$ ein weiteres Element ω, $\omega = i$ oder $\omega = \sqrt{-5}$, hinzufügt und dann den kleinsten Körper sucht, der ω enthält. Diese ω besitzen dabei die zusätzliche Eigenschaft, daß sie Nullstelle eines Polynoms p mit ganzen Koeffizienten sind, wobei der erste gleich 1 ist, nämlich $p = x^2 + 1$ bzw. $p = x^2 + 5$.

Allgemein nennt man eine beliebige komplexe Zahl ω, die einem solchen Polynom $p = x^n + a_1 x^{n-1} + \ldots + a_n$ ($a_i \in \mathbb{Z}, n \geq 1$) genügt, *ganz algebraisch* (über $\mathbb{Q}$).[50] Man kann dann analog einen Integritätsring $\mathbb{Z}[\omega]$ studieren, in dem jedoch im allgemeinen nicht mehr der Satz von der eindeutigen Primidealzerlegung gilt. Es zeigt sich nämlich, daß dafür ein bestimmter Zusammenhang des gegebenen Integritätsringes R mit seinem *Quotientenkörper* K, den man, wie vorhin für $\mathbb{Z}$, $\mathbb{Z}[i]$ und $\mathbb{Z}[\sqrt{-5}]$, durch Hinzufügen der Inversen der Elemente und sämtlicher möglichen Produkte erhält, vorhanden sein muß. Und zwar muß R in K *ganz algebraisch abgeschlossen* sein, was bedeutet, daß ein Element $a \in K$, das einem Polynom $p = x^n + r_1 x^{n-1} + \ldots + r_n$ mit $r_i \in R$ genügt, bereits in R liegt.

Nun gibt es ein einfaches Verfahren, um die gesuchten Integritätsringe zu finden. Man geht von $\mathbb{Z}$ aus und fügt sämtliche in $\mathbb{Q}(\omega)$ liegenden Nullstellen von Polynomen $x^n + a_1 x^{n-1} + \ldots + a_n$ hinzu, mit $a_i \in \mathbb{Z}$ und $n \geq 1$. Wie vorhin ist dabei $\mathbb{Q}(\omega)$ der kleinste Körper komplexer Zahlen, der ω enthält. In der Menge dieser Elemente kommt jedenfalls ω vor, da dieses als ganz algebraisch vorausgesetzt war, und sie bildet wirklich einen Integritätsring, die sogenannte *Ordnung* O_ω von $\mathbb{Q}(\omega)$. Darunter fallen die von uns behandelten Ringe $\mathbb{Z}$ — hier wählt man etwa $\omega = 1$ —, $\mathbb{Z}[i]$ und $\mathbb{Z}[\sqrt{-5}]$. Und diese Ordnungen erfüllen stets den Satz von Dedekind, in ihnen gilt also die eindeutige Primidealzerlegung.

Nun können wir die angekündigten Resultate über die eindeutige Prim*faktor*zerlegung zitieren, wobei wir eingangs bemerken, daß in Ordnungen eine solche Zerlegung wirklich stets möglich ist. Dies kann unter Verwendung eines erweiterten Normbegriffs völlig analog wie im Fall $\mathbb{Z}[i]$ gezeigt werden. Die entscheidende Frage ist somit die nach der Eindeutigkeit. Beginnen wir mit den *quadratischen Zahlkörpern* $\mathbb{Q}(\sqrt{d})$, wo $d \in \mathbb{Z}$, $d \neq 0$ ist. Wie man sofort erkennt, gilt $\mathbb{Q}(\sqrt{a^2 d}) = \mathbb{Q}(\sqrt{d})$ für beliebiges $a \in \mathbb{Z}$, $a \neq 0$,[51] sodaß man sich im weiteren auf solche d beschränken kann, die von keiner Quadratzahl $\neq 0, 1$ geteilt werden. Die zugehörigen Ordnungen $O_{\sqrt{d}}$ lassen sich dann folgendermaßen beschreiben:

$O_{\sqrt{d}} = \mathbb{Z}[\sqrt{d}] = \{a + b\sqrt{d}; a, b \in \mathbb{Z}\}$, falls d den Rest 2 oder 3 bei Division durch 4 besitzt;

$O_{\sqrt{d}} = \mathbb{Z}[\delta] = \{a + b\delta; a, b \in \mathbb{Z}\}$ mit $\delta = \frac{1+\sqrt{d}}{2}$, falls jener Rest gleich 1 ist.

(Die letzte verbleibende Möglichkeit $4|d$ widerspricht der an d gestellten Bedingung.)

Wie steht es nun um die Eindeutigkeit? Wir wissen, daß sie für $d = -1$ erfüllt ist, für $d = -5$ jedoch nicht. Allgemein gilt für $d < 0$, daß $O_{\sqrt{d}}$ ein Ring mit eindeutiger Primfaktorzerlegung ist genau für $d = -1, -2, -3, -7, -11, -19, -43, -67, -163$. Im Prinzip listete bereits Gauß in seinen „Disquisitiones arithmeticae" ([24], Art. 303) diese Zahlen auf und vermutete, daß es alle seien, doch konnte dies erst 1967 endgültig verifiziert werden. Für positives d liegt der Fall insofern komplizierter, als eine Unzahl von Bereichen $O_{\sqrt{d}}$ die eindeutige Primfaktorzerlegung gestattet und man nicht einmal weiß, ob es unendlich oder nur endlich viele sind. So besitzen etwa für $d < 80$ von den in Frage kommenden Integritätsringen $O_{\sqrt{d}}$ diejenigen mit $d = 10, 15, 26, 30, 34, 35, 39, 42, 51, 55, 58, 65, 66, 70, 74, 78, 79$ diese Eigenschaft *nicht*. (Unter diesen Zahlen ist 79 die erste Primzahl.) In diesem Zusammenhang sei noch erwähnt, daß man im Falle der Mehrdeutigkeit der Zerlegung einer Zahl in unzerlegbare Faktoren noch fragen kann, ob wenigstens die Anzahl der Faktoren stets dieselbe ist. Der idealtheoretische Zugang gestattet es, auch darauf eine Antwort zu geben. Interessanterweise ist $d = 79$ die erste positive Zahl, wo auch diese abgeschwächte Eigenschaft in $O_{\sqrt{d}}$ nicht mehr erfüllt ist. Für $d < 0$ sind $d = -14, -17$ die ersten derartigen Zahlen. So gilt beispielsweise in $O_{\sqrt{-17}} = \mathbb{Z}[\sqrt{-17}] = \{a + b\sqrt{-17}; a, b \in \mathbb{Z}\}$ die Zerlegung

$$18 = 2 \cdot 3 \cdot 3 = (1 + \sqrt{-17})(1 - \sqrt{-17}),$$

wobei alle auftretenden Faktoren unzerlegbar sind (± 1 sind die einzigen Einheiten in diesem Bereich).

Für Integritätsringe O_ω mit nicht quadratischem ω sind meist nur Einzelresultate bekannt. Immer aber erfüllen sie — wie erwähnt — die Eigenschaft, daß die Zerlegung in unzerlegbare und damit prime Elemente stets möglich ist. Am genauesten sind noch die bereits von Kummer behandelten Bereiche $O_{\zeta_n} = \mathbb{Z}[\zeta_n]$ untersucht, wo $\zeta_n = \cos\frac{2\pi}{n} + i\sin\frac{2\pi}{n}$, also eine n-te Einheitswurzel, und $n > 1$ eine natürliche Zahl ist. Diese benötigt man nämlich beim Studium der sogenannten *Fermatschen Vermutung*, welche besagt, daß es für $n \in \mathbb{N}$, $n > 2$, keine ganzzahligen, nicht verschwindenden Lösungen der Gleichung $x^n + y^n = z^n$ gibt — ganz konträr zum Fall $n = 2$, wo ja unendlich viele solcher Lösungen von $x^2 + y^2 = z^2$ existieren (s. Anm. 10). Da sich die linke Seite jener Gleichung zerlegen läßt in

$$x^n + y^n = (x + y)(x + \zeta_n \eta) \ldots (x + \zeta_n^{n-1} y),$$

sieht man, daß die Vermutung mit der Zerlegbarkeit von Elementen in O_{ζ_n} zu tun hat. Diesbezüglich sei nur soviel erwähnt, daß $n = 23$ die erste

Primzahl ist, für die die Eindeutigkeit der Zerlegung in O_{ζ_n} nicht mehr gegeben ist. Genaueres darüber findet man in [51] und [9], Kap. V.

5. Über die Verteilung der Primzahlen

Zunächst soll hier das in Kapitel 5 angeführte Ergebnis abgeleitet werden, daß die Reihe $\sum_{p \text{ prim}} \frac{1}{p}$ divergiert.

Sei dazu t eine beliebige, aber feste natürliche Zahl. Jedes $n \in \mathbb{N}, n \leq t$, läßt sich dann als Produkt von Primzahlen schreiben, die sicherlich sämtlich $\leq t$ sind. Wie beim Eulerschen Beweis für die Unendlichkeit der Primzahlmenge (S. 41) ergibt sich somit:

$$\sum_{n=1}^{t} \frac{1}{n} \leq \prod_{\substack{p \leq t \\ p \text{ prim}}} \left(\sum_{k=1}^{\infty} \frac{1}{p^k}\right) = \prod_{\substack{p \leq t \\ p \text{ prim}}} \frac{1}{1 - \frac{1}{p}}.$$

Logarithmiert man beide Seiten, so erhält man

$$\log \sum_{n=1}^{t} \frac{1}{n} \leq - \sum_{\substack{p \leq t \\ p \text{ prim}}} \log\left(1 - \frac{1}{p}\right). \tag{13}$$

Nun gilt $\log(1+x) = \sum_{i=1}^{\infty} (-1)^{i+1} \frac{x^i}{i}$, falls $|x| < 1$, also folgt

$$-\log\left(1 - \frac{1}{p}\right) = \sum_{i=1}^{\infty} \frac{1}{ip^i}.$$

Im weiteren schätzt man die rechte Seite nach oben ab:

$$\sum_{i=1}^{\infty} \frac{1}{ip^i} = \frac{1}{p} + \sum_{i=2}^{\infty} \frac{1}{ip^i} = \frac{1}{p} + \frac{1}{p^2}\left(\sum_{i=2}^{\infty} \frac{1}{ip^{i-2}}\right) < \frac{1}{p} + \frac{1}{p^2}\left(\sum_{i=2}^{\infty} \frac{1}{p^{i-2}}\right).$$

Dabei ist $\sum_{i=2}^{\infty} \frac{1}{p^{i-2}} = \sum_{j=0}^{\infty} \frac{1}{p^j}$ eine geometrische Reihe, hat also den Wert $\frac{1}{1-\frac{1}{p}}$.
Daher ergibt sich insgesamt:

$$-\log\left(1 - \frac{1}{p}\right) < \frac{1}{p} + \frac{1}{p^2} \cdot \frac{1}{1 - \frac{1}{p}} = \frac{1}{p} + \frac{1}{p(p-1)} < \frac{1}{p} + \frac{1}{p^2}.$$

Setzt man dies in (13) ein, so erhält man

$$\log \sum_{n=1}^{t} \frac{1}{n} < \sum_{\substack{p \leq t \\ p\,\text{prim}}} \frac{1}{p} + \sum_{\substack{p \leq t \\ p\,\text{prim}}} \frac{1}{p^2} < \sum_{p\,\text{prim}} \frac{1}{p} + \sum_{n=1}^{\infty} \frac{1}{n^2}.$$

Diese Abschätzung ist nun unabhängig von t, bleibt also gültig, wenn man t gegen ∞ gehen läßt. Es folgt

$$\log \sum_{n=1}^{\infty} \frac{1}{n} \leq \sum_{p\,\text{prim}} \frac{1}{p} + \sum_{n=1}^{\infty} \frac{1}{n^2}.$$

Da die letzte Reihe konvergiert (s. S. 42), andererseits die linke Reihe — die harmonische — divergiert, muß auch $\sum_{p\,\text{prim}} \frac{1}{p}$ divergieren, was wir behauptet hatten.

Dieser Beweis beruht auf demselben Gedankengang wie derjenige Eulers für den Satz, daß es unendlich viele Primzahlen gibt. Durch Betrachten der harmonischen Reihe und Verwenden der Primfaktorzerlegung natürlicher Zahlen wird man mittels einfacher Abschätzungen zum gewünschten Ergebnis geführt.

Es sei noch angemerkt, daß bei der Interpretation dieses Resultates eine gewisse Vorsicht am Platz ist. Zunächst besagt es ja, daß sich die Reihe $\sum_{p\,\text{prim}} \frac{1}{p}$ wie die harmonische Reihe $\sum_{n \geq 1} \frac{1}{n}$ verhält, also nicht wie $\sum_{n \geq 1} \frac{1}{n^2}$ bzw. allgemein $\sum_{n \geq 1} \frac{1}{n^k}$ ($k \geq 2$) konvergiert. Man kann dies wie im Text so deuten, daß es nur „wenige" Quadratzahlen (oder k-te Potenzen) unter den natürlichen Zahlen gibt, dagegen wesentlich „mehr" Primzahlen. Ihre Reziproken verhalten sich summiert eben bereits wie die Reziproken aller natürlichen Zahlen. Das kann man auch so ausdrücken, daß die Primzahlen dichter verteilt sind als die Quadratzahlen. Diese Formulierung darf aber nicht dahingehend interpretiert werden, daß zwischen je zwei Quadratzahlen n^2 und $(n+1)^2$ mindestens eine Primzahl liegt. Das ist zwar durchaus plausibel und stimmt auch für alle bisher überprüften numerischen Werte (z.B. für alle $n^2 < 4{,}44 \cdot 10^{12}$), doch fehlt dafür ein allgemeiner Beweis. Bislang ist nur das sogenannte *Bertrandsche Postulat* bewiesen, welches besagt, daß zwischen a und $2a$, $a \in \mathbb{N}$, sicherlich eine Primzahl liegt.

In unserem Zusammenhang ist die Vermutung von Schinzel interessant (s. [65], S. 156), die besagt, daß diese Aussage auch gilt, falls $2a$ durch $a + (\log a)^2$ ersetzt wird; dabei muß man $a \geq 8$ voraussetzen, da es keine Primzahl p mit $7 < p < 10{,}7865\ldots = 7 + (\log 7)^2$ gibt. Setzt man hier $a = n^2$, so wird also insbesondere vermutet, daß zwischen n^2 und $n^2 + (\log n^2)^2 = n^2 + 4(\log n)^2$ stets eine Primzahl liegt. Da $n^2 + 4(\log n)^2 \leq (n+1)^2$ ist für $n \geq 11$, ist Schinzels Vermutung stärker als die ursprüngliche, wo die Grenzen aufeinanderfolgende Quadratzahlen sind (für $n < 11$ ist letztere, wie erwähnt, sowieso gültig). Wie diese ist auch jene für alle Zahlen $a < 4,44 \cdot 10^{12}$ ($a \geq 8$) richtig.

6. Die Formel von Meissel

Bevor wir einen Beweis für die Formel von Meissel angeben, sei noch dargestellt, wie sich der in der Legendreschen Formel unangenehme Term $\sum_{d|p_1 \cdot \ldots \cdot p_k} \mu(d) \left[\frac{x}{d}\right]$ mittels der Hilfsfunktion $\varphi(x,m)$ ausdrücken läßt.

Aus dem im Text Gesagten folgt, daß $\varphi(x, \pi(\sqrt{x}))$ gleich der Anzahl derjenigen $a \in \mathbb{N}$, $a \leq x$, ist, für die $(a, p_1 \cdot \ldots \cdot p_m) = 1$ gilt, wobei das Produkt $p_1 \cdot \ldots \cdot p_m$ sämtliche Primzahlen $\leq \sqrt{x}$ als Faktoren enthält. Das sind aber neben der Zahl 1 gerade die Primzahlen zwischen $\sqrt{x}$ und x, da jede andere Zahl $\leq x$ einen Primfaktor $\leq \sqrt{x}$ besitzt. Mithin erhält man

$$\pi(x) = \pi(\sqrt{x}) + \varphi(x, \pi(\sqrt{x})) - 1, \tag{14}$$

was, wenn man es mit der Formel von Legendre vergleicht, auf

$$\sum_{d|p_1 \cdot \ldots \cdot p_k} \mu(d) \left[\frac{x}{d}\right] = \varphi(x, \pi(\sqrt{x}))$$

führt.

Nun zum Beweis der Meisselschen Formel. Nach Definition war $\varphi(x,k)$ die Anzahl der $a \in \mathbb{N}$, $a \leq x$, die $(a, p_1 \cdot \ldots \cdot p_k) = 1$ erfüllen, wobei $p_1, \ldots, p_k$ die ersten k Primzahlen sind. Wie schon im Text erwähnt wurde, ist die Bedingung für a gleichwertig damit, daß a zu $p_1 = 2, p_2 = 3, \ldots, p_k$ relativ prim ist. Geht man also von $\varphi(x, k-1)$ aus, so erhält man daraus den Wert von $\varphi(x, k)$, wenn man die Anzahl derjenigen $a \leq x$ abzieht, die zwar zu $p_1, \ldots, p_{k-1}$ aber nicht zu p_k relativ prim sind. Da p_k Primzahl ist, besagt letzteres $p_k | a$, sodaß folglich diese a gerade gegeben sind durch $a = p_k c$ mit zu $p_1, \ldots, p_{k-1}$ relativ primem c. Ihre Anzahl ist somit jener der c. Da $a \leq x$ vorausgesetzt war, muß $c = \frac{a}{p_k} \leq \frac{x}{p_k}$ gelten, weshalb diese und damit auch jene — gleich $\varphi(\frac{x}{p_k}, k-1)$ ist. Insgesamt erhält man daher zunächst die im Text verwendete Rekursionsformel

$$\varphi(x, k) = \varphi(x, k-1) - \varphi\left(\frac{x}{p_k}, k-1\right).$$

Auf dieselbe Weise läßt sich auch ein Zusammenhang zwischen $\varphi(x,n)$ und $\varphi(x,m)$ ableiten für $m = \pi(\sqrt[3]{x})$ und $n = \pi(\sqrt{x})$, wobei wir aus dem Text in Erinnerung rufen, daß p_m die größte Primzahl $\leq \sqrt[3]{x}$ und ebenso p_n die größte Primzahl $\leq \sqrt{x}$ ist. Zieht man nämlich von $\varphi(x,m)$ die Anzahl derjenigen $a \leq x$ ab, die zwar zu $p_1 \cdot \ldots \cdot p_m$, aber nicht zu $p_{m+1} \cdot \ldots \cdot p_n$ relativ prim sind, so erhält man genau $\varphi(x,n)$. Insbesondere kann daher a zum einen überhaupt nur Primfaktoren $> \sqrt[3]{x}$ besitzen und muß zum andern von einer der Primzahlen p_i ($i = m+1, \ldots, n$) geteilt werden. Aus beiden Bedingungen folgt wegen $a \leq x$, daß a die Gestalt $a = p_i p$ haben muß mit primen p verschieden von $p_1, \ldots, p_m$ oder $p = 1$. Wie viele solche a gibt es? Für $i = m+1$ besitzt p $\pi(\frac{x}{p_{m+1}}) - m + 1$ Möglichkeiten, für $i = m+2$ $\pi(\frac{x}{p_{m+2}}) - (m+1) + 1$, da ja $p = p_{m+1}$ bereits vorher gezählt wurde, allgemein für $i = m + i_o$ $\pi(\frac{x}{p_{m+i_0}}) - (m + i_0 - 1) + 1$. Die Anzahl der a erhält man dann durch Addition aller dieser Werte. Insgesamt ergibt sich somit

$$\varphi(x,n) = \varphi(x,m) - \sum_{i=m+1}^{n} \left(\pi\left(\frac{x}{p_i}\right) - (i-2) \right).$$

Nach (14) ist aber, wenn man $\pi(\sqrt{x}) = n$ einsetzt,

$$\varphi(x,n) = \pi(x) - n + 1,$$

sodaß aus beiden Beziehungen

$$\pi(x) = \varphi(x,m) - \sum_{i=m+1}^{n} \pi\left(\frac{x}{p_i}\right) + \sum_{i=m+1}^{n} (i-2) + n - 1$$

folgt. Die letzten drei Terme kann man zu $\sum_{i=m+1}^{n+1}(i-2) = \sum_{j=m-1}^{n-1} j$ zusammenfassen und mittels der Summenformel für die arithmetische Reihe berechnen:

$$\sum_{j=m-1}^{n-1} j = \sum_{j=1}^{n-1} j - \sum_{j=1}^{m-2} j = \frac{(n-1)n}{2} - \frac{(m-2)(m-1)}{2}$$
$$= \frac{(n-m+1)(n+m-2)}{2}.$$

Eingesetzt erhält man schließlich die Meisselsche Formel

$$\pi(x) = \varphi(x,m) - \sum_{i=m+1}^{n} \pi\left(\frac{x}{p_i}\right) + \frac{(n-m+1)(n+m-2)}{2}.$$

7. Kongruenzen

Im Text wurde schon an verschiedenen Stellen auf Kongruenzen Bezug genommen. Auch wurden einige Ergebnisse sie betreffend abgeleitet, andere dagegen bloß zitiert. Hier soll nun ein kurzgefaßter, geschlossener Aufbau der Theorie der Kongruenzen erfolgen, der es ermöglicht, sowohl die ersteren als auch die letzteren Resultate zu zeigen. Frühere Beweise werden dabei nicht unbedingt übernommen, sodaß die Gelegenheit offensteht, gemäß Hegels Gesichtspunkt Gütevergleiche zu ziehen.

Sind a, b ganze und n eine natürliche Zahl, so bedeutet $a \equiv b \pmod{n}$ — gesprochen: a kongruent b modulo n — nichts anderes als $n | a - b$. Diesen simplen Sachverhalt durch eine eigene Symbolik wiederzugeben, war ein genialer Einfall von Gauß, denn dadurch kommen die geltenden Regeln und Gesetzmäßigkeiten viel prägnanter zum Ausdruck.

Die einfachsten dieser Regeln sind:

$$a \equiv a \pmod{n};\ a \equiv b \pmod{n} \text{ impliziert } b \equiv a \pmod{n};$$
$$a \equiv b \pmod{n} \text{ und } b \equiv c \pmod{n} \text{ impliziert } a \equiv c \pmod{n}. \qquad (15)$$

Ersteres gilt wegen $n | a - a$, zweiteres, da aus $n | a - b$ folgt $n | b - a$, und letzteres schließlich, weil $n | a - b$ und $n | b - c$ $n | (a - b) + (b - c) = a - c$ nach sich zieht. Die Rechenregel für die Addition bzw. Subtraktion besagt, daß

$$\text{aus } a \equiv b \pmod{n} \text{ und } c \equiv d \pmod{n} \text{ folgt } a \pm c \equiv b \pm d \pmod{n}. \quad (16)$$

Wieder erkennt man dies durch bloßes Einsetzen, denn $n | b - a$ und $n | d - c$ bedingt $n | (b - a) \pm (d - c) = (b \pm d) - (a \pm c)$.

Ohne Schwierigkeiten lassen sich auch Regeln für Multiplikation und Potenzieren ableiten. Für ersteres braucht man nur zu beachten, daß mit $a \equiv b \pmod{n}$ auch $ka \equiv kb \pmod{n}$ gilt für jedes beliebige $k \in \mathbb{Z}$; denn $n | a - b$ impliziert klarerweise $n | k(a - b) = ka - kb$. Setzt man nun wieder $a \equiv b \pmod{n}$ und $c \equiv d \pmod{n}$ voraus, so folgt also einerseits $ac \equiv bc \pmod{n}$, andererseits $bc \equiv bd \pmod{n}$, was aufgrund von (15) die Multiplikationsregel $ac \equiv bd \pmod{n}$ ergibt. Wählt man hierbei $c = a$ und $b = d$, so erhält man $a^2 \equiv b^2 \pmod{n}$ und, so weiterfahrend, allgemein $a^k \equiv b^k \pmod{n}$ für $k \in \mathbb{N}$; der Fall $k = 0$ ist auch gestattet, da dann bloß $1 \equiv 1 \pmod{n}$ steht. Hiermit haben wir folgende Regeln abgeleitet:

$$\text{aus } a \equiv b \pmod{n} \text{ und } c \equiv d \pmod{n} \text{ folgt } ac \equiv bd \pmod{n}; \qquad (17)$$

$$\text{aus } a \equiv b \pmod{n} \text{ folgt } a^k \equiv b^k \pmod{n} \text{ für } k = 0, 1, 2, \ldots. \qquad (18)$$

Die in Kapitel 10 angegebenen Werte wie $2^7, 7^7, 14^7$ etc., reduziert modulo 33, lassen sich mit ihrer Hilfe leicht gewinnen:

$$2^5 = 32 \equiv -1 \pmod{33} \Rightarrow 2^7 = 4 \cdot 2^5 \equiv 4 \cdot (-1) \equiv 29 \pmod{33},$$
$$7^3 = 343 \equiv 13 \pmod{33} \Rightarrow 7^6 \equiv 13^2 = 169 \equiv 4 \pmod{33} \Rightarrow$$
$$\Rightarrow 7^7 \equiv 4 \cdot 7 = 28 \pmod{33},$$
$$14^7 = 2^7 \cdot 7^7 \equiv 29 \cdot 28 \equiv (-4)(-5) = 20 \pmod{33}.^{52}$$

Schließlich wollen wir noch eine Kürzungsregel ableiten:

Gilt $ra \equiv rb \pmod{n}$ und ist $(r,n) = 1$, so folgt $a \equiv b \pmod{n}$. (19)

Die Voraussetzung bedeutet ja nichts anderes als $n | ra - rb = r(a - b)$, und wegen $(r, n) = 1$ ergibt Satz 5 die Behauptung.

Die letzte Regel besitzt eine wichtige Anwendung in folgendem

Satz 10 *(von Euler)*: *Für jede zum Modul n teilerfremde Zahl a gilt*

$$a^{\varphi(n)} \equiv 1 \pmod{n}.$$

Dabei ist $\varphi(n)$ die bereits im Text, S. 79, erwähnte Eulersche φ–Funktion, die die Anzahl derjenigen Zahlen von $0, 1, \ldots, n-1$ angibt, die zu n relativ prim sind.

Um die Aussage des Satzes einzusehen, multiplizieren wir die eben genannten $\varphi(n)$ Zahlen $r_1, \ldots, r_{\varphi(n)}$ mit a und berechnen den Rest bei Division durch $n: ar_i = nq_i + s_i$ bzw. äquivalent $ar_i \equiv s_i \pmod{n}$ mit $0 \leq s_i < n$. Sämtliche s_i müssen jedenfalls zu n relativ prim sein, denn wäre p ein gemeinsamer Primteiler von s_i und n, so müßte er auch $nq_i + s_i = ar_i$ teilen, was wegen $(a, n) = (r_i, n) = 1$ unmöglich ist. Damit kommen alle $s_1, \ldots, s_{\varphi(n)}$ unter den Zahlen $r_1, \ldots, r_{\varphi(n)}$ vor. Weiters sind die s_i sämtlich verschieden. Wäre nämlich $s_i = s_j$ für $i \neq j$, so folgte

$$ar_i \equiv s_i = s_j \equiv ar_j \pmod{n}$$

und aufgrund der Kürzungsregel $r_i \equiv r_j \pmod{n}$. Da die Zahlen r_i die Bedingung $0 \leq r_i < n$ erfüllen, müßte $n | r_i - r_j$ gelten mit $-n < r_i - r_j < n$. Das würde aber $r_i - r_j = 0$, also $r_i = r_j$ für $i \neq j$ implizieren, ein offensichtlicher Widerspruch.

Insgesamt ergibt sich somit, daß die $\varphi(n)$ verschiedenen Zahlen $s_1, \ldots, s_{\varphi(n)}$ bis auf die Reihenfolge mit den Zahlen $r_1, \ldots, r_{\varphi(n)}$ übereinstimmen, weshalb insbesondere $\prod_{i=1}^{\varphi(n)} r_i = \prod_{i=1}^{\varphi(n)} s_i$ sein muß. Letztere Beziehung werten wir unter Verwendung der Produktregel (17) aus:

$$\prod_{i=1}^{\varphi(n)} r_i = \prod_{i=1}^{\varphi(n)} s_i \equiv \prod_{i=1}^{\varphi(n)} ar_i = a^{\varphi(n)} \prod_{i=1}^{\varphi(n)} r_i \pmod{n}.$$

Da für zu n teilerfremde Zahlen r_i auch deren Produkt zu n teilerfremd ist, können wir nochmals die Kürzungsregel anwenden und erhalten die Behauptung $a^{\varphi(n)} \equiv 1 \pmod{n}$.

Auf Satz 10 beruht die Dechiffrierung des RSA-Systems (S. 70f.). Dort war das Produkt $n = pq$ zweier großen Primzahlen p, q, $p \neq q$, gegeben, und zur Codierung potenzierte man Zahlenwerte und übermittelte deren Rest bei Division durch n. In der Sprache der Kongruenzen bedeutet das

$$a^k \equiv r \pmod{n} \text{ mit } 0 \leq r < n,$$

wobei $(k, (p-1)(q-1)) = 1$ vorausgesetzt war. Um nun aus r wieder den ursprünglichen Zahlenwert a zu erhalten, braucht man bloß $l \in \mathbb{N}$ so zu wählen, daß $\varphi(n)|kl - 1$ gilt. (Daß ein solches l existiert, zeigen wir im Anschluß an diese Überlegung.) Es folgt dann nämlich $kl - 1 = \varphi(n)t$ für ein geeignetes $t \in \mathbb{Z}$ und damit aufgrund der Potenzregel (18) und Satz 10

$$r^l \equiv a^{kl} = a^{\varphi(n)t+1} = \left(a^{\varphi(n)}\right)^t a \equiv 1^t \cdot a = a \pmod{n}.$$

Im Text (S. 71) war l so gewählt worden, daß $(p-1)(q-1)|kl - 1$ erfüllt ist. Somit müssen wir abschließend noch zeigen, daß $\varphi(n) = (p-1)(q-1)$ gilt, falls $n = pq$ ist mit $p \neq q$.

Damit eine Zahl r zu $n = pq$ teilerfremd ist, muß sie sowohl zu p als auch zu q relativ prim sein. Die Anzahl $\varphi(n)$ erhält man daher, wenn man von den n Zahlen $0, 1, \ldots, pq - 1$ diejenigen streicht, die zu p oder zu q nicht teilerfremd sind. Von ersteren gibt es q Stück, nämlich $0, p, 2p, \ldots, (q-1)p$, von letzteren analog p Stück. Hierbei kommt die Zahl 0 — als einzige — zweimal vor, darf aber natürlich nur einmal gestrichen werden. Somit erhalten wir wirklich $\varphi(n) = pq - p - q + 1 = (p-1)(q-1)$.

Nun können wir auch den noch fehlenden Existenzbeweis für die Zahl $l \in \mathbb{Z}$ erbringen, die $\varphi(n)|kl - 1$ bzw. äquivalent $kl \equiv 1 \pmod{\varphi(n)}$ erfüllen soll. Die an k gestellte Bedingung besagt ja nichts anderes als $(k, \varphi(n)) = 1$, sodaß nach Satz 10 $k^{\varphi(\varphi(n))} \equiv 1 \pmod{\varphi(n)}$ folgt. Wählt man $l \equiv k^{\varphi(\varphi(n))-1} \pmod{\varphi(n)}$, so erhält man die gewünschte Kongruenz.

Im Spezialfall, wo n eine Primzahl p ist, wird Satz 10 später noch eine Rolle spielen, weshalb er gesondert formuliert werden soll. Wegen $\varphi(p) =$

$p-1$ (0 ist ja die einzige unter den Zahlen $0, 1, \ldots, p-1$, die zu p nicht teilerfremd ist) lautet er:

Satz 11 *(von Fermat)*: *Ist p eine Primzahl und a zu p teilerfremd, so gilt*
$$a^{p-1} \equiv 1 \pmod{p}.$$

Insbesondere besitzen daher alle von 0 verschiedenen Zahlen aus $\mathbb{Z}_p$, das sind $a = 1, 2, \ldots, p-1$, ein Inverses in $\mathbb{Z}_p$, nämlich den mod p reduzierten kleinsten positiven Rest von a^{p-2}. Wie früher (S. 76) folgt daraus, daß $\mathbb{Z}_p$ einen Körper bildet, d.h. sich bezüglich der 4 Grundrechenarten wie die rationalen Zahlen verhält.

Wir wenden uns nun den bereits im Text behandelten linearen Kongruenzen, also Kongruenzen der Gestalt $ax \equiv b \pmod{n}$, zu. Hat man eine solche gegeben, so stellt sich zunächst die Frage, wann überhaupt eine Lösung existiert. Um dies zu beantworten, nehmen wir an, es gäbe eine. Wir bezeichnen sie mit x_0 und schreiben die Kongruenz als Teilbarkeitsaussage $n | ax_0 - b$ an, was mit $nt = ax_0 - b$ bzw. $ax_0 - nt = b$ für ein gewisses $t \in \mathbb{Z}$ äquivalent ist. Ersichtlich muß also der größte gemeinsame Teiler (a, n), da er die linke Seite der letzten Gleichung teilt, b teilen. Diese notwendige Bedingung für die Lösbarkeit der linearen Kongruenz ist aber auch schon hinreichend. Zunächst gilt nämlich aufgrund von Satz 6 (S. 21)

$$(a, n) = ar + ns \text{ mit geeigneten } r, s \in \mathbb{Z}.$$

Ist nun (a, n) ein Teiler von b, also $b = (a, n)t$ mit $t \in \mathbb{Z}$, so folgt

$$b = (a, n)t = a(rt) + n(st)$$

und damit weiter $a(rt) \equiv b \pmod{n}$. Somit ist die Kongruenz wirklich lösbar.

Wir formulieren das gewonnene Ergebnis als

Satz 12: *Die lineare Kongruenz $ax \equiv b \pmod{n}$ ist genau dann lösbar, wenn $(a, n) | b$.*

Wir wollen an dem konkreten Beispiel $238x \equiv 34 \pmod{527}$ noch vorführen, wie man in der Praxis zu einer Lösung linearer Kongruenzen kommt. Eine Methode fließt direkt aus dem vorangegangenen Beweis. Man stellt auf irgendeine Weise den größten gemeinsamen Teiler $(238, 527) = 17$ gemäß Satz 6 als Linearkombination dar; dies wurde im Anhang 1 und im Text S. 22 erläutert. Nach ersterem gilt: $17 = 5 \cdot 527 + (-11) \cdot 238$. Wandelt man dies in eine Kongruenz um, erhält man $238 \cdot (-11) \equiv 17 \pmod{527}$.

Nun braucht man nur noch mit 2 zu multiplizieren und findet als Lösung $x = -22$ oder $x = -22 + 527 = 505$ etc.

Eine andere Methode kann man aus Satz 10 gewinnen. Man dividiert zunächst die Kongruenz durch $17 = (238, 527)$. Dies geht, da $238x \equiv 34 \pmod{527}$ gleichbedeutend ist mit $238x - 34 = 527t$ für ein gewisses $t \in \mathbb{Z}$. Man erhält dann $14x - 2 = 31t$ oder, wieder rückübersetzt, $14x \equiv 2 \pmod{31}$. Wegen $(14, 31) = 1$ kann man Satz 10 anwenden, der besagt $14^{\varphi(31)} \equiv 1 \pmod{31}$. Nun ist $\varphi(31) = 30$, da 31 Primzahl ist, weshalb letzteres zu $14^{30} \equiv 1 \pmod{31}$ wird. Multipliziert man die Kongruenz $14x \equiv 2 \pmod{31}$ mit 14^{29}, so folgt aufgrund der Multiplikationsregel (17)

$$2 \cdot 14^{29} \equiv 14^{30} x \equiv 1 \cdot x = x \pmod{31}.$$

Die Potenz 14^{29} kann man mittels des etwas früher angeführten Verfahrens mod 31 reduzieren und erhält $14^{29} \equiv 20 \pmod{31}$. Eingesetzt ergibt sich

$$x \equiv 2 \cdot 14^{29} \equiv 2 \cdot 20 \equiv 9 \pmod{31}.$$

Neben den obigen Lösungen $x = -22 = 9 - 31, x = 505 = 9 + 16 \cdot 31$ etc. findet man jetzt auch den Wert $x = 9$ (allgemein $x = 9 + 31t$, $t \in \mathbb{Z}$). Durch eine genauere Schlußweise hätte man ihn aber auch zuvor ableiten können. Doch sollte nur das Auffinden einer Lösung vorgestellt werden.

Die nächsten Ergebnisse, welche wir ableiten wollen, sind der Satz von Wilson zusammen mit einigen Folgerungen.

Satz 13 *(von Wilson)*: *Ist p eine Primzahl, so gilt $(p-1)! \equiv -1 \pmod{p}$.*

Für den Beweis verwenden wir den Satz von Fermat (Satz 11). Ihm zufolge erfüllt jede der Zahlen $1, 2, \ldots, p-1$, da sie sämtlich zu p teilerfremd sind, die Kongruenz $a^{p-1} \equiv 1 \pmod{p}$. Als Ergebnis in $\mathbb{Z}_p$ gedeutet, heißt das: $a^{p-1} = 1$ für sämtliche nicht verschwindenden $a \in \mathbb{Z}_p$ (dabei bedeutet a^{p-1} jetzt $a^{p-1} = a \odot a \odot \ldots \odot a$ (($p-1$)-mal) in der Bezeichnung von S. 73). Man kann dies auch so ausdrücken, daß die Gleichung $x^{p-1} - 1 = 0$ in $\mathbb{Z}_p$ die $p - 1$ (verschiedenen) Lösungen $1, 2, \ldots, p - 1$ besitzt. Nun benützen wir ein elementares Ergebnis aus der Algebra, den sogenannten Viëteschen Wurzelsatz, der ganz allgemein für Körper, also speziell für $\mathbb{Z}_p$ gilt.[53] Demnach ist identisch

$$x^{p-1} - 1 = (x - 1)(x - 2) \cdot \ldots \cdot (x - (p-1)),$$

wobei beide Seiten als Polynome über $\mathbb{Z}_p$ aufzufassen sind. Setzt man in dieser Gleichung $x = 0$, folgt

$$-1 = (-1) \odot (-2) \odot \ldots \odot (-(p-1))$$

in $\mathbb{Z}_p$ bzw. als Kongruenz geschrieben:

$$-1 \equiv (-1)(-2) \cdot \ldots \cdot (-(p-1)) = (-1)^{p-1}(p-1)! \pmod{p}.$$

Für ungerades p ist $p-1$ gerade, und man erhält das gewünschte Resultat. Im Fall p gerade, also $p = 2$, ist andererseits der Wilsonsche Satz trivialerweise erfüllt, da dann $(p-1)! = 1$ gilt und $1 \equiv -1 \pmod{2}$ bloß $2 | 1 - (-1) = 2$ besagt.

Eine wichtige Folgerung des Satzes von Wilson besteht darin, daß die Kongruenz $x^2 \equiv -1 \pmod{p}$ für Primzahlen p der Gestalt $4n+1$ eine Lösung besitzt. Dazu schreiben wir jenes Ergebnis aufgrund der Rechenregeln für Kongruenzen etwas um:

$$-1 \equiv 1 \cdot 2 \cdot \ldots \cdot \frac{p-1}{2} \cdot \frac{p+1}{2} \cdot \ldots \cdot (p-1)$$

$$\equiv 1 \cdot 2 \cdot \ldots \cdot \frac{p-1}{2} \cdot \left(\frac{p+1}{2} - p\right) \cdot \ldots \cdot ((p-1) - p)$$

$$= \frac{p-1}{2}! \left(-\frac{p-1}{2}\right) \cdot \ldots \cdot (-1) = \left(\frac{p-1}{2}!\right)^2 (-1)^{\frac{p-1}{2}} \pmod{p}.$$

Wegen $p = 4n+1$ ist $\frac{p-1}{2}$ gerade, sodaß $n = \frac{p-1}{2}!$ die gesuchte Lösung ist. Beispielsweise gilt für $p = 13$ $\left(\frac{p-1}{2}!\right)^2 = (6!)^2 \equiv -1 \pmod{13}$, was wegen $6! = 720$, $720 \equiv 5 \pmod{13}$ und $5^2 \equiv -1 \pmod{13}$ richtig ist.

Mittels dieser Folgerung können wir nun das im Text, S. 36 zitierte Resultat Eulers zeigen:

Satz 14: *Ist p eine Primzahl der Gestalt $4n+1$, so ist p eindeutig bis auf Reihenfolge und Vorzeichen als Summe zweier Quadratzahlen darstellbar.*

Beweis: Wir haben soeben gesehen, daß für derartige p die Kongruenz $x^2 \equiv -1 \pmod{p}$ eine Lösung $n(\in \mathbb{N})$ besitzt. Anders ausgedrückt, heißt dies, daß $p | n^2 + 1$. Wir fassen nun p als Element des Bereiches $\mathbb{Z}[i]$ auf und behaupten, daß es nicht prim sein kann. Hätte nämlich p diese Eigenschaft, so können wir aus der Beziehung $p | n^2 + 1 = (n+i)(n-i)$ genau wie beim Beweis der Eindeutigkeit der Primfaktorzerlegung in $\mathbb{Z}[i]$ (S. 116) schließen, daß p $n+i$ oder $n-i$ in $\mathbb{Z}[i]$ teilen muß, somit $\frac{n+i}{p}$ oder $\frac{n-i}{p} \in \mathbb{Z}[i]$ gelten müßte; dies ist aber offensichtlich falsch, da der Koeffizient von i nicht ganzzahlig ist. Somit läßt sich p in $\mathbb{Z}[i]$ echt zerlegen: $p = \alpha\beta$, wobei weder α noch β Einheiten in $\mathbb{Z}[i]$ sind. Wendet man darauf die Norm an, folgt

$$N(\alpha\beta) = N(\alpha)N(\beta) = N(p) = p^2.$$

Da α, β keine Einheiten sind, muß $N(\alpha), N(\beta) > 1$ gelten (s. S. 32), sodaß nur $N(\alpha) = N(\beta) = p$ in Frage kommt. Hat α die Gestalt $\alpha = a + bi$, so folgt $N(\alpha) = a^2 + b^2$, weshalb $p = a^2 + b^2$ erfüllt ist.

Was die Eindeutigkeit dieser Darstellung betrifft, bemerken wir zunächst, daß α und $\beta = \frac{p}{\alpha} = \frac{a^2+b^2}{a+ib} = a - ib$ prime Elemente in $\mathbb{Z}[i]$ sein müssen, da deren Norm eine Primzahl in $\mathbb{Z}$ ist (s. S. 34). Hat man nun eine zweite Darstellung von p, $p = c^2 + d^2$, so gilt

$$\alpha\beta = (a+bi)(a-bi) = a^2 + b^2 = p = c^2 + d^2 = (c+di)(c-di).$$

Wegen $N(p) = p^2$ und $N(c+di) = c^2 + d^2 = N(c-di)$ folgt daraus $N(c+di) = N(c-di) = p$, sodaß auch diese beiden Elemente prim in $\mathbb{Z}[i]$ sind. Die Eindeutigkeit der Primfaktorzerlegung in $\mathbb{Z}[i]$ liefert dann aber $c + di = \varepsilon(a+bi)$ oder $c + di = \varepsilon(a-bi)$ mit einer Einheit ε. Da letztere durch die Zahlen $\pm 1, \pm i$ gegeben sind, muß

$$c = \pm a, \ d = \pm b \text{ oder } c = \pm b, \ d = \pm a$$

sein, was behauptet worden war.

Wir wenden uns nun den möglichen Teilern der Fermat- bzw. Mersennezahlen zu, die wir auf den Seiten 64 bzw. 68 angegeben hatten. Um dieses Ergebnis ableiten zu können, führen wir zunächst einen neuen Begriff ein:

Ist $n \in \mathbb{N}$ gegeben und $a \in \mathbb{Z}$ mit $(a, n) = 1$, so heißt die kleinste natürliche Zahl e mit $a^e \equiv 1 \pmod{n}$ die *Ordnung von a modulo n*, kurz mit $o_n(a)$ bezeichnet. Liegt a in $\mathbb{Z}_n$, gilt also $0 \leq a < n$, so kann man sie auch als die kleinste natürliche Zahl e beschreiben mit $a^e = 1$.

Daß eine solche Zahl wirklich immer existiert, folgt aus dem Eulerschen Satz (Satz 10), demzufolge ja $a^{\varphi(n)} \equiv 1 \pmod{n}$ ist. Die Ordnung betreffend, beweisen wir nun folgenden

Satz 15: *Ist $n \in \mathbb{N}$ und $a \in \mathbb{Z}$ mit $(a, n) = 1$ gegeben, so gilt*
1) $o_n(a) | k$ *für jedes $k \in \mathbb{N}$ mit $a^k \equiv 1 \pmod{n}$,*
2) $o_n(a^i) = \frac{o_n(a)}{(i, o_n(a))}, \ i = 0, 1, 2, \ldots$.

Die erste Aussage sieht man leicht ein, indem man k durch $o_n(a)$ mit Rest dividiert: $k = o_n(a)q + r$, wobei $0 \leq r < o_n(a)$ gilt. Nach den Rechenregeln für Kongruenzen folgt dann aufgrund der Voraussetzung

$$1 \equiv a^k = a^{o_n(a)q+r} = (a^{o_n(a)})^q a^r \equiv 1^q \cdot a^r = a^r \pmod{n}.$$

Da $o_n(a)$ die kleinste positive Zahl e ist mit $a^e \equiv 1 \pmod{n}$ und r $0 \leq r < o_n(a)$ erfüllt, muß $r = 0$, also $k = o_n(a)q$ sein.

Für den Beweis der zweiten Aussage setzen wir zur Vereinfachung der Schreibweise $o_n(a) = \alpha$ und bei festem i $(i, o_n(a)) = d$ und $o_n(a^i) = \beta$. Zunächst bemerken wir, daß

$$(a^i)^{\frac{\alpha}{d}} = (a^\alpha)^{\frac{i}{d}} \equiv 1^{\frac{i}{d}} = 1 \pmod{n}$$

ist. Nach Teil 1 des Satzes folgt $\beta | \frac{\alpha}{d}$.

Um die umgekehrte Relation und damit die Gültigkeit von $\beta = \frac{\alpha}{d}$ zu zeigen, beachten wir, daß nach Definition von β $(a^i)^\beta \equiv 1 \pmod{n}$ sein muß, was wiederum aufgrund der ersten Aussage $\alpha | i\beta$ nach sich zieht. Dividiert man diese Beziehung durch d, so ergibt sich $\frac{\alpha}{d} | \frac{i}{d}\beta$. Wegen $(\frac{\alpha}{d}, \frac{i}{d}) = 1$ (s. Anm. 54) folgt nach Satz 5 wirklich $\frac{\alpha}{d} | \beta$.

Als einfache Folgerung ergibt sich nun der folgende

Satz 16: 1) *Jeder Teiler einer Fermatschen Zahl $F_n = 2^{2^n} + 1$ hat die Gestalt $2^{n+1}k + 1$.*[55]

2) *Jeder Teiler einer Mersenneschen Zahl $M_q = 2^q - 1$, $q > 2$ prim, hat die Gestalt $2kq + 1$.*

Bei beiden Aussagen genügt es, die Behauptung für Primteiler zu beweisen, denn das Produkt von Faktoren der jeweiligen Bauart hat wieder genau dieselbe Form. Ist nun p ein solcher, so gilt im zweiten Fall also $p | M_q$, was man auch als $2^q - 1 \equiv 0 \pmod{p}$ oder $2^q \equiv 1 \pmod{p}$ schreiben kann. Nach Teil 1 des vorigen Satzes muß $o_p(2) = q$ gelten, da die Primzahl q nur 1 und q als Teiler besitzt und $2^1 \equiv 1 \pmod{p}$ ersichtlich nicht erfüllt ist. Nach dem Fermatschen Satz (Satz 11) ist aber auch $2^{p-1} \equiv 1 \pmod{p}$, woraus, wiederum nach Anwendung der ersten Aussage von Satz 15, $q | p - 1$ folgt. Nun muß p als Primteiler der ungeraden Zahl M_q selbst ungerade sein, sodaß auch $2q | p - 1$ gilt — q ist nach Voraussetzung ja ebenfalls ungerade. Das bedeutet aber $p - 1 = 2kq$ bzw. $p = 2kq + 1$ für ein geeignetes $k \in \mathbb{N}$.

Genau der gleiche Gedankengang führt zum Beweis der ersten Aussage. Zunächst folgt aus $p | F_n$ wie vorhin $2^{2^n} \equiv -1 \pmod{p}$. Quadriert man diese Kongruenz, so erhält man $2^{2^{n+1}} \equiv 1 \pmod{p}$, weshalb nach dem 1. Teil von Satz 15 $o_p(2) | 2^{n+1}$ ist. Es gilt sogar $o_p(2) = 2^{n+1}$. Wäre nämlich $o_p(2) < 2^{n+1}$, so müßte es jedenfalls 2^n teilen, sodaß $o_p(2)t = 2^n$ für ein geeignetes $t \in \mathbb{N}$ wäre. Dann würde jedoch folgen

$$-1 \equiv 2^{2^n} = 2^{o_p(2)t} = (2^{o_p(2)})^t \equiv 1^t = 1 \pmod{p},$$

also $2 \equiv 0 \pmod{p}$. Die ungerade Zahl F_n hätte somit den Primteiler 2, ein Widerspruch.

Nun können wir wie bei den Mersenneschen Zahlen weiterschließen. Aufgrund des Fermatschen Satzes ist $2^{p-1} \equiv 1 \pmod{p}$. Wendet man die erste

Aussage von Satz 15 an, folgt die Behauptung $o_p(2) = 2^{n+1}|p - 1$, d.h. $p - 1 = 2^{n+1}k$ mit passendem $k \in \mathbb{N}$.

Zum Abschluß zeigen wir die Existenz von Primitivwurzeln in $\mathbb{Z}_p$. Auch hierfür ist eine Hilfsüberlegung notwendig:

Satz 17: *Bezeichnet wie üblich $\varphi(k)$ für $k \in \mathbb{N}$ die Anzahl der zu k teilerfremden Zahlen aus $\mathbb{Z}_k$, so gilt*

$$\sum_{d|n} \varphi(d) = n.$$

Beweis: Wir spalten $\mathbb{Z}_n$ in Teilmengen M_t auf, wobei eine solche gerade jene Elemente $i \in \mathbb{Z}_n$ enthalten soll, die $(i, n) = t$ erfüllen. Durchläuft dann t alle positiven Teiler von n, so bilden die Mengen M_t eine Partition von $\mathbb{Z}_n$, d.h. jedes Element von $\mathbb{Z}_n$ liegt in genau einer der Mengen M_t. Wir beschreiben nun die Elemente $i \in M_t$ noch etwas anders: Da $(i, n) = t$ zu $\left(\frac{i}{t}, \frac{n}{t}\right) = 1$ gleichwertig ist (s. Anm. 54), besteht M aus allen i der Gestalt $i = tj$ mit $0 \leq j < \frac{n}{t}$, wobei $\left(j, \frac{n}{t}\right) = 1$ gilt. Das sind aber gerade $\varphi\left(\frac{n}{t}\right)$ Stück. Insgesamt erhält man somit $n = \sum_{t|n} \varphi\left(\frac{n}{t}\right)$. Setzt man hier $\frac{n}{t} = d$, so durchläuft mit t auch d alle Teiler von n, sodaß schließlich $n = \sum_{d|n} \varphi(d)$ folgt.

Nun können wir uns dem letzten Ergebnis zuwenden:

Satz 18: *Ist p eine Primzahl, so besitzt $\mathbb{Z}_p$ $\varphi(\varphi(p)) = \varphi(p - 1)$ Primitivwurzeln.*

Beweis: Eine Primitivwurzel war eine Zahl a in $\mathbb{Z}_p$ derart, daß jedes $c \in \mathbb{Z}_p, c \neq 0$, Potenz von a ist (s. S. 78). Man kann sie auch durch $o_p(a) = p - 1$ beschreiben, denn zum einen gilt aufgrund des Fermatschen Satzes und Satz 15,1 $o_p(a)|p - 1$, zum anderen gibt es genau $o_p(a)$ verschiedene Potenzen von a in $\mathbb{Z}_p : 1 = a^0, a, \ldots, a^{o_p(a)-1}$. Einerseits ist nämlich eine beliebige Potenz gleich einer dieser: $a^{o_p(a)} = 1$ zieht ja $a^k = a^r$ nach sich, falls $k = o_p(a)q + r$ mit $0 \leq r < o_p(a)$ ist. Andererseits sind jene Potenzen wirklich verschieden. Wäre nämlich $a^i = a^j$ für $j \neq i$, also etwa $j > i$, so würde, da man im Körper $\mathbb{Z}_p$ wie üblich rechnen kann, $a^{j-i} = 1$ sein, was wegen $0 < j - i < j < o_p(a)$ einen Widerspruch zur Definition von $o_p(a)$ bedeuten würde.

Nach dem 1. Teil des Satzes 15 hat jede Zahl $a \in \mathbb{Z}_p, a \neq 0$, eine Ordnung $o_p(a)$, die $p - 1$ teilt. Wir spalten nun, ähnlich wie beim Beweis des vorigen Satzes, die Menge $\mathbb{Z}_p^*$ aller dieser Zahlen in Teilmengen S_t auf, wobei in einer solchen sämtliche Elemente $a \in \mathbb{Z}_p, a \neq 0$, enthalten sein sollen mit $o_p(a) =$

t. Durchläuft t alle Teiler von $p-1$, so bilden sie auf gleiche Weise wie vorher eine Partition von $\mathbb{Z}_p^*$. Wie sehen nun die Mengen S_t aus? Entweder sie enthalten überhaupt kein Element oder es gibt zumindest ein $a \in \mathbb{Z}_p^*$ mit $a^t = 1$ und $a^i \neq 1$ für $0 < i < t$. Aufgrund der eben durchgeführten Überlegung sind dann die Elemente $1 = a^0, a, \ldots, a^{t-1}$ sämtlich verschieden.

Es sei nun b ein beliebiges Element von S_t. Dann gilt $b^t = 1$ und b genügt der Gleichung $x^t - 1 = 0$ über $\mathbb{Z}_p$. Wie aus der Algebra bekannt ist, kann diese höchstens t Lösungen in $\mathbb{Z}_p$ besitzen. Nun kennen wir aber wegen $a^t = 1$ bereits t Stück, nämlich $a^0, a, \ldots, a^{t-1}$. Somit muß b einer dieser Werte sein, etwa $b = a^j$. Nachdem $o_p(b) = t$ gelten soll, folgt aufgrund des 2. Teils von Satz 15 $(j, t) = 1$. Insgesamt enthält also S_t entweder kein Element oder genau die Elemente der Gestalt a^i mit $(i, t) = 1$, wobei $o_p(a) = t$ gilt. Da letztere Anzahl gleich $\varphi(t)$ ist, gilt für die Anzahl $\psi(t)$ der Elemente von S_t stets $\psi(t) \leq \varphi(t)$.

Nun bilden, wie erwähnt, die Mengen S_t eine Partition von $\mathbb{Z}_p^*$, weshalb $\sum_{t|p-1} \psi(t) = p-1$ ergibt. Schätzt man nach oben ab, erhält man wegen Satz 17
$$p - 1 = \sum_{t|p-1} \psi(t) \leq \sum_{t|p-1} \varphi(t) = p - 1.$$

Damit hier kein Widerspruch auftritt, muß stets $\psi(t) = \varphi(t)$ sein, insbesondere also $\psi(p-1) = \varphi(p-1)$. $\psi(p-1)$ ist aber gerade die Anzahl der Elemente von $\mathbb{Z}_p$ der Ordnung $p-1$, also gerade die gesuchte Anzahl der Primitivwurzeln.

Anmerkungen

1 In jüngster Zeit ist übrigens der Chemiker P. Plichta [55] zu ähnlichen Ansichten gelangt. Ihm zufolge entstehen die Atome aus einem Feld von Zahlen bzw. Primzahlen, und er leitet daraus das Plancksche Wirkungsquantum und die Lichtgeschwindigkeit als notwendige Naturkonstanten ab. Wenn auch mehreres in seinem merkwürdigen Werk verworren und zweifelhaft ist, so verdienen doch einige der beschriebenen Zahlenphänomene tiefere Beachtung. Sie wurden zum Teil im Text verwendet.

Die reale Existenz der Zahlen, ja vieler mathematischer Objekte wird durch Aussagen indirekt bestätigt, in denen sich Wissenschaftler über die Möglichkeit verwundern, Naturerscheinungen mathematisch, also durch bloße Gedankenkonstrukte, zu beschreiben. Stellvertretend für viele sei A. Einstein zitiert: „Wie ist es möglich, daß die Mathematik, die doch ein von aller Erfahrung unabhängiges Produkt des menschlichen Denkens ist, auf die Gegenstände der Wirklichkeit so vortrefflich paßt? Kann denn die menschliche Vernunft ohne Erfahrung durch bloßes Denken Eigenschaften der wirklichen Dinge ergründen?" ([zitiert nach [27], S. 345).

2 Noch eindrücklicher liest man jene Aufgabe aus dem Text der Urkunde ab, die aus Anlaß der Grundsteinlegung des Baues des 1. Goetheanums von R. Steiner verfaßt und mit einem doppelt dodekaedrischen Grundstein in die Erde versenkt wurde. Hier heißt es unter anderem: „(...) senken wir in der verdichteten Elemente Reich dies Sinnbild der Kraft nach der wir strebend uns bemühen durch 3 5 7 12" ([26], S. 43ff.). Dieser Wortlaut setzt naturgemäß eine tiefste Verbindung mit dem Wesen der einzelnen Zahlen voraus.

Viele Aussprüche von Novalis in seinen mathematischen Fragmenten ([54], S. 593ff.) sind natürlich ebenfalls nur unter der Prämisse eines inhaltlichen Erfassens der mathematischen Objekte sinnvoll. Beispielsweise die folgenden: „Zahlen sind, wie Zeichen und Worte, Erscheinungen, Repräsentationen katexochen, ihre Verhältnisse sind Weltverhältnisse"; bzw. die gesamte Mathematik betreffend: „Wer ein mathematisches Buch nicht mit Andacht ergreift und es wie Gottes Wort liest, der versteht es nicht."

3   Euklid ist jedoch diesbezüglich nicht sehr konsequent. Beispielsweise gehört die 1 zu den Teilern einer Zahl, obwohl darunter *Zahlen* verstanden werden, die in jener aufgehen (Def. 3 und Def. 22).

4   Auch bei den chinesischen Weisen galt die Reihe der geraden Zahlen als Yin-Reihe (weiblich), die der ungeraden größer als 1 als Yang-Reihe (männlich); die 1 vereinigte beide Prinzipien und stellte das ungeteilte Ganze dar ([5], S. 12).

In diesem Zusammenhang ist es erwähnenswert, daß die Einteilung der natürlichen Zahlen in gerade und ungerade nicht bloß eine intellektuelle oder mystische Spielerei ist, sondern auch von der Natur getroffen wird. Von den chemischen Elementen gibt es insgesamt 262 stabile Isotope, wovon diejenigen Elemente, die mehr als zwei solcher Isotope besitzen, sämtlich gerade Ordnungszahl haben, während die Elemente mit nur einem oder zwei Isotopen stets ungerade Ordnungszahl aufweisen, ausgenommen Helium, Beryllium und Kohlenstoff mit den Ordnungszahlen 2, 4 bzw. 6 (s. [55], Band 1, S. 425ff. und [32], S. 901ff.)

5   Diese Einteilung der Menge der natürlichen Zahlen in 3+1 Klassen findet vielerlei zum Nachdenken anregende Entsprechungen in der Natur. So läßt sie selbst sich derartig gliedern: in die leblose Natur, Pflanzen- und Tierwelt und in die diese Bereiche fortsetzende, aber auch zu ihnen im Gegensatz stehende Menschenwelt. Des weiteren fungieren 4 Aminosäuren als Basen der DNS in den Chromosomen, der Trägerin der Erbinformation. Jeweils 3 auf jedem der beiden Fäden, die Basentripletts oder Codons, bilden ein Codewort des genetischen Codes. (Ein merkwürdiger Konnex zum altchinesischen Orakelbuch „I Ging" wird in [64] untersucht.) Schließlich sei noch auf den Bau der Elemente bzw. der chemischen Verbindungen hingewiesen: Die äußerste Schale besitzt stets 4 Orbitals (ausgenommen Wasserstoff und Helium), die sich in ein sogenanntes s- und 3 p-Orbitals unterteilen. Auch außerhalb des Naturgeschehens kommt jene $(3 + 1)$-Gliederung vor, wie beispielsweise das Neue Testament mit seinen 3 synoptischen und dem Johannesevangelium zeigt.

6   Zunächst sei darauf die Aufmerksamkeit gelenkt, daß der arithmetische Teil von Beweis B einzig darauf abzielt, aus den Voraussetzungen $c|ab$ und $(c, a) = 1$ und der indirekten Annahme $c \nmid b$ zu schließen, daß man b durch eine (im allgemeinen) kleinere Zahl $r \in \mathbb{N}$ ersetzen kann, die auch noch kleiner als c ist. Sei nun s die kleinstmögliche derartige natürliche Zahl, die also $c|as$ erfüllt. Sie genügt jedenfalls der Bedingung $0 < s \leq r < c$. Für sie muß $s|c$ gelten, da aus $c = s\bar{q} + \bar{r}$, $0 \leq \bar{r} < s$, wegen $c|ac$ und $c|as$ folgen würde $c|a\bar{r} = ac - as\bar{q}$; und dies ist aufgrund der vorausgesetzten Minimalität von s nur für $\bar{r} = 0$ möglich. $\frac{c}{s}$ ist daher eine natürliche Zahl, die wegen $c|as$ a teilen muß. Andererseits gilt klarerweise $\frac{c}{s}|c$ (denn $\frac{c}{s}s = c$),

sodaß $\frac{c}{s}$ gemeinsamer Teiler von c und a ist. Die Voraussetzung $(c, a) = 1$ zieht somit $\frac{c}{s} = 1$, d.h. $c = s$ nach sich, was in Widerspruch zu $s < c$ steht. Insbesondere ist also ca wirklich das kleinste Vielfache von a, welches durch c teilbar ist.

7   Auch der berühmte Mathematiker Sophus Lie scheint diese Ansicht geteilt zu haben, schrieb er doch einmal: „Und ob einige Beweise vielen Lesern unbegreiflich bleiben, so schadet das nicht viel, wenn sie nur die Sätze begreifen" ([46], S. 784).

8   Es gibt gerade in der heutigen Zeit vielerlei Analoga zu den geschilderten gegensätzlichen Ansichten, wobei wie in der Mathematik die individuellen Methoden meist negativ beurteilt werden. Beispielhaft sei nur erwähnt, daß in der homöopathischen bzw. anthroposophischen Medizin versucht wird, so weit wie möglich auf den einzelnen Patienten zugeschnittene Arzneien zu verschreiben, während die allopathischen Heilmittel der herrschenden Schulmedizin völlig einheitlich wirken bzw. wirken sollen. Ausführlich wird jene Erscheinung von H. Köhler behandelt [38].

9   Aus den genannten Gründen können Zellen besser mit dem in Kapitel 1 behandelten Erzeugendensystem der positiven rationalen Zahlen bezüglich der Multiplikation verglichen werden. Dessen Elemente bauen ja ebenfalls sämtliche Zahlen auf, sie sind aber im Gegensatz zu den Bausteinen nicht unzerlegbar. Eine Beziehung wie $\frac{1}{p} = \frac{1}{q} \cdot q \cdot \frac{1}{p}$, wo p und q Primzahlen sind, entspricht dabei sowohl der Zellteilung (von links nach rechts gelesen) als auch der Zellverschmelzung (umgekehrt gelesen).

10   Allgemein lautet die auf Pierre Fermat (1601–1655) zurückgehende Vermutung, daß die Gleichung $x^n + y^n = z^n$ für $n > 2$ nicht ganzzahlig lösbar ist, wenn man die trivialen Fälle, wo ein Wert gleich 0 ist, ausnimmt. Sie ist für viele Werte von n verifiziert, etwa für $n < 125000$. Im Sommer 1993 wurde von dem englischen Mathematiker A. J. Wiles ein Beweis angekündigt, der aber bis heute noch nicht veröffentlicht wurde; siehe dazu [41].

Das biquadratische Reziprozitätsgesetz ist eine Verallgemeinerung des quadratischen; letzteres gibt an, wie die Aufgabenstellungen „Gibt es ein $x \in \mathbb{Z}$, sodaß x^2 den Rest p bei Division durch q besitzt?" und „Gibt es ein $y \in \mathbb{Z}$, sodaß y^2 den Rest q bei Division durch p besitzt?" für gegebene ungerade Primzahlen p und q zusammenhängen.

11   Der im Text dargestellte Nachweis wurde gewählt, um mit dem Begriff der Norm vertraut zu werden, der im weiteren eine große Rolle spielt. Man kann natürlich auch den naheliegenden Weg einschlagen und die Lösungen α aus der Gleichung $\alpha\gamma = 1$ errechnen. Setzt man dazu $\alpha = a + bi$, $\gamma = c + di$ ein und vergleicht links und rechts Real- und Imaginärteil, so erhält man

$ac - bd = 1$, $bc + ad = 0$. Löst man dieses Gleichungssystem nach c und d auf, so ergibt sich

$$c = \frac{a}{a^2 + b^2}, \quad d = \frac{-b}{a^2 + b^2}.$$

Nun sollen ja c und d ganzzahlig sein, andererseits gilt stets $|a| \leq a^2 \leq a^2+b^2$ bzw. $|b| \leq b^2 \leq a^2 + b^2$, da $a, b \in \mathbb{Z}$. Ist $a \neq 0$, so folgt $0 < |c| = \frac{|a|}{a^2+b^2} \leq 1$. Stünde statt einem der $\leq$-Zeichen in der Ungleichungskette $|a| \leq a^2 \leq a^2 + b^2$ ein echtes $<$-Zeichen, dann wäre $0 < |c| < 1$, was wegen $c \in \mathbb{Z}$ unmöglich ist. Also muß $|a| = a^2 = a^2 + b^2$ gelten. Dies impliziert $b = 0$, $a = \pm 1$, und man erhält die Lösungen $\alpha = \pm 1 + 0 \cdot i = \pm 1$. Genauso schließt man im Fall $b \neq 0$ auf $a = 0$ und $b = \pm 1$, somit auf die Lösungen $\alpha = 0 \pm 1 \cdot i = \pm i$.

12 Jedoch muß für ein primes Element π in $\mathbb{Z}[i]$ nicht notwendig $N(\pi)$ Primzahl in $\mathbb{N}$ sein. So ist etwa, wie gleich gezeigt wird, 3 prim in $\mathbb{Z}[i]$ und $N(3) = 9$. Wäre $\alpha\beta = 3$ eine Zerlegung der 3 in $\mathbb{Z}[i]$, so würde folgen $N(\alpha)N(\beta) = 9$ und weiter, da dies eine Gleichung in $\mathbb{N}$ ist: $N(\alpha) = 1, 3$ oder 9. $N(\alpha) = 1$ bzw. $N(\alpha) = 9$ liefert wie im Text, daß α kein echter Teiler von 3 ist. Somit bleibt der Fall $N(\alpha) = 3$. Setzt man $\alpha = a + ib$ mit $a, b \in \mathbb{Z}$, so muß also $a^2 + b^2 = 3$ gelten. Doch diese Gleichung ist ganzzahlig nicht lösbar, sodaß dieser Fall gar nicht eintreten kann.

In diesem Zusammenhang sei erwähnt, daß nicht alle Primzahlen in $\mathbb{N}$ prim in $\mathbb{Z}[i]$ bleiben. Darauf wird im weiteren Text noch eingegangen.

13 Genauso wie man für $\mathbb{Z}$ eine schärfere Aussage ableiten kann gelingt dies auch für $\mathbb{Z}[i]$. Dort muß man hierfür die Zusatzbedingung $p > 0$ an eine Primzahl stellen, hier auf ähnliche Weise unter den (i.a.) vier zu einem primen Element assoziierten ein festes als einziges primes auszuzeichnen. Dies kann auf mehrere Arten geschehen. Meist verwendet man die Lage in der Gaußschen Zahlenebene dafür. Die Zahlen $\varepsilon\pi$, $\varepsilon = \pm 1, \pm i$, erhält man nämlich aus einer beliebigen, indem man den zugehörigen Punkt um $90°$, $180°$, $270°$ um den Ursprung dreht. Somit liegt genau einer davon im 1. Quadranten und die entsprechende Zahl wird allein als prim bezeichnet. Mit dieser Festsetzung lautet der Satz dann schärfer:

Jedes Element $\alpha \in \mathbb{Z}[i]$, $\alpha \neq 0$ und keine Einheit, besitzt eine Zerlegung der Form $\alpha = \varepsilon\pi_1 \cdot \ldots \cdot \pi_r$ mit nicht notwendig verschiedenen primen Elementen $\pi_1, \ldots, \pi_r$ und einer Einheit ε, und diese ist bis auf die Reihenfolge eindeutig.

Wir haben diesen Zugang nicht gewählt, da er sich auf andere Bereiche als $\mathbb{Z}[i]$, die im weiteren noch behandelt werden, im allgemeinen nicht übertragen läßt.

14 Würde nämlich $f(n) \neq 0, \pm 1$ nur für endlich viele $n \in \mathbb{N}$ sein, dann müßte, da f nur ganzzahlige Werte annehmen kann, für mindestens ein $a \in \{0, \pm 1\}$ $f(n) = a$ unendlich oft gelten. Dies ist aber ein Widerspruch dazu, daß eine nicht konstante Polynomfunktion, hier $f(x) - a$, nur endlich viele Nullstellen besitzt.

15 Wegen
$$2^n = (1+1)^n = 1 + \binom{n}{1} + \binom{n}{2} + \ldots + \binom{n}{n-1} + 1$$
und $\binom{n}{1} = n$ ist sicherlich $2^n > n$ falls $n \geq 2$. Für $n = 1$ ist diese Aussage trivial.

16 Um diese Schlußfolgerung ziehen zu können, braucht man bloß induktiv zu argumentieren. Für $n = 1$ ist die Aussage wegen $p_1 = 2$ richtig. Weiß man bereits, daß $p_{n-1} \leq 2^{n-1}$ erfüllt ist, so folgt aus dem genannten Postulat, daß es eine weitere Primzahl p geben muß mit $p_{n-1} < p \leq 2p_{n-1} \leq 2^n$. Da p_n die auf p_{n-1} folgende Primzahl ist, muß somit $p_n \leq p$, also insgesamt $p_n \leq 2^n$ gelten.
Der Beweis des Bertrandschen Postulates ist zwar elementar möglich, aber ziemlich umfangreich, weshalb diesbezüglich auf die Literatur verwiesen sei, z.B. [78], S. 57, oder [65], chap. 3, 10.

17 Der nicht bearbeiteten Nachschrift (= Zyklus IX, 9. Vortrag, S. 1) zufolge hat sich R. Steiner beim Vortrag noch drastischer geäußert: Das Wesen der Zahlen ist „etwas, was nach langem, langem theosophischen Leben erst vollständig bis zu einem gewissen Grade zur inneren Klarheit heranreifen kann".

18 Die Gleichwertigkeit der beiden Aussagen besagt nicht, daß sie auch gleich gute Näherungen an $\pi(x)$ für konkretes $x \in \mathbb{N}$ liefern. Beispielsweise ist der Unterschied von $\pi(x)$ zum ganzzahligen Anteil von $\frac{x}{\log x}$ bzw. von $\mathrm{Li}(x)$ für $x = 10^{11}, 10^{12}, \ldots, 10^{16}$ in der folgenden Tabelle aufgelistet

x	$\left[\frac{x}{\log x}\right] - \pi(x)$	$[\mathrm{Li}\,x] - \pi(x)$
10^{11}	-169923160	11588
10^{12}	-1416706193	38263
10^{13}	-11992858452	108971
10^{14}	-102838308636	314890
10^{15}	-891604962453	1052619
10^{16}	-7804289844393	3214632

Tab. 3

Aus ihr liest man ab, daß $\mathrm{Li}(x)$ die wesentlich bessere Nährung an $\pi(x)$ darstellt, daß also die Gaußsche Vermutung in einem gewissen Sinn schärfer ist als der Primzahlsatz. Die Aussage „$\pi(x)$ verhält sich asymptotisch wie irgendeine andere Funktion $f(x)$", bedeutet an sich nur, daß der Fehler $\pi(x) - f(x)$ bezüglich der Werte $f(x)$ für $x \to \infty$ vernachlässigbar ist, genauer, daß $\lim_{x \to \infty} \frac{\pi(x) - f(x)}{f(x)} = 0$ gilt. Und dies ist eben sowohl für $\mathrm{Li}(x)$ als auch für $\frac{x}{\log x}$ (und noch weitere Funktionen) erfüllt.

Übrigens darf man aus der Tabelle nicht schließen, daß $\mathrm{Li}\, x > \pi(x)$ für alle x gilt. Es gibt sogar unendlich viele Werte x, an denen $\mathrm{Li}\, x - \pi(x)$ das Vorzeichen wechselt. Dagegen ist der Schluß aus der mittleren Spalte der Tabelle, daß stets $\frac{x}{\log x} < \pi(x)$ ist, für alle $x \geq 11$ richtig ([60], S. 180).

19 Es war eine Sensation ersten Ranges, als Gauß im Alter von 19 Jahren entdeckte, daß das regelmäßige 17-Eck mit Zirkel und Lineal konstruierbar ist. Damit wurde in dieser Frage zum ersten Mal ein — unerwarteter — Fortschritt gegenüber der Antike erzielt. In seinen „Disquisitiones arithmeticae", [24], Art. 365, stellt er auch bereits den im Text zitierten allgemeinen Satz auf, von dem er jedoch nur eine Richtung zeigte. Die andere bewies erstmals P. L. Wantzel 1837.

20 Die vollkommenen Zahlen besitzen noch manch andere schöne Eigenschaft. Beispielsweise ist die Summe der Reziproken der Teiler (1 und die Zahl n selbst mit einbegriffen) gleich 2. Denn aus der Beziehung $\sum\limits_{d|n} d = 2n$ folgt bei Division durch n:

$$2 = \sum_{d|n} \frac{d}{n} = \sum_{d|n} \frac{1}{\frac{n}{d}}.$$

Jetzt braucht man nur noch zu beachten, daß $\frac{n}{d}$ sämtliche Teiler von n durchläuft, wenn d dies tut. Die letzte Summe ist also gleich $\sum\limits_{t|n} \frac{1}{t}$.

Weiters ist jede gerade vollkommene Zahl $\neq 6$ Summe von Kuben eines Abschnitts der Folge der ungeraden Zahlen. So gilt $28 = 1^3 + 3^3$, $496 = 1^3 + 3^3 + 5^3 + 7^3$ usw. Der Grund dafür liegt darin, daß $\sum\limits_{\substack{i=1 \\ i \text{ ungerade}}}^{2k+1} i^3$ ganz allgemein gleich $(k+1)^2 \left[(2k+1)^2 - 2k^2\right]$ ist. Bezeichnet nämlich S diesen Wert, so gilt zunächst

$$S = \sum_{i=1}^{2k+1} i^3 - \sum_{j=1}^{k}(2j)^3 = \sum_{i=1}^{2k+1} i^3 - 8\sum_{j=1}^{k} j^3.$$

Nun verwendet man die Summenformel für 3. Potenzen: $\sum\limits_{j=1}^{k} i^3 = \left(\frac{k(k+1)}{2}\right)^2$

und erhält weiter

$$S = \left(\frac{(2k+1)(2k+2)}{2}\right)^2 - 8\left(\frac{k(k+1)}{2}\right)^2 = (k+1)^2\left[(2k+1)^2 - 2k^2\right].$$

Setzt man hierin $k = 2^{\frac{r-1}{2}} - 1$, wo r ungerade Zahl ist, so folgt schließlich

$$S = 2^{r-1}\left[\left(2^{\frac{r+1}{2}} - 1\right)^2 - 2\left(2^{\frac{r-1}{2}} - 1\right)^2\right] = 2^{r-1}\left(2^{r+1} - 2^r - 1\right)$$
$$= 2^{r-1}\left(2^r - 1\right).$$

Und dies ist genau die Gestalt gerader vollkommener Zahlen.

21   Daß die Mathematiker darüber aufatmeten, zeigt das folgende Zitat von H. C. Williams: „Until recently people who worked in the theory and practice of primality testing did so (and many still do) for no other reason than pure intellectual curiosity. Indeed, there could be no other reason as there was no practical application of their work. However, a use for large primes has been found in the strategically important area of cryptography" ([86], S. 127).

22   Es sei betont, daß es hier in keiner Weise um ein prinzipielles Ablehnen der angewandten Mathematik geht. Viele Fragen aus Physik, Astronomie etc. führten zu höchst bedeutsamen Entwicklungen in der Mathematik, ebenso wie sinnvolle mathematische Untersuchungen oft wichtige Anwendungen gefunden haben. Sinnentleertes Mathematisieren dagegen wird hier angeprangert, und dieses kann auch durch Anwendungen nicht geadelt werden.

23   Genaugenommen bezeichnet $\mathbb{Z}_n$ üblicherweise die Menge der sogenannten *Restklassen* $\bar{0}, \bar{1}, \ldots, \overline{n-1}$, wobei eine solche, $\bar{j}$, aus sämtlichen zu j kongruenten Zahlen mod n besteht: $\bar{j} = \{j + tn; t \in \mathbb{Z}\}$. Doch sind die Mengen *isomorph*, d.h. unterscheiden sich mathematisch bloß durch die Bezeichnung. Die im Text gewählte ist für die weiteren Überlegungen wesentlich geeigneter und aussagekräftiger.

24   Obwohl wir die entsprechenden Ergebnisse beweislos anführen, wird hauptsächlich nur auf solche verwiesen, deren Aneignung einem mathematisch interessierten Leser zugemutet werden kann. Tieferliegende Resultate, die auf unverwechselbare Eigenschaften spezieller Primzahlen deuten, werden nicht gebracht. Zu diesen gehören etwa Theoreme aus der Klassifikation der nicht kommutativen Bausteine der endlichen Gruppen. Beispielsweise gilt bezüglich dieser sogenannten einfachen Gruppen, daß die Anzahl ihrer Elemente stets gerade, genauer gesagt sogar durch 4 teilbar sein muß und weiters immer Vielfaches von 3 oder 5 ist.

25 Hier liegt ein typisches Beispiel vor, daß bloßes Analogiedenken nicht zu Einsichten in die Besonderheiten der Zahlen führt. Während nämlich die Primitivwurzeln in $\mathbb{Z}_p$ als „Primzahlen" bezüglich der Multiplikation eine bedeutsame Beziehung zur Primzahl p besitzen, ist dies für diejenigen bezüglich der Addtition nicht der Fall. Letztere sind nämlich, wie erwähnt, sämtliche Zahlen $1, 2, \ldots, p-1$, woraus sich keinerlei Unterscheidungsmerkmal für verschiedene Primzahlen ergibt.

26 Untersuchungen in dieser Richtung mit reichem Zahlenmaterial findet man in [82]. In der okkulten Literatur tritt die Verbindung einer Zahl mit ihrem Inhalt in dem merkwürdigen Buch „Des erreurs et de la vérité" von Louis Claude de Saint Martin, einem französischen Weisen der zweiten Hälfte des 18. Jahrhunderts, auf. Im Zusammenhang mit der Vertreibung aus dem Paradies heißt es etwa: „In der Tat, er [der Mensch] ist auf Abwege geraten, indem er von Vier zu Neun ging, und er wird sich immer nicht wiederfinden können, als wenn er von Neun zu Vier geht". Und ein paar Sätze weiter: „Fürchterlich ist dies Gesetz [dem der Mensch seither unterworfen ist], aber es ist nichts in Vergleichung mit dem Gesetz der Zahl sechsundfünfzig, das schrecklich ist und entsetzlich denen, die sich ihm bloßstellen; denn sie können nicht zu vierundsechzig gelangen, als nachdem sie es in seiner ganzen Strenge ausgehalten haben" (s. [7], S. 9ff.). Der Bezug zum Inhalt einer Zahl ist dadurch gegeben, daß $\iota(9) = 4$ und $\iota(56) = 64$ gilt.

27 Natürlich gibt es von dieser Aussage auch Ausnahmen. Beispielsweise existieren unter den Primzahlen $p \leq 3 \cdot 10^9$ nur zwei, nämlich 1093 und 3511, für die $2^{p-1} - 1$ durch p^2 teilbar ist. Sie spielen im Zusammenhang mit der Fermatschen Vermutung (s. Anm. 10) eine Rolle, und bis heute ist unbekannt, ob es außer den beiden noch weitere Primzahlen mit dieser Eigenschaft gibt.

Auch ist zu dieser Aussage hinzuzufügen, daß — worauf schon öfters hingewiesen wurde — die Zahlen umso mehr „sprechen", je inniger man mit ihnen umgeht. Ein nicht nur in dieser Hinsicht außergewöhnlicher Mathematiker war der Inder Srinivasa Ramanujan, über den ein berühmter englischer Kollege, J.E. Littlewood, einmal sagte, daß jede natürliche Zahl sein Freund war ([28], S. 12; dasselbe Verhältnis hatten ja auch die Zwillinge zu den Zahlen (s. S. 6)). Er war fähig, auch bei großen Zahlen das Besondere zu erkennen. Beispielsweise entgegnete Ramanujan einmal auf die Aussage, die Zahl 1729 sei ziemlich „langweilig", spontan: „Nein, das ist eine sehr interessante Zahl; sie ist die kleinste Zahl, die auf zwei verschiedene Weisen als Summe zweier Kuben ausgedrückt werden kann" $\left(1729 = 9^3 + 10^3 = 1^3 + 12^3\right)$.

28 Ähnlich verläuft auch die bekannte Konstruktion von John von Neumann. Sie unterscheidet sich dadurch, daß die auf ϕ folgenden Mengen *alle*

vorangehenden als Elemente besitzen:

$$\phi, \{\phi\}, \{\phi, \{\phi\}\}, \{\phi, \{\phi\}, \{\phi, \{\phi\}\}\}, \ldots .$$

Kenner dieses modernen Zugangs werden vielleicht einwenden, daß üblicherweise der ersten Menge, ϕ, die Zahl 0 und dann entsprechend die Zahlen $1, 2, 3, \ldots$ zugeordnet werden. Somit hat es den Anschein, als ob sich der Ausgangspunkt der natürlichen Zahlen von der 1 zur 0 verschoben hätte. Doch wird einem dabei bloß etwas suggeriert. In der formalen Mathematik wird ja von etwaigen Inhalten abgesehen, somit sind beide, ja alle Zahlen gleich inhaltsleer, und man könnte die Zuordnung genausogut mit 17 beginnen. Einzig praktische und suggestive Gesichtspunkte sprechen dafür, diese $\mathbb{N}$ entsprechenden formalen Konstrukte bei 0 beginnen zu lassen: In der von Neumannschen Kette besitzt eben die erste Menge — man müßte sie konsequenterweise nullte nennen — kein Element, die zweite eines, die dritte zwei usw.

29   Dadurch unterscheidet sich dieser Prozeß ganz wesentlich von der gewöhnlichen Erzeugung von $\mathbb{N}$. In heutiger Terminologie ausgedrückt, liefert die letztere Methode die natürlichen Zahlen als *Kardinalzahlen*, die erstere als *Ordinalzahlen*.

Da bei diesem Verfahren die Zweiheit der Urquell für das Entstehen der Zahlen war — neben der 1 als Ausgangspunkt —, galt für manche griechischen Mathematiker auch die 2 nicht als Zahl, beispielsweise für Nikomachos. Insbesondere waren daher für diese die Primzahlen stets ungerade.

30   Die scheinbar darauf hinweisende Einteilung der Pflanzen in Mono-, Di- und Polykotyledone steht jedoch in keinem Zusammenhang mit der diairetischen Erzeugung von $\mathbb{N}$. Entwicklungsgeschichtlich waren nämlich die Polykotyledonen die ersten Blütenpflanzen, die Monokotyledonen die letzten (s. z.B. [77])!

31   In der Praxis verwendet man dafür einen Algorithmus, der auf der Division mit Rest beruht. Für die Zahl 25 sieht er so aus:

$$25 = 2 \cdot 12 + 1, \quad 12 = 2 \cdot 6 + 0, \quad 6 = 2 \cdot 3 + 0, \quad 3 = 2 \cdot 1 + 1.$$

Von rechts nach links eingesetzt folgt

$$25 = 2 \cdot (2 \cdot 6 + 0) + 1 = 2 \cdot (2 \cdot (2 \cdot 3 + 0) + 0) + 1 =$$
$$= 2 \cdot (2 \cdot (2 \cdot (2 \cdot 1 + 1) + 0) + 0) + 1 =$$
$$= 2^4 \ 1 \mid 2^3 \ 1 \mid 2^2 \ 0 \mid 2^1 \ 0 \mid 1 = 2^4 \mid 2^3 \mid 2^0.$$

Aus diesem Beispiel ist unmittelbar einsichtig, wie man allgemein vorgeht. Man erkennt auch daran, daß man das stufenweise Einsetzen gar nicht vornehmen muß. Die Reste bei der Division $1, 0, 0, 1$ und — wenn man als letzte noch $1 = 2 \cdot 0 + 1$ hinzufügt — 1 sind gerade die Koeffizienten der Potenzen $2^0, 2^1, 2^2, 2^3$ und 2^4.

32 Die 2 Durchlaufungssinne einer Geraden und eines Winkels, speziell des Vollwinkels, bedingen sich gegenseitig. Schneidet man die Geraden innerhalb eines Winkelgebietes, die durch den Trägerpunkt gehen, mit einer beliebigen mit diesem nicht inzidenten Geraden, so induziert ein Richtungssinn auf letzterer eine Anordnung der Schnittpunkte und damit einen Drehsinn für das Winkelgebiet; dasselbe Argument kann man für die umgekehrte Induzierung verwenden.

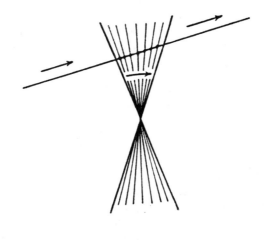

Abb. 16

Wie man aus Abb. 8 (S. 92) ersieht, kann man die räumlichen Windungssinne auch dadurch erhalten, daß man in der durch a und b aufgespannten Ebene ε eine Drehrichtung vorgibt und dann auf der durch c bestimmten Geraden einen der beiden möglichen Richtungssinne auszeichnet. Analog läßt sich natürlich in der Ebene vorgehen, wobei man wieder zu den zwei Drehsinnen gelangt.

33 Die „Seitigkeit" einer Fläche wird mathematisch adäquater durch den Begriff der *Orientierbarkeit* erfaßt, da letzterer im Gegensatz zu ersterem eine topologische Invariante darstellt. Dabei heißt eine Fläche *orientierbar*, wenn ein kleiner Kreis mit vorgegebenem Drehsinn in eindeutiger Weise an jede Stelle durch Verschieben übertragen werden kann. Beim Möbiusband, das man aus einem Rechteck durch Zusammenkleben zweier gegenüberliegender Seiten nach einmaliger Verdrehung erhält, ist das nicht der Fall

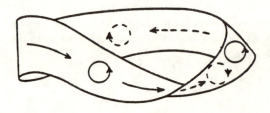

Abb. 17

— es ist *nicht-orientierbar*. Läßt man nämlich den ursprünglichen Kreis (voller Kreis rechts) einmal herumwandern, deckt er diesen zwar, besitzt nun aber umgekehrten Drehsinn.

34 Die Fünfeckszahlen sind geometrisch dadurch definiert, daß man ein regelmäßiges Fünfeck von einer Ecke aus wachsen läßt:

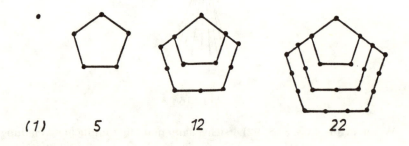

Abb. 18

Arithmetisch sind sie durch $\frac{1}{2}(n+1)(3n+2)$ gegeben. (Es gibt noch eine andere Art von Fünfeckszahlen, die zusammen mit der beschriebenen für Eulers Pentagonalsatz benötigt wird; s. [48] und [1], S. 162 ff.). Bereits Nikomachos (und etwa zeitgleich Theon von Smyrna) betrachtete auch Sechsecks-, Siebenecks- und Achteckszahlen. Diese erhält man durch naheliegende Verallgemeinerung, ebenso wie n-eckszahlen für beliebiges $n (\geq 3)$, die erst später untersucht wurden. Insbesondere ist also jede natürliche Zahl größer 2 einmal figuriert.

Räumliche Zahlen wurden ebenfalls schon von Nikomachos untersucht, unter anderem *Tetraeder-* und *Würfelzahlen*. Wieder ist die Erzeugungsart genau gleich. Beispielsweise läßt man bei ersteren die Tetraeder durch Anfügen einer neuen Grundfläche schrittweise anwachsen, wobei diese der nächstfolgenden Dreieckszahl entspricht. Die n-te Tetraederzahl ist somit einfach die Summe der ersten n Dreieckszahlen. Auch bei den räumlichen

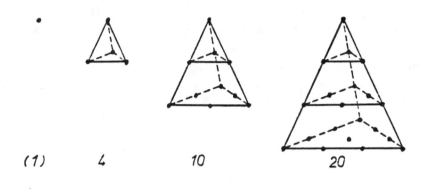

Abb. 19

Zahlen gibt es naheliegende Verallgemeinerungen, etwa zu Oktaeder-, Ikosaeder- und Pentagondodekaederzahlen.

35   Wie schon im 3. Kapitel erwähnt wurde treten Dreieckszahlen auch in der Bibel wiederholt auf. Die damaligen Beispiele (S. 29 f.) lassen sich durch die Zahl 666 des Tieres in Offb. 13, 18 ergänzen, die solcherart auf die 36 deutet, die übrigens selbst wieder Dreieckszahl zur Basiszahl 8 ist.

36   Man wundert sich natürlich, daß Platon diese Randfiguren so kompliziert entstehen läßt und insbesondere nicht auch gleichseitige Dreiecke als Bausteine verwendet. Aber die genannten Typen von Dreiecken waren wegen ihrer besonderen Winkel- bzw. Seitenbeziehungen als schönste vor allen anderen ausgezeichnet.

Im Anschluß an Platon wurde vereinzelt auch die Randfigur des Pentagondodekaeders, das regelmäßige Fünfeck, aus Dreiecken aufgebaut. So benötigt etwa Plutarch 30 Stück dafür, was ihn in der Annahme bestärkt, daß dieser Körper den Tierkreis (und das Jahr) repräsentiert, da beide in 12 Teile mit jeweils 30 Unterteilungen gegliedert sind ([56], Question V).

37   Zwei Mengen haben „gleich viele" Elemente — sind mathematisch gesprochen *gleichmächtig* —, wenn sie sich bijektiv, d.h. umkehrbar eindeutig aufeinander abbilden lassen. Diese Verallgemeinerung des Anzahlbegriffes auf beliebige Mengen wurde von G. Cantor entwickelt und hatte insofern weitreichende Konsequenzen, als man damit „Anzahlstufungen" bei unendlichen Mengen entdeckte.

38   Auch weniger elementare Offenbarungen der engen Verbindung der Zahlen 1, 2, 3 lassen sich in der Mathematik auffinden. Beispielsweise besagt eines der tiefsten Ergebnisse der Differentialtopologie, daß differenzierbare Mannigfaltigkeiten genau der ersten drei Dimensionen stets eine eindeutige differenzierbare Struktur tragen. Ab der Dimension 4 dagegen existieren sogenannte exotische Mannigfaltigkeiten mit verschiedenartigen derartigen Strukturen ([73], S. 21).

39   Bei vielen Blütenpflanzen läßt sich die Blattfolge am Stengel durch eine Schraubenlinie verbinden. Ins Auge springend ist sie bei Blütenkörbchen, etwa der Sonnenblume, und bei den Schuppen von Zapfen. Diese Linie kann durch einen Bruch beschrieben werden, in dessen Zähler die Anzahl der Umläufe steht, die nötig sind, um von einem Blatt zu demjenigen zu gelangen, welches sich erstmals genau darüber befindet. Die Anzahl der auf diese Weise durchlaufenen Blätter wird im Nenner angegeben. Beispielsweise bedeutet $\frac{1}{2}$ die einfache wechselseitige Links–Rechts-Stellung der Blätter. Die Brüche, die man so erhält, sind fast ausnahmslos unter den folgenden zu finden: $\frac{1}{2}, \frac{1}{3}, \frac{2}{5}, \frac{3}{8}, \frac{5}{13}, \frac{8}{21}$. Höhere Folgenglieder, nämlich $\frac{13}{24}, \frac{21}{55}, \frac{34}{89}, \frac{55}{144}$, können bei Sonnenblumen auftreten.

Zähler und Nenner sind jeweils Glieder der sogenannten *Fibonaccifolge* $1, 2, 3, 5, 8, 13, 21, 34, \ldots$, in der jedes Element ($\geq 3$) Summe der beiden vorangehenden ist. Unschwer läßt sich daraus der Grenzwert der extrapolierten Bruchfolge berechnen. Er ist $1 - \frac{\sqrt{5}-1}{2}$, entspricht also dem Minor des goldenen Schnitts. Somit kann man die Blatt- und Schuppenstellungen dahingehend interpretieren, daß sie der Tendenz nach den goldenen Schnitt verwirklichen.

40   Läßt man jedoch die bereits im Altertum verwendete Methode der Einschiebungen zu, so ist das regelmäßige 7-eck konstruierbar. Als Hilfsmittel dient dabei das sogenannte Einschiebelineal, ein Lineal, auf dessen Kante zwei Punkte A, B mit bereits konstruiertem Abstand markiert werden. Diese Strecke kann zwischen zwei vorhandene Gerade g, h „eingeschoben" werden, d.h. daß A auf g und zugleich B auf h liegt, wobei zusätzlich das Lineal durch einen vorhandenen Punkt P gelegt werden muß. Geometrisch entspricht dies der Benutzung einer Kurve 4. Ordnung, der (Geraden-)Konchoide. Man erhält sie, wenn man das Geradenbüschel in P mit g schneidet und von den Schnittpunkten aus in vorgegebener Richtung

den Abstand $\overline{AB}$ abträgt.

Ein regelmäßiges n-eck ist nun genau dann mit dem Einschiebelineal konstruierbar, wenn n die Primfaktorzerlegung $n = 2^k 3^l p_1 \ldots p_r$, $k, l \geq 0$, besitzt, wo die p_i lauter verschiedene Primzahlen der Form $2^s 3^t + 1$ sind ([6], S. 126). Da die Zahl $n = 11$ die erste ist, die sich nicht in dieser Gestalt darstellen läßt, ist das regelmäßige 11-eck das erste nicht auf diese Weise konstruierbare n-eck.

41   Die fehlenden 4 Katastrophentypen zur Erreichung der damals (S. 85) auch genannten Zahl 11 sind bereits so kompliziert, daß man sie nicht mehr zu den Elementarkatastrophen zählt.

42   In diesem Zusammenhang ist der ägyptische Horusmythos zu erwähnen. Ihm zufolge wurde ein Auge — das Mondauge — des Himmelsgottes Horus von seinem Bruder Seth zerstückelt und später durch Thot wieder geheilt. Die Teile hatten die folgende Form

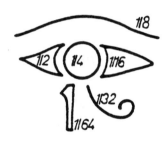

Abb. 20

Merkwürdigerweise wurden sie als Zeichen für das Getreidemaß verwendet mit den Gewichtswerten $\frac{1}{2}$, $\frac{1}{4}$, $\frac{1}{8}$, $\frac{1}{16}$, $\frac{1}{32}$, $\frac{1}{64}$ Scheffel. Summiert man diese, so erhält man nur $\frac{63}{64}$. Um das Auge wieder als Ganzheit zu erhalten muß also noch ein unsichtbarer siebenter Teil mit dem Zahlenwert $\frac{1}{64}$ hinzugefügt werden.

43   Es ist auffallend, daß die Zahl 13 auch mit einer weiteren Anzahl von Elementen endlicher „Ausnahmereihen" zusammenhängt. Und zwar verteilen sich die Bausteine der endlichen Gruppen, die einfachen Gruppen, auf 18 unendliche Serien und $26 = 2 \cdot 13$ Ausnahmegruppen.

44   Diese Beispiele entstammen dem in Anmerkung 1 zitierten Werk von P. Plichta. Seiner Meinung nach liegt der Grund für die Auszeichnung der

Zahl 19 in der Natur in einer einfachen, im dekadischen System gültigen Zahlenbeziehung:

$$\left(\frac{19}{100}\right)^0 + \left(\frac{19}{100}\right)^1 + \left(\frac{19}{100}\right)^2 + \ldots = \left[\frac{1}{1-\frac{19}{100}} = 100 \cdot \frac{1}{81} = 100 \cdot \frac{1}{9} \cdot \frac{1}{9} = \right.$$

$$= 100 \left(\sum_{i=1}^{\infty} \frac{1}{10^i}\right)\left(\sum_{i=1}^{\infty} \frac{1}{10^i}\right) = 100 \left(\sum_{j=2}^{\infty} \frac{j-1}{10^j}\right) = \sum_{j=0}^{\infty} \frac{j+1}{10^j} = \left.\right]$$

$$= 1,23456789(10)(11)\ldots .$$

Dabei steht im letzten Term gerade die Folge der natürlichen Zahlen ([55], Band II, S. 147).

45   Übrigens hat Kummer die idealen Zahlen nie genau definiert, sondern sie einfach solcherart postuliert, daß analoge Teilbarkeitsgesetze wie in $\mathbb{Z}$ gelten.

46   Die Ableitung dieser Beziehungen sei an der ersten Kongruenz vorgeführt: $\nu\omega \equiv 0 \pmod{3}$ bedeutet definitionsgemäß, daß $\nu\omega$ ein Vielfaches der 3 in $\mathbb{Z}\left[\sqrt{-5}\right]$ ist, also

$$\nu\omega = (x+10y) + (y-2x)\theta = 3(\alpha + \beta\theta) \quad (\theta = \sqrt{-5})$$

gilt mit geeigneten $\alpha, \beta \in \mathbb{Z}$. Aufgrund der Rechenregeln für komplexe Zahlen folgt daraus

$$x + 10y = 3\alpha \quad \text{und} \quad y - 2x = 3\beta$$

bzw. umgeformt

$$x + y = 3(\alpha - 3y) \quad \text{und} \quad x + y = 3(\beta + x).$$

Beides besagt gerade $x + y \equiv 0 \pmod{3}$ in $\mathbb{Z}$.

Umgekehrt impliziert letztere Kongruenz, also die Bedingung $x + y = 3\gamma$ mit $\gamma \in \mathbb{Z}$, unmittelbar

$$(x+10y) + (y-2x)\theta = (3\gamma + 9y) + (3\gamma - 3x)\theta = 3\left[(\gamma + 3y) + (\gamma - x)\theta\right].$$

Es ist somit wirklich $\nu\omega \equiv 0 \pmod{3}$ in $\mathbb{Z}\left[\sqrt{-5}\right]$.

47   Auf welch andere Zahlgebiete außer $\mathbb{Z}[\zeta]$ und $\mathbb{Z}[\sqrt{-5}]$ sich diese Theorie beziehen läßt wird in unseren weiteren Ausführungen genauer erläutert (S. 125 f.).

48   Beweise für diesen Satz und für die im weiteren Verlauf dieses Teils des Anhangs referierten Ergebnisse findet man in vielen Bücher über algebraische Zahlentheorie, z.B. in [58] und [75].

49 Dieses Ergebnis sowie die vorangegangene idealtheoretische Deutung der Primfaktorzerlegung ist nur für bestimmte Zahlbereiche gültig, die im folgenden noch genauer beschrieben werden. Beispielsweise erlaubt der Integritätsring

$$\mathbb{Z}[\pi] = \{a_n\pi^n + a_{n-1}\pi^{n-1} + \ldots + a_0; a_i \in \mathbb{Z}, n \geq 0\},$$

$\pi = 3,14159\ldots$, die eindeutige Primfaktorzerlegung, ist jedoch kein Hauptidealring.

50 Ist ω eine beliebige komplexe Zahl, so unterscheidet man zwei Möglichkeiten: 1) ω genügt einer Gleichung mit ganzzahligen Koeffizienten, in welchem Fall ω *algebraisch* genannt wird; 2) ω ist *transzendent*, d.h. es genügt keiner solchen Gleichung. Beispiele für letztere Zahlen sind die Kreiszahl π und die Eulersche Zahl $e = 2,71828\ldots$. Bezüglich der eindeutigen Primidealzerlegung wird der erste Fall vollständig durch die im weiteren Text behandelten ganzen algebraischen Zahlen abgedeckt — die dortige Einschränkung ist also in Wirklichkeit keine. Was die transzendente Zahlen ω betrifft, so gestattet der Bereich

$$\mathbb{Z}[\omega] = \{a_n\omega^n + a_{n-1}w^{n-1} + \ldots + a_0; a_i \in \mathbb{Z}, n \geq 0\}$$

stets die eindeutige Primfaktorzerlegung, nie jedoch die eindeutige Primidealzerlegung (vgl. auch die vorige Anmerkung).

51 Da $\mathbb{Q}(\sqrt{a^2d}) = \mathbb{Q}(a\sqrt{d}) = \{r + sa\sqrt{d}; r, s \in \mathbb{Q}\}$ und mit s auch $t = as$ alle rationalen Zahlen durchläuft gilt $\mathbb{Q}(\sqrt{a^2d}) = \{r + t\sqrt{d}; r, t \in \mathbb{Q}\} = \mathbb{Q}(\sqrt{d})$.

52 Da bei der im Kapitel 10 beschriebenen Chiffriermethode die Reste von Potenzen sehr großer Zahlen bestimmt werden müssen, benötigt man ein stets anwendbares schnelles Verfahren. Am günstigsten erweist es sich, die Hochzahl binär zu schreiben und dadurch das Potenzieren auf iteriertes Quadrieren und späteres Multiplizieren zurückzuführen. Die Reduktion von 7^7 modulo 33 würde wegen $7 = 1 + 2 + 2^2$ ungefähr so aussehen:

$$7^7 = 7^{1+2+2^2} = 7 \cdot 7^2 \cdot (7^2)^2,$$
$$7 \equiv 7 \pmod{33}, \quad 7^2 = 49 \equiv 16 \pmod{33},$$
$$(7^2)^2 \equiv 16^2 = 256 \equiv 25 \pmod{33}$$

und insgesamt folgt

$$7^7 \equiv 7 \cdot 16 \cdot 25 = 2800 \equiv 28 \pmod{33} \quad (\text{da} \quad 2800 = 84 \cdot 33 + 28).$$

53   Es gibt auch einfache Beweise des Satzes von Wilson, die ohne dieses algebraische Ergebnis auskommen, doch sind sie um einiges länger.

54   Sind a, b beliebige ganze Zahlen und $d = (a, b)$ ihr größter gemeinsamer Teiler, so folgt aus Satz 6 $d = ax + by$ mit geeigneten $x, y \in \mathbb{Z}$. Dividiert man durch d ergibt sich $1 = \frac{a}{d}x + \frac{b}{d}y$, weshalb, wiederum nach Satz 6, $\left(\frac{a}{d}, \frac{b}{d}\right) = 1$ sein muß. Übrigens gilt aus demselben Grund auch die Umkehrung: Aus $\left(\frac{a}{t}, \frac{b}{t}\right) = 1$ und $t > 0$ folgt $(a, b) = t$.

55   Diese Aussage ist ein wenig schwächer als die auf S. 64 zitierte und verwendete. Zur Ableitung des stärkeren Ergebnisses benötigt man aber wesentlich kompliziertere Hilfsmittel als hier zur Verfügung stehen (s. z.B. [60], S. 71).

Literaturverzeichnis

[1] BACHMANN, P., *Niedere Zahlentheorie, 2. Teil*, Leipzig: Teubner 1910.
[2] BAXA, Ch., *Über Gandhis Primzahlformel*, El. Math. **47** (1992), 82–84.
[3] BECKER, O., *Die diairetische Erzeugung der platonischen Idealzahlen*, Quellen u. Studien z. Gesch. d. Math. **B 1** (1931), 464–501.
[4] BEHNKE, H., BACHMANN, F., FLADT, K. - SÜSS, W., *Grundzüge der Mathematik*, Band II: Geometrie, Göttingen: Vandenhoeck & Ruprecht 1960.
[5] BETZ, O., *Das Geheimnis der Zahlen*, Stuttgart: Kreuz Vlg. 1989.
[6] BIEBERBACH, L., *Theorie der geometrischen Konstruktionen*, Basel: Birkhäuser 1952.
[7] BINDEL, E., *Die geistigen Grundlagen der Zahlen*, Stuttgart: Freies Geistesleben. 4. Aufl. 1980.
[8] BOLZANO, B., *Paradoxien des Unendlichen*, Hg. v. Fr. Přihonsky. Leipzig: Reclam 1851.
[9] BOREVICH, Z. I. - SHAFAREVICH., I. R., *Number Theory*, Orlando - San Diego - New York: Academic Press 1966.
[10] BRUN, V., *Untersuchungen über das Siebverfahren des Eratosthenes*, Jber. DMV **33** (1925), 81–96.
[11] BÜHLER, W., *Das Pentagramm und der Goldene Schnitt als Schöpfungsprinzip*, Stuttgart: Freies Geistesleben 1995.
[12] CANTOR, G., *Über unendliche, lineare Punktmannigfaltigkeiten, 5. Fortsetzung*, Math. Ann. **21** (1883), 545–586; WA in: Gesammelte Abhandlungen. Hg. v. E. Zermelo. Berlin: Springer 1932, S. 165–204.
[13] CONWAY, J. H., *On Numbers and Games*, New York: Academie Press 1976. Dt.: Über Zahlen und Spiele. Braunschweig: Vieweg 1983.
[14] DAVENPORT, H., *The Higher Arithmetic*, New York - Melbourne - Sydney: Hutchinson 1952.
[15] DEDEKIND, R., *Was sind und was sollen die Zahlen*, Braunschweig: Vieweg 1888.
[16] *Der vermessene Mensch. Anthropometrie in Kunst und Wissenschaft*, U. Mitw. v. S. Braunfels u. a. München: H. Moos 1973.

[17] DIRICHLET, P. G. Lejeune, *Vorlesungen über Zahlentheorie*, Mit Zusätzen versehen v. R. Dedekind. Braunschweig: Vieweg. 4. Aufl. 1884.

[18] ENDRES, F. C. – SCHIMMEL, A., *Das Mysterium der Zahl*, München: Diederichs. 6. Aufl. 1992.

[19] EUKLID, *Die Elemente*, Übers. u. hg. v. Cl. Thaer. Leipzig: Akad. Verlagsges. 1933 – 1937.

[20] FEJES TÓTH, L., *Reguläre Figuren*, Budapest. Akadémiai Kiadó 1965.

[21] FLEGG, G., *Numbers – Their History and Meaning*, Harmondsworth: Penguin Books 1983.

[22] GARDNER, M., *Fractal Music, Hypercards and More . . .*, New York: W. H. Freeman 1992.

[23] GAUSS, C. F., *Werke*, 2. Band, Göttingen: Königl. Ges. d. Wiss. 1876.

[24] GAUSS, C. F., *Disquisitiones arithmeticae*, Leipzig 1801; Dtsch.: Untersuchungen über höhere Arithmetik, Hg. v. H. Maser, Berlin: Springer 1889.

[25] GAUSS, C. F. – BOLYAI, W., *Briefwechsel*, Hg. v. F. Schmidt u. P. Stäckel. Leipzig: Teubner 1899.

[26] GROSSE, R., *Die Weihnachtstagung als Zeitenwende*, Dornach, Schweiz: Philosophisch–Anthroposophischer Vlg. 2. Aufl. 1977.

[27] HARDORP, D., *Mathematik als die erste Stufe übersinnlicher Anschauung und ihr Bezug zur Sinneswelt*, Die Drei, Heft 5 (1989), 344–359.

[28] HARDY, G. H., *Ramanujan*, New York: Chelsea. o. J.

[29] HARDY, G. H. – WRIGHT, E. M., *An Introduction to the Theory of Numbers*, Oxford: At the Clarendon Press. 4th ed. 1960.

[30] HEATH, Th. L., *A Manual of Greek Mathematics*, New York: Dover Publ. 1963.

[31] HEGEL, G. W. F., *Phänomenologie des Geistes*, Werke Band 3. Frankfurt/Main: Suhrkamp 1986.

[32] HOLLEMAN, A. F. – WIBERG, E., *Lehrbuch der anorganischen Chemie*, Berlin: de Gruyter. 71. – 80. Aufl. 1971.

[33] JARMAN, R., *Der Primzahlbereich – Echo dessen, was individuell ist in der Welt*, Math.–Phys. Korresp. (Dornach, Schweiz) **126** (1982), 22–28.

[34] KAISER, F., *Untersuchungen an einem einfachen Fraktral*, Math. – Phys. Korresp. (Dornach, Schweiz) **169** (1993), 20–27.

[35] KERNER, J., *Die Seherin von Prevorst*, Leipzig: Reclam. o. J.

[36] KLEIN, F., *Vorlesungen über Nicht–euklidische Geometrie*, Berlin: Springer 1928.

[37] KLEIN, F., *Vorlesungen über das Ikosaeder*, Stuttgart–Leipzig: Birkhäuser 1993.

[38] KÖHLER, H., *Wo aber bleibt der Mensch?*, Vierteljschr. f. Wiss. Pädag. Heft **3/84** (1984), 332–355.
[39] KOWOL, G., *Primzahlformeln*, Math. – Phys. Korresp. (Dornach, Schweiz) **135** (1984), 9–14.
[40] KOWOL, G., *Gleichungen*, Stuttgart: Freies Geistesleben 1990.
[41] KOWOL, G., *Der Fermatsche Satz*, Math. – Phys. Korresp. (Dornach, Schweiz) **175** (1994), 4–21.
[42] KÜKELHAUS, H., *Urzahl und Gebärde*, Zug, Schweiz: Klett–Balmer. 4. Aufl. 1984.
[43] KUMMER, E. E., *Collected Papers, Vol. I*, Ed. by A. Weil. Berlin–Heidelberg–New York: Springer 1975.
[44] KUROSCH, A. G., *Gruppentheorie I*, Berlin: Akademie–Vlg. 2. Aufl. 1970.
[45] LAOTSE, *Tao te king*, Düsseldorf–Köln: Diederichs. 11. Aufl. 1974.
[46] LIE, S., *Gesammelte Abhandlungen*, 6. Band, Leipzig: Teubner; Oslo: H. Aschehoug 1927.
[47] LOCHER-ERNST, L., *Projektive Geometrie*, Zürich: Orell Füssli 1940.
[48] LOCHER-ERNST, L., *Die Reihe der natürlichen Zahlen als Geist-Kunstwerk*, In: Sternkalender 1959/60. Dornach, Schweiz: Philosophisch–Antroposophischer Vlg. 1958, S. 80–94.
[49] LOCHER-ERNST, L., *Mathematische Meditationen*, Winterthur: Brahe–Vlg. 1962.
[50] LOCHER-ERNST, L., *Arithmetik und Algebra*, Dornach, Schweiz: Philosophisch–Anthroposophischer Vlg. 1984.
[51] MASLEY, J. M., *Where are number fields with small class number?*, In: Number Theory, Carbondale 1979. Ed. by M. B. Nathanson. Berlin–Heidelberg–New York. Springer 1979, S. 221–242.
[52] MEYER, H., *Die Zahlenallegorese im Mittelalter*, München: W. Fink 1975.
[53] NICOMACHOS of Gerasa, *Introduction to Arithmetic*, Transl. by M. L. D'Ooge. New York: Macmillan 1926.
[54] NOVALIS, *Schriften*, 3. Band, Hg. v. R. Samuel, H.-J. Mähl und G. Schulz. Stuttgart–Berlin–Köln: Kohlhammer. 3. Aufl. 1983.
[55] PLICHTA, P., *Das Primzahlkreuz, Band 1,2*, Düsseldorf: Quadropol 1991.
[56] PLUTARCH, *Quaestiones Platonicae*, In: Moralia. Übers. v. H. Cherniss. Bd. XIII,1. Harvard: University Press 1974.
[57] REIN, D., *Die wunderbare Händigkeit der Moleküle*, Basel–Boston–Berlin: Birkhäuser 1992.
[58] RIBENBOIM, P., *Algebraic Numbers*, New York–London–Sydney: J. Wiley 1972.

[59] RIBENBOIM, P., *13 Lectures on Fermat's Last Theorem*, New York–Heidelberg–Berlin: Springer 1979.
[60] RIBENBOIM, P., *The Book of Prime Number Records*, New York–Berlin–Heidelberg: Springer. 2nd ed. 1989.
[61] RÜCKAMP, W., *Die befreundeten Zahlen in geistiger Sicht*, Math.-Phys. Korresp. (Dornach, Schweiz) **107** (1978), 3–17.
[62] SACKS, O., *Der Mann, der seine Frau mit einem Hut verwechselte*, Reinbek/Hamburg: Rowohlt 1990.
[63] SCHAFAREVITSCH, I. R., *Über einige Tendenzen in der Entwicklung der Mathematik*, Jb. Akad. Wiss. Göttingen **1973**, 31–36.
[64] SCHÖNBERGER, M., *Verborgener Schlüssel zum Leben*, Frankfurt/Main: Fischer 1977.
[65] SIERPIŃSKY, W., *Elementary Theory of Numbers*, Warszawa: PWN–Polish Scientific Publ.; Amsterdam–New York–Oxford: North Holland. 2nd ed. 1987.
[66] SPEISER, A., *Die Theorie der Gruppen von endlicher Ordnung*, Basel–Stuttgart: Birkhäuser. 4. Aufl. 1956.
[67] STEINER, R., *Theosophie*, Dornach, Schweiz: Rudolf Steiner Vlg. 31. Aufl. 1987.
[68] STEINER, R., *Vortrag vom 29. 12. 1907, Köln*, In: Mythen und Sagen. Okkulte Zeichen und Symbole. GA Bibl.–Nr. 101. Dornach, Schweiz: Rudolf Steiner Vlg. 1987.
[69] STEINER, R., *Vortrag vom 31. 8. 1909, München*, In: Der Orient im Lichte des Okzidents. GA Bibl.–Nr. 113. Dornach, Schweiz: Rudolf Steiner Vlg. 5. Aufl. 1982.
[70] STEINER, R., *Vortrag vom 15. 1. 1912, Zürich*, In: Erfahrungen des Übersinnlichen. Die Wege der Seele zu Christus, GA Bibl.–Nr. 143. Dornach, Schweiz: Rudolf Steiner Vlg. 3. Aufl. 1983.
[71] STEINER, R., *Vortrag vom 28. 8. 1913, München*, In: Die Geheimnisse der Schwelle. GA Bibl.–Nr. 147. Dornach, Schweiz: Rudolf Steiner Vlg. 5. Aufl. 1982.
[72] STEINER, R., *Vortrag vom 22. 3. 1921, Stuttgart*, In: Naturbeobachtung, Experiment, Mathematik und die Erkenntnisstufen der Geistesforschung. GA Bibl.–Nr. 324. Dornach, Schweiz: Rudolf Steiner Vlg. 2. Aufl. 1972.
[73] STEWART, I., *Mathematik: Probleme–Themen–Fragen*, Basel–Boston–Berlin: Birkhäuser 1990.
[74] STEWART, I.–GOLUBITSKY, M., *Denkt Gott symmetrisch*, Basel–Boston–Berlin: Birkhäuser 1993.
[75] STEWART, I. N.–TALL, D. O., *Algebraic Number Theory*, London: Chapman & Hall 1979.

[76] STOSS, H.-J., *Treffgeraden und Nullinvarianz*, Dornach, Schweiz: Philosophisch–Anthroposophischer Vlg. 1995.
[77] SUCHANTKE, A., *Die Metamorphose der Pflanzen. Ausdruck von Verjüngungstendenzen in der Evolution*, Die Drei, Heft **7/8** (1990), 514–539.
[78] TROST, E., *Primzahlen*, Basel: Birkhäuser 1953.
[79] ULIN, B., *Der Lösung auf der Spur*, Stuttgart: Freies Geistesleben 1987.
[80] UNGER, G., *Das offenbare Geheimnis des Raumes*, Stuttgart: Freies Geistesleben. 2. Aufl. 1975.
[81] UNGER, G., *Zahlen*, Math.–Phys. Korresp. (Dornach, Schweiz) **165** (1992), 4–21.
[82] VOLKMER, L., *Zahlenphänomene*, Math.–Phys. Korresp. (Dornach, Schweiz) **129** (1983), 5–88.
[83] WAERDEN, B. L. van der, *Algebra I*, 8. Aufl. der Modernen Algebra. Berlin–Heidelberg–New York: Springer 1971.
[84] WEINREB, F., *Zahl–Zeichen–Wort*, Reinbek/Hamburg: Rowohlt 1978.
[85] WEYL, H., *Algebraische Zahlentheorie*, Mannheim: Bibliogr. Inst. 1966.
[86] WILLIAMS, H. C., *Primality testing on a computer*, Ars Comb. **5** (1978), 127–185.
[87] WOODCOCK, A. – DAVIS, M., *Catastrophe Theory*, Harmondsworth: Penguin Books 1985.
[88] ZAGIER, D., *Die ersten 50 Millionen Primzahlen*, In: Lebendige Zahlen, W. Borho et al. Basel–Boston–Stuttgart: Birkhäuser 1981.
[89] ZIEGLER, R., *Mathematik und Geisteswissenschaft*, Dornach, Schweiz: Philosphisch–Anthroposophischer Vlg. 1992.

Symbole

$\mathbb{N}, \mathbb{P}$: 4
$\mathbb{Z}$: 11
$\mathbb{Q}^+, \mathbb{R}^+, \mathbb{Q}, \mathbb{R}$: 12
$\iota(n)$: 13
$|, \not|$: 16
(a, b): 17
$\mathbb{Z}[i]$: 31

$\pi(n)$: 44
$\mu(n)$: 45
$[x]$: 50
$\text{Li}(x)$: 60
$\mathbb{Z}_n$, $a \equiv b \pmod{n}$: 73
$\varphi(n)$: 79

Personen- und Sachverzeichnis

Adleman, L. M. 70
Agrippa von Nettesheim 100
Algebra 99
Aristoteles 5, 88
Augustinus 30, 106
Äußeres 93

Basiszahl (zu Dreieckszahl) 94
Becker, O. 88
Bertrandsches Postulat 51, 129, 146
Betz, O. 2
Bindel, E. 2
Bolzano, B. 86
Brouwer, L. E. J. 97
Browne, Th. 109
Bruch, dyadischer 99
Brun, V. 45
Bühler, W. 101

Cantor, G. 1, 97, 154
Chiralität 92
Conway, J. H. 90

Dedekind, R. 37, 38, 86, 119, 122–125

Descartes, R. 24
Diairesis (diairetisch) 88–90
Dirichlet, P. G. L. 37, 119
Diskontinuum 97
Drehsinn 91, 151
Dreieckszahl 30, 67, 93, 103, 153
Dreifingerregel 91
Drudenfuß 100
Dualität 98
–sgesetz 92, 93

e (Eulersche Zahl) 52, 157
Ecken, gleichartige 105
Einheit, in $\mathbb{N}$ 10
–, in $\mathbb{Z}[i]$ 32
Einschiebelineal 154
Einstein, A. 142
Eisenstein, F. G. 37
Element, irreduzibles 118
–, primes 118
–, unzerlegbares 118
Endres, F. C. 2
Eratosthenes 43
Erzeugendensystem 12, 78, 79, 81
–, minimales 12, 78

Euklid 9, 15–18, 22–26, 38–42, 66, 113, 143
euklidischer Algorithmus, in $\mathbb{N}$ 22, 73, 111, 113
–, in $\mathbb{Z}[i]$ 35, 114, 115
euklidischer Ring 117
Euler, L. 36, 40–42, 48, 64, 67, 68, 128, 137, 152
Eulersche φ-Funktion 79, 133

Fermat, P. 24, 64, 144
Fermatsche Vermutung 31, 127, 144, 149
Fermatzahl (Fermatsche Primzahl) 63, 64, 69, 70, 107, 139
Fibonaccifolge (–zahlen) 48, 154
Fläche, einseitige 92
–, nicht-orientierbare 152
–, orientierbare 151
–, zweiseitige 92
Fraktal 96
Fünfeckszahl 94, 152

Gandhi, J. M. 51–55
ganz algebraisch abgeschlossen 126
Gauß, C. F. 31, 37, 38, 60, 61, 73, 127, 146, 147
Gaußsche Ebene 32, 145
Gaußsche Zahl, ganze 31
Gesetz, kommutatives 75
gleichmächtig 154
Goethe, J. W. von 38
Golomb, S. W. 52
Grundfigur, harmonische 104
Gruppe 101, 107, 148, 155
–, einfache 107, 148, 155

Hadamard, J. 61
Händigkeit 92
Hauptideal 125
–ring 125
Hegel, G. F. W. 23–26, 42, 52, 56, 132

Hermes Trismegistos 7
Horus 155

Ideal 37, 123
–, primes 124
Inhalt 13, 83, 84
Inneres 93
Integrallogarithmus 60, 146
Integritätsring 31
Intervallschachtelung 91
isomorph 148

Jacobi, C. G. J. 37
Jarman, R. 2, 15, 30
Jordankurve 93, 97

Kardinalzahl 150
Katastrophentheorie 85, 103, 155
Klein, F. 92, 102
Koch, H. von 96
Köhler, H. 144
Konchoide 154
kongruent modulo n 73, 119, 132
Kongruenz 132
Körper 76, 78, 125
–, Archimedischer 105
–, halbregelmäßiger 105
–, regelmäßiger (=platonischer) 85, 95, 101, 102, 105
Kristallklasse 85
Kristallsystem 85, 102
Kronecker, L. 122
Kubooktaeder 105
Kükelhaus, H. 9
Kummer, E. E. 37, 38, 118–125, 156

Legendre, A. 45, 58–60, 130
Lehmer, D. H. 68
Leibniz, G. W. 91
Lenstra, A. 71
Lie, S. 144
Littlewood, J. E. 149

Locher-Ernst, L. 2, 7, 9
Lucas, E. 68

Mannigfaltigkeit, differenzierbare 154
–, exotische 154
Meissel, E. D. 58–61, 130, 131
Mendelejew, D. 38
Mersenne, M. 65, 66, 68, 69
Mersennesche Primzahl 65–70, 104, 139
Métrod, G. 40
Möbiusband 92, 151
Möbiusfunktion 44, 52
Möbiusnetz 99
Mozart, W. A. 29

n-Eck, regelmäßiges 63, 155
Nepersche Regel 101
Neumann, J. von 149, 150
Nikomachos von Gerasa 13–15, 30, 43, 150, 152
Norm 32, 117
norm-euklidisch 108, 117
Novalis (Fr. von Hardenberg) 110, 142
Nullteiler 75

Ordinalzahl 150
Ordnung 126
Ordnung modulo n 138
Orientierbarkeit 151

Paradoxon, Brouwersches 97
Peano, G. 86
Peirce, Ch. S. 109
Pentagonalsatz 152
Pentagondodekaeder 101, 105, 153
Pentagramm 100, 101
-a myrificum 101
Philon von Alexandria (Judaeus) 30
Phyllotaxis 101
π 157

Platon 7, 88–90, 95, 101, 153
Plichta, P. 142, 156
Plutarch 153
Poinsot, L. 19
Pomerance, C. 70
Primideal 124
Primitivwurzel 78–82, 140, 148
Primzahl, in $\mathbb{N}$ 4, 10 et passim
–, in $\mathbb{Z}$ 33
–, in $\mathbb{Z}[i]$ 33, 145
–, in $\mathbb{Z}_n$ 72, 80, 81
–, ideale 120, 121
Primzahlsatz 60
Primzahlzwilling 62, 63
Produkt von Idealen 124
projektive Geometrie (Gerade, Ebene, Raum) 92, 98, 99, 102, 105
Pythagoräer (pythagoräisch) 1, 2, 5–8, 13, 29, 30, 94, 100, 104, 109
Pythagoras 30, 94

Quadratzahl 94
Quotientenkörper 126

Ramanujan, S. 149
Rechteckszahl 94
Reihe, harmonische 41, 129
Restklasse 148
Reziprozitätsgesetz, biquadratisches 31
Rhombokubooktaeder 105
Ribenboim, P. 63, 70
Ring, kommutativer mit Einselement 76
Rivest, R. L. 70
RSA-System 70, 73, 134
Rückamp, W. 2
Rumely, R. 70

Sacks, O. 4–6
Saint Martin, L. C. de 149
Satz von Bolzano-Weierstraß 91

– – Euler 133, 138
– – Fermat 135, 139, 140
– – Wilson 49, 50, 55, 57, 73, 136, 137, 158
Schafarevitsch, I.R. 1, 2, 6, 8, 72
Schimmel, A. 2
Schinzel, A. 129, 130
Schneeflockenkurve 96
Schnitt, Goldener 100, 101, 154
Schraubungssinn 91
Seherin von Prevorst 5
Seth 155
Shamir, L. 70
Sieb des Eratosthenes 43, 45, 48, 52–55, 57, 59, 64, 80
Steiner, R. 6, 8, 24, 39, 57, 142, 146
Stenzel, J. 88
Stieltjes, T. J. 40
Symmetriegruppe 85, 102, 103, 109

Tao 109
Teiler, in $\mathbb{Z}[i]$ 31, 121
–, größter gemeinsamer 17, 111, 113
– – – in $\mathbb{Z}[i]$ 116
–, trivialer in $\mathbb{N}$ 10
– – in $\mathbb{Z}$ 32
– – in $\mathbb{Z}[i]$ 32
Tetraederzahl 153
Tetraktys 29, 94
Thaer, Cl. 15
Theon von Smyrna 152
Thomas von Aquin 30, 106
Thot 7, 155
Triangulation 95

Unger, G. 2

Vallée Poussin, Ch.-J. de la 61
Viètescher Wurzelsatz 136
Wantzel, P. L. 147
Wechselwegnahme 113
Weinreb, F. 8
Wiles, A. J. 144
Williams, H. C. 148
Windungssinn 91
Würfelzahl 153

Zagier, D. 47, 57, 62
Zahl(en) 10, 143
–, algebraische 157
–, arme 13, 83
–, assoziierte 33
–, befreundete 30, 83
–, erste 10
–, figurierte 93
–, ganz algebraische 126
–, ideale 37, 119, 121, 123, 156
–, konjugiert komplexe 32
–, mangelhafte 13
–, quadratfreie 25, 45
–, räumliche 94, 153
–, reiche 13, 83
–, relativ prime 14, 17
–, transzendente 157
–, überimaginäre 99
–, überschießende 13
–, vollkommene 13, 66–68, 83, 103, 147
–, zusammengesetzte 14
–, zweite 14
Zahlkörper, quadratischer 85, 126
Zermelo, E. 26, 113
Ziegler, R. 9

Mathematisch-Astronomische Blätter – Neue Folge

1. ARNOLD BERNHARD. **Schauendes Geometrisieren.** Vom Würfel über den projektiven zum hyperbolischen und elliptischen Raum. (2. überarbeitete und erweiterte Auflage) 1995.

2. WIM VIERSEN. **Konstellationen in Bewegung.** Eine neue Phänomenologie von Oppositionen und Konjunktion. 1976 (vergriffen).

3. GEORG UNGER. **Kontemplatives Mathematisieren.** Geometrische Verwandlungen. 1988.

4. PETER GSCHWIND. **Der lineare Komplex – eine überimaginäre Zahl.** (2. umgearbeitete und erweiterte Auflage) 1991.

5. HEINRICH ECKINGER/GEORG UNGER. **Das Maß der Erde in der babylonischen Kultur.** 1979.

6. PETER GSCHWIND. **Methodische Grundlagen zu einer projektiven Quantenphysik.** Goetheanismus, synthetische Geometrie und Quantenphysik. (2. Auflage) 1989.

7. JOHN MEEKS. **Planetensphären.** Versuch eines Ansatzes goetheanistischer Himmelskunde. (2. Auflage) 1990.

8. RENATUS ZIEGLER. **Synthetische Liniengeometrie.** 1981.

9. CHARLOTTE FRITZSCH. **Tropfenbilder.** Eine Betrachtungsübung. 1982 (vergriffen).

10. RUDOLF STEINER. **Texte zur Relativitätstheorie.** 1982 (vergriffen).

11. LOTTE VOLKMER. **Zahlenphänomene.** 1983.

12. JOACHIM SCHULTZ. **Tierkreisbilder und Planetenlicht.** Versuche zum Studium ihrer Wirkungen auf das Pflanzenwachstum. 1986 (vergriffen).

13. ANGELO ROVIDA. **Übungen zur synthetischen projektiven Geometrie.** 1988.

14 GEORGE ADAMS. **Lemniskatische Regelflächen.** Eine anschauliche Einführung in die Liniengeometrie und Imaginärtheorie. 1989.

15 PETER GSCHWIND. **Raum, Zeit, Geschwindigkeit.** 1986.

16 STEPHAN BAUMGARTNER. **Hauschkas Wägeversuche.** Gewichtsvariationen keimender Pflanzen im geschlossenen System. 1992.

17 HANNS-JÖRG STOSS. **Treffgeraden und Nullinvarianz.** Beiträge zur Liniengeometrie. 1995.